未读 | 艺术家

UNREAD

无聊发明合集

1000种让世界变有趣的可能

［美］史蒂文·M.约翰逊 著、绘

万洁 译

北京联合出版公司
Beijing United Publishing Co.,Ltd.

无聊发明合集：1000种让世界变有趣的可能

[美] 史蒂文·M.约翰逊 著、绘
万洁 译

图书在版编目（CIP）数据

无聊发明合集：1000种让世界变有趣的可能 / (美)史蒂文·M.约翰逊著、绘；万洁译. — 北京：北京联合出版公司，2022.3（2023.6重印）
ISBN 978-7-5596-5706-0

Ⅰ. ①无… Ⅱ. ①史… ②万… Ⅲ. ①创造发明—普及读物 Ⅳ. ①N19-49

中国版本图书馆CIP数据核字(2021)第229438号

PATENT DEPENDING:
A COLLECTION (SECOND EDITION)
PATENT DEPENDING:
VEHICLES(SECOND EDITION)

STEVEN M. JOHNSON

北京市版权局著作权合同登记号 图字：01-2021-5670 号

未読 DR 艺术家

出品人 赵红仕
选题策划 联合天际
责任编辑 牛炜征
特约编辑 刘小旋
美术编辑 程 阁
封面设计 史木春

出 版 北京联合出版公司
北京市西城区德外大街 83 号楼 9 层 100088
发 行 未读（天津）文化传媒有限公司
印 刷 北京雅图新世纪印刷科技有限公司
经 销 新华书店
字 数 207 千字
开 本 787 毫米 ×1092 毫米 1/16 23.5 印张
版 次 2022 年 3 月第 1 版 2023 年 6 月第 2 次印刷
ISBN 978-7-5596-5706-0
定 价 128.00 元

关注未读好书

客服咨询

中文版序

我以发明创造为主题的漫画最初刊登在20世纪60年代的美国杂志上。我创作的初衷是讽刺在我看来在美国文化中已经失控的消费主义。我发现，我能在脑海中创造出大家认为他们需要但实际毫无意义的产品！这工作让我非常兴奋，因为我可以发挥我的创意而不需要做艰难的设计工作，并且可以纯粹为了幽默而做。

在加利福尼亚州长大的我，见证了美国长期的文化变迁：农民和小商贩原本过着自给自足的生活，却逐渐有了向“消费者公民”过渡的新趋势！广告业的发展、通信速度的加快、时尚的不断变化、普通公民也能接触到的新产品与新技术的出现，这些现代潮流驱使了一种新型消费者公民的诞生。渐渐地，购物变成了一种越来越重要的消磨时间的方式，几乎成了公民身份的一个必要条件。大型购物中心应运而生，它们是专门用于销售最新商品的大型商业地产。垃圾填埋场开始堆积起损坏的、被人们丢弃的电器和玩具。

20世纪40年代到50年代，我生活在旧金山湾区，在那里我认识的中国人少之又少。说起我对中国人的了解，其实大部分都来自我对旧金山唐人街上华人的观察。我每每瞧见他们，他们都是一副躲躲闪闪的样子，迈着碎步、一路小跑，就好像之前几十年人们对亚裔的偏见仍然影响着他们。他们神秘、敏感、礼貌、腼腆又恭敬。我还见过一些依然留着长辫子的男人！他们彼此之间交流起来轻松自如，但好像生活在一座文化孤岛上，和美国的多族裔大熔炉联系不多。

20世纪50年代，我在加州帕洛阿托市的一所高中上学，修了一门叫“远东历史”的课程。我父亲有个要好的朋友常常来家里做客，他就是一位举止文雅庄重、善解人意的华人绅士。20世纪60年代，我在加州伯克利上大学，当时《毛主席语录》很受欢迎。在美国的媒体上，我们了解到那时的中国人都在一心一意地建设农场、道路、水坝和重要工业设施以创造更好的中国。由此我们心里有了这样一个印象，中国与西方不同，中国的公民并没有浪费时间去创造或购买愚蠢的奢侈品！经过一番思考，我得出一个结论：中国的公民具有相对单一的汉族文化背景，他们在古老文化的熏陶下，因共同的文化理解和习惯而联系在了一起；因此，他们能够在“一夜之间”建起工厂、医院和学校！文化上的一致性和人们之间相似的DNA模式使得子弹头列车（动车/高铁）成了可能。相比之下，几十年来，加州一直想制造一辆来往于洛杉矶和旧金山的子弹头列车，但这个项目最后因琐碎的争吵和成本超支而以失败告终！我想这辆列车可能永远都造不出来了！

我有幸得到“创客嘉年华”组织的赞助，于2017年和2018年分别去西安和深圳参加活动。从机场驱车赶往西安市区需要的时间之长让我深感震惊。在一条新修的高速公路上，我看到路边矗立着一座座半空的高塔般的建筑！我惊讶地发现，我实在太喜欢这里这些聪明而有活力的人了。每个人都有自己的事忙，哪怕只是清扫一条人行道。

在中国，我看到我年轻一代的中国朋友可以迅速接纳西方的思想和习惯。在这里，一个新的消费阶层正在崛起。我觉得中国正在创造一个新的世界，美国很快就会发现它被中国全方位赶超了。我的中国朋友们不使用现金或信用卡！他们的每笔交易都通过手机完成。我对中国的美好未来充满信心。如果中国公民与生俱来的非凡智慧、创造力和商业本能都释放出来，效果将会非常惊人。另外，他们工作起来特别勤奋！在2017年和2018年的创客嘉年华上，当我的荒诞发明概念以大幅印刷画的形式展示给前来参观的普通中国公民时，我观察到他们对那些不切实际或毫无用处的产品表现出了迷恋和欢喜！我推测，在几十年前的中国，如果有人把时间花在创造无用的产品上，大家可能会认为他那么做是不对的，可现在我面对的是一个崭新的中国。

在不久的将来，我的一些作品将以纸书的形式在中国正式出版，一想到这件事就让我既开心又感激。希望这些“愚蠢却有趣”的发明能给中国的读者带来欢乐。

史蒂文·M. 约翰逊　2021年7月27日

目录

泳池清洁机器人：尽管垃圾填埋场已经被美国文明晚期的“残羹冷炙”塞得严严实实，但不必要的塑料制品还是源源不断地被生产出来。这是在游泳池、塑料、大多数圣诞节与生日礼物的新玩具被禁止之前，美国消费主义的最后一搏。（1985）

个人配饰

蝴蝶结眼镜盒。这种眼镜盒可以用来放太阳镜或老花镜。

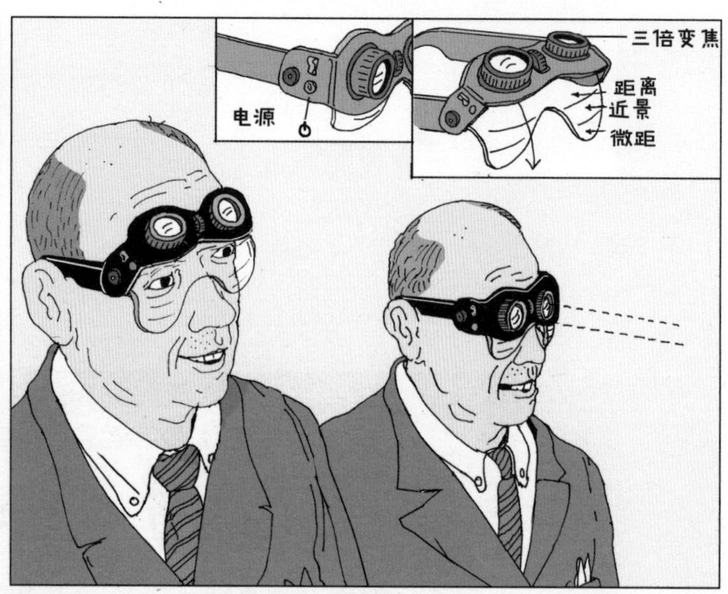

四重对焦眼镜：这是一款多功能护目镜，可以调节到与佩戴者的视力相匹配的度数。最好的一点是，它提供了四种不同距离的设置！（2009）

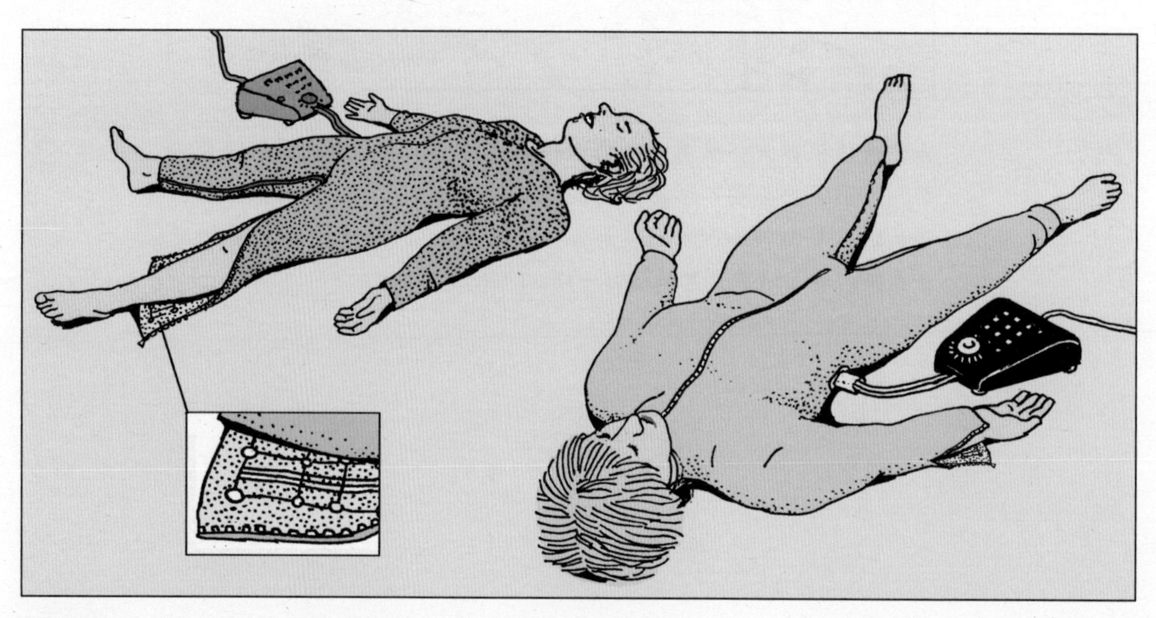

赋能套装：这类套装可以通过刺激你所选的肌肉群来“锻炼”你。还有的套装可以平衡体内的“能量经络”并疏通堵塞的经络。（1991）

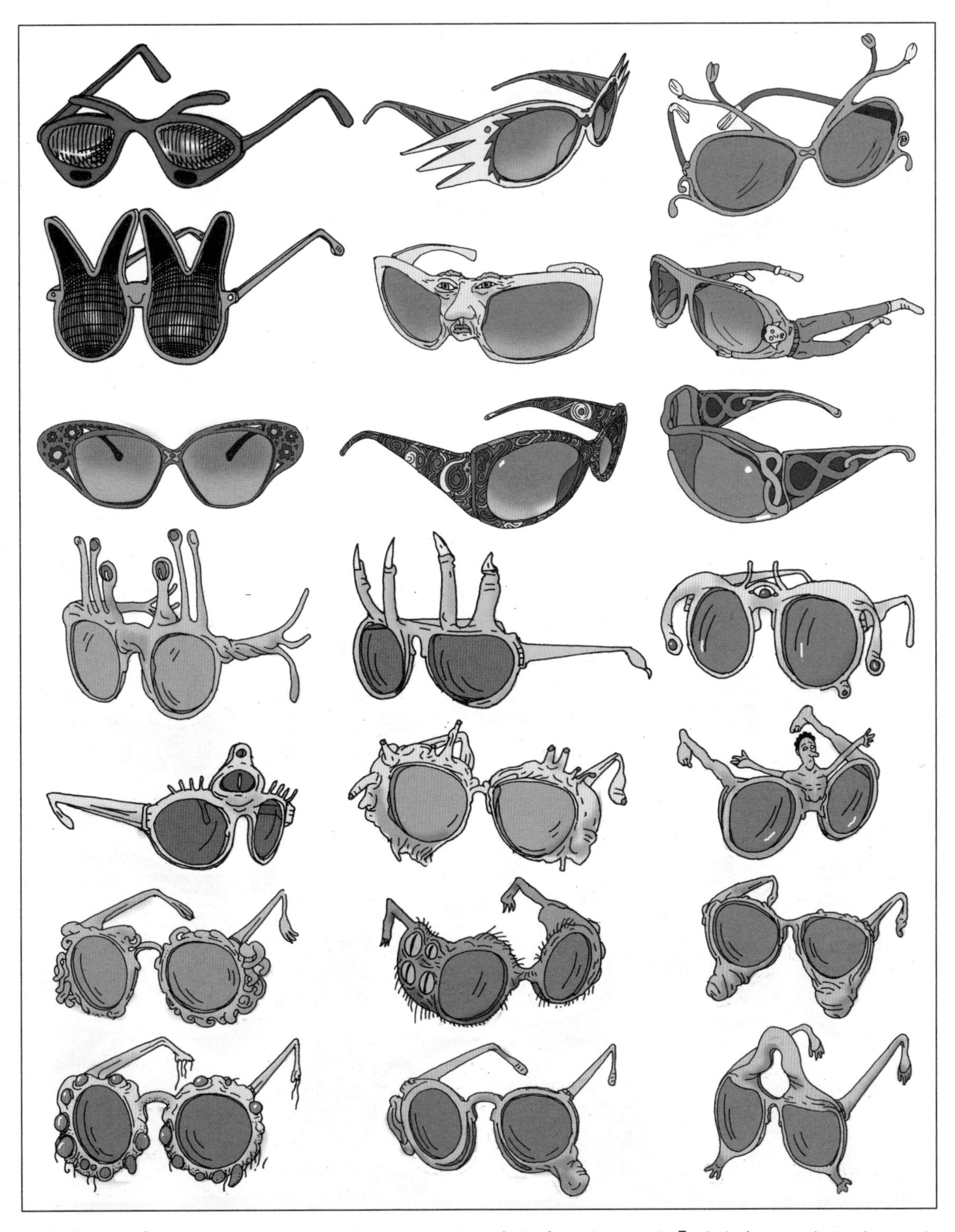

趣多多太阳镜：从傻乎乎到让人吓破胆的款式应有尽有。在这个容易迷失在人群中的时代，自我表达是非常重要的。有些人可能会希望与那些全员都戴着同样恶心的太阳镜的群体产生共鸣。（1984—2016）

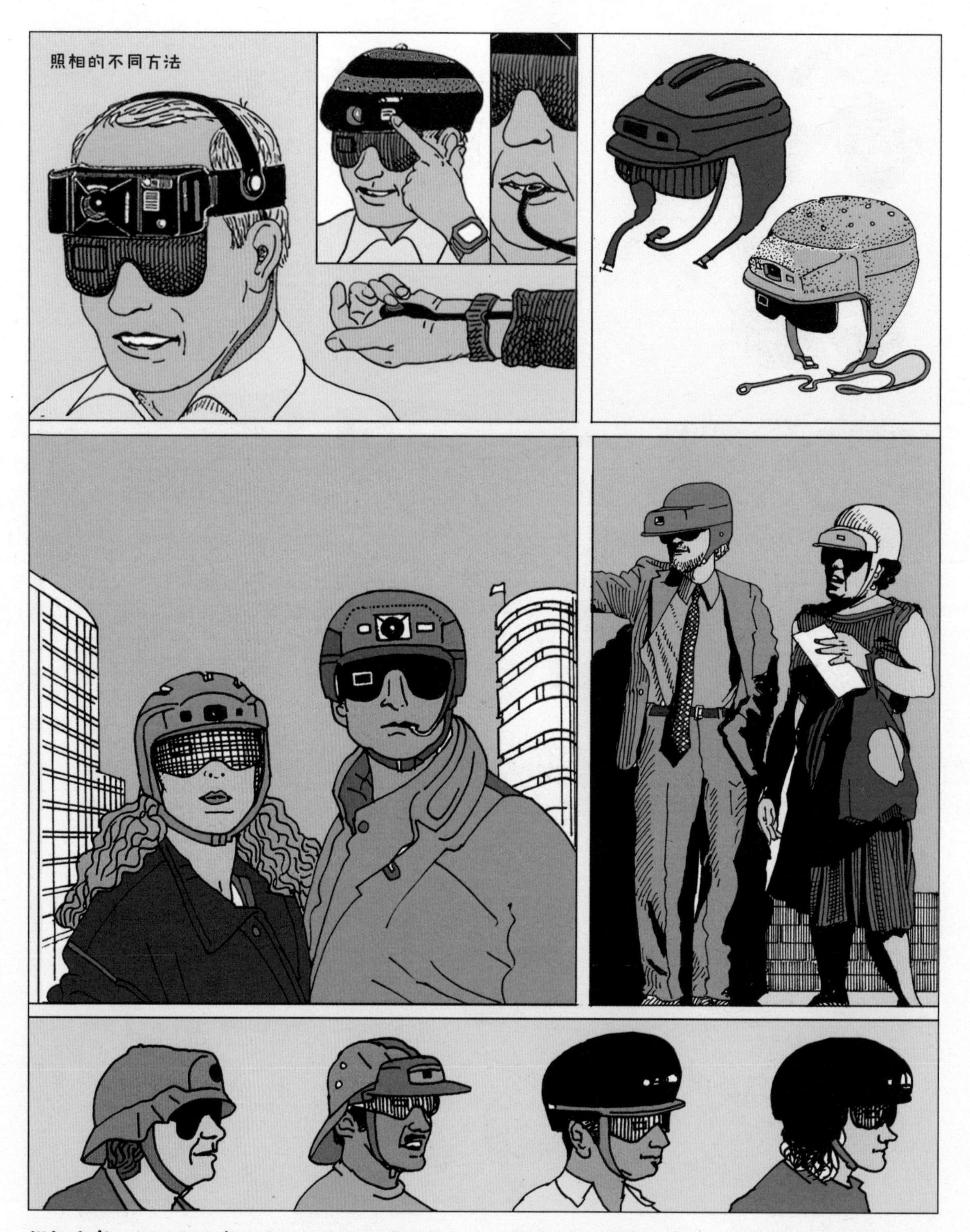

相机头盔：帽子和头盔中嵌入了自动对焦相机，与之相配的护目镜中嵌入了取景器。按下额头上的一个按钮、挤压牙齿间或手心的一个开关，或者点击遥控器，就相当于按下了快门。游客都非常喜爱这种相机。（1991）

环保装：勤勤恳恳的打工人可以穿着这种带有较深口袋的特殊马甲或风衣。衣服上用于装易拉罐的口袋里有一层可拆洗的塑料内衬。（1991）

电脑鼠标鞋套：鞋套的鞋底中央有一个较硬的橡胶球，可以在一个钢板底座上滚动。另一只鞋负责按下鼠标按键。（1991）

免手持电视和视频投影穿戴装备：设计师在帽子、马甲或特殊颈部系带中装入了配备2英寸屏幕的小型便携电视机，以此创造出了这种穿戴装备。屏幕在视平线下方，这样一来，穿戴者在走动时就可以一边留意人行道上的状况，一边观看即时新闻。（1991）

转向灯穿戴装备：在办公场所，转向灯穿戴装备可以帮助人们减少在走廊中相撞的次数。只需要发出一次闪烁信号就可以传达出一个人是直走还是拐弯的意图；交替发出向左和向右的信号意思是“午餐一起吃”；连续发出两次向右的信号意思是“我喜欢你”；连续发出三次向右的信号意思就是“我们的关系结束了”。(1993/2019)

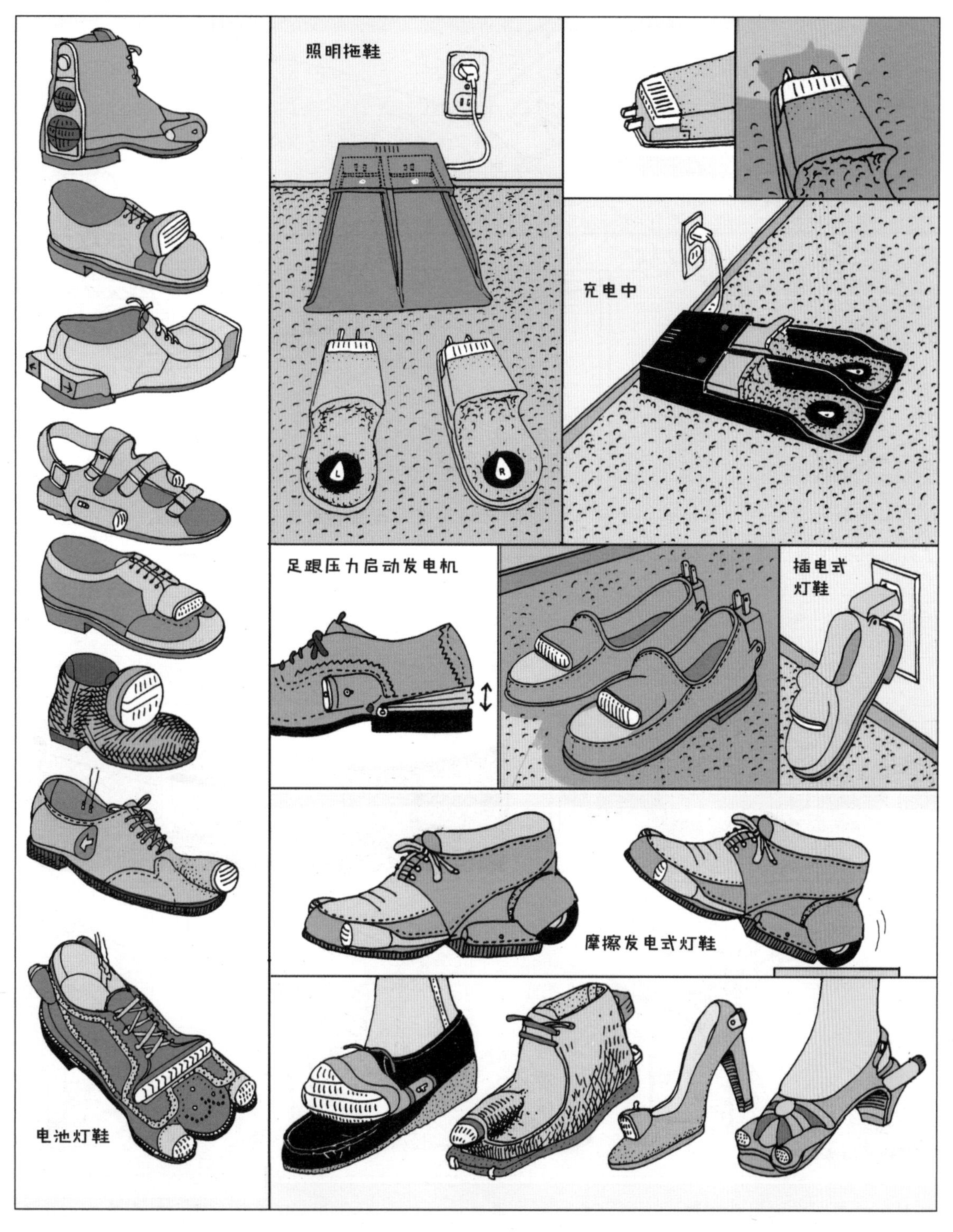

灯鞋：在灯鞋的类别中有多种款式可供选择。这些鞋的功能也各不相同，有的适合走过昏暗走廊的公司职员，有的适合晚上在家找零食的人。（1984）

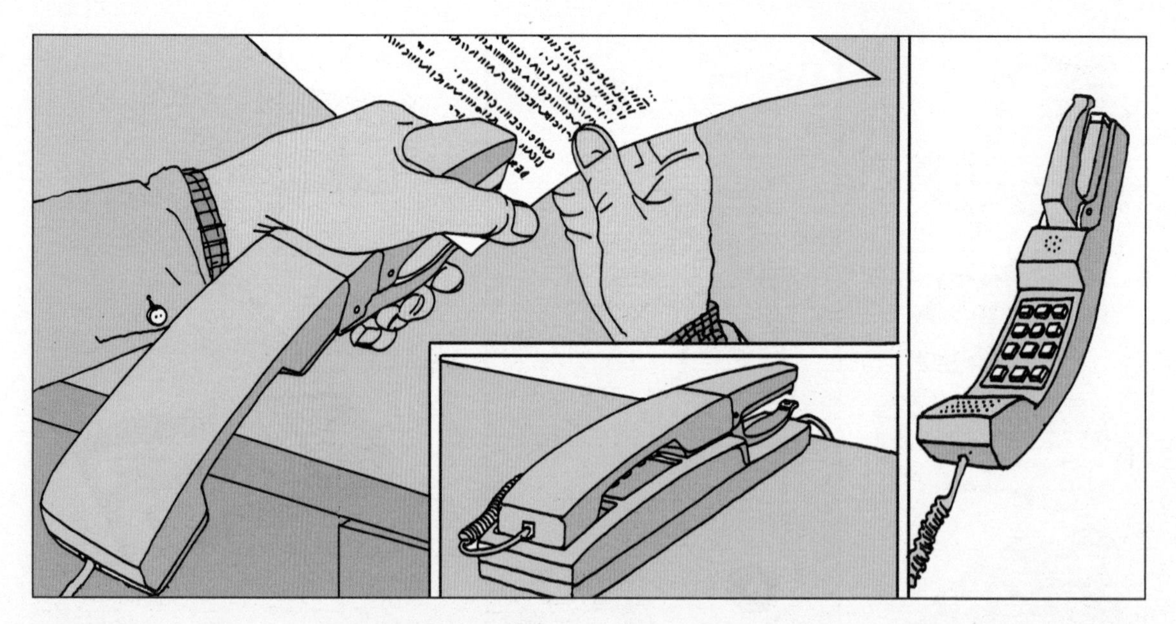

订书机电话：当有了订书机电话这样多功能的办公神器，再在办公桌上放许多用品就没什么意义了。这样的多用途工具可以让桌面变得更清爽。（1984）

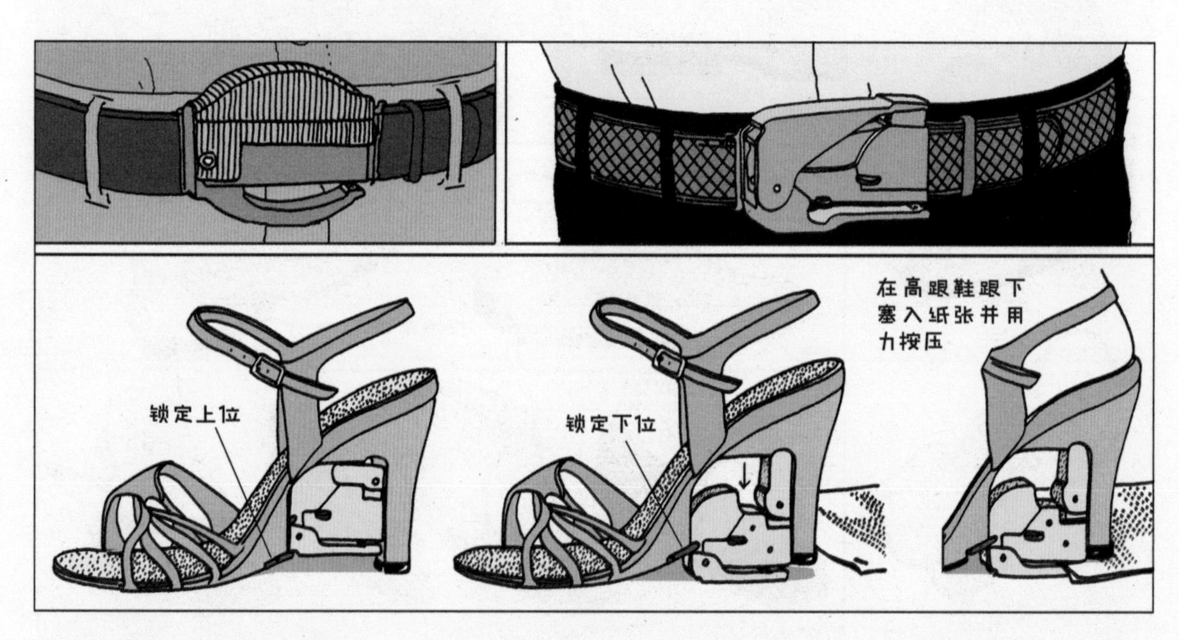

订书机腰带，订书机高跟鞋：人们常常抱怨，需要什么东西的时候，那样东西偏偏就找不到。举个例子，有人可能会问“我的订书机哪儿去了？”要是此人一整天都将订书机腰带系在身上，他就不需要到处寻找订书机了。（1984）

趣多多电话：因为家庭破裂和群体认同的分崩离析，21世纪的男人无时无刻不在受到严重身份认同危机的折磨。我是谁？哪一点能显得我与众不同？我拥有的哪样产品可以显示出我的好品味和幽默感呢？（1984/1985）

智能设备交互：一件手持智能通信设备可以有许多功能。（A）个人的平板电脑上可以看到讲座的投影内容；（B）约会和搭讪变得十分便利；（C）人们可以通过小型门户网站分享信息；（D）腰带和腕带都可以当平板电脑使用，服装中安装有电话。（1992）

（E）在中餐馆点餐和发表评论；（F）在眼镜中查看图片；（G）通过蓝牙发送信息；H.每个电影观众的评论都可以在银幕上看到。（1992）

免手持电话系统：研究人员在免手持电话发明方面进行了孜孜不倦的尝试，这里便展示了其中几个产品样品。（1989—1992）

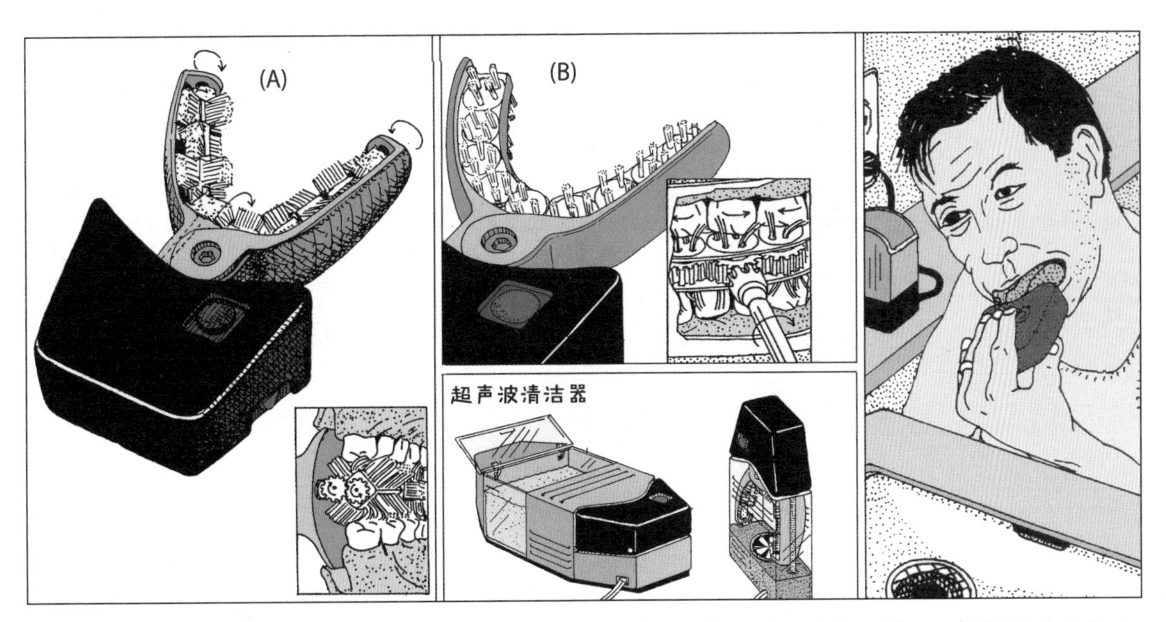

全口牙清洗装置：此装置可以一次性刷好全口牙。A型和B型的刷牙动作不同。由牙科医生为你的口腔选择合适的型号。（1991）

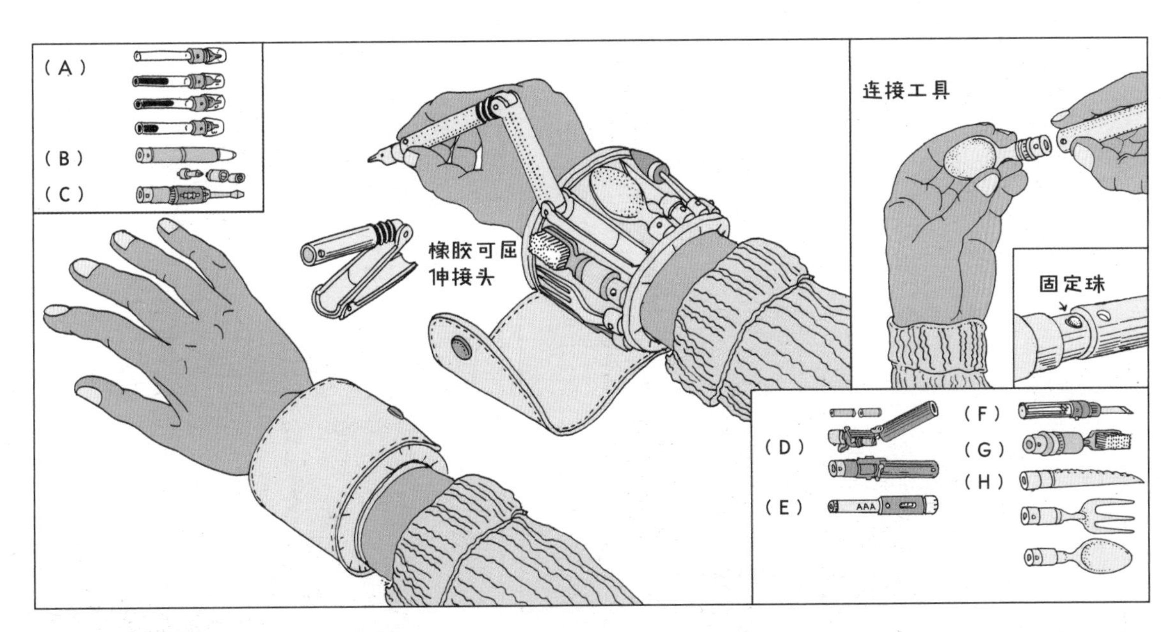

腕带工具盒：此腕带包括的工具有：（A）绘图笔、（B）超强力胶水笔、（C）螺丝刀、（D）催泪瓦斯枪、（E）手电、（F）美工刀、（G）牙刷、（H）餐具及其他工具。（1984）

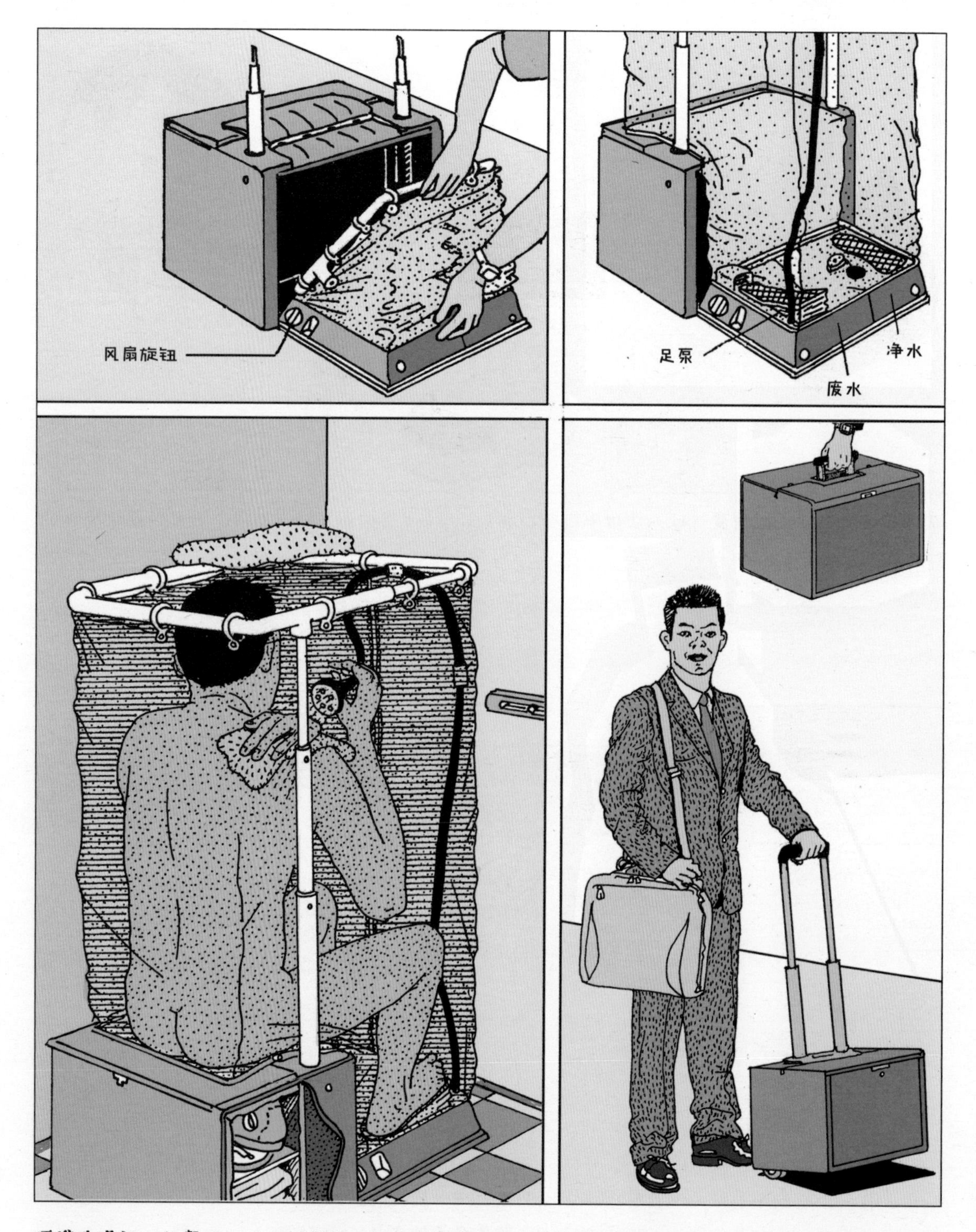

便携洗澡间：午餐后一次兴致勃勃的散步或长途骑行后，拥有便携洗澡间的上班族可以把自己锁在淋浴间中美美地冲个热水澡。隔间可以使淋浴用水一整天都保持温暖。废水可以排入洗手间的水槽。（1991）

椅箱：旅行者常常会碰到候机或候车时找不到空座的情况。款式多种多样的椅箱就可以解决这个难题。（1984）

（上图）**蹦床行李箱：** 本产品结合了软胶手提箱的特色和迷你蹦床坚固的结构与材质。它的重量像塑料用品，其中包含装满了水的水槽。（1984）

（下图）**搭车客行李箱：** 有的用户抱怨说这款产品既不是一个好行李箱，也不是一把好吉他。只有在里面的衣服都取出来之后吉他才能达到最佳演奏效果。（1984）

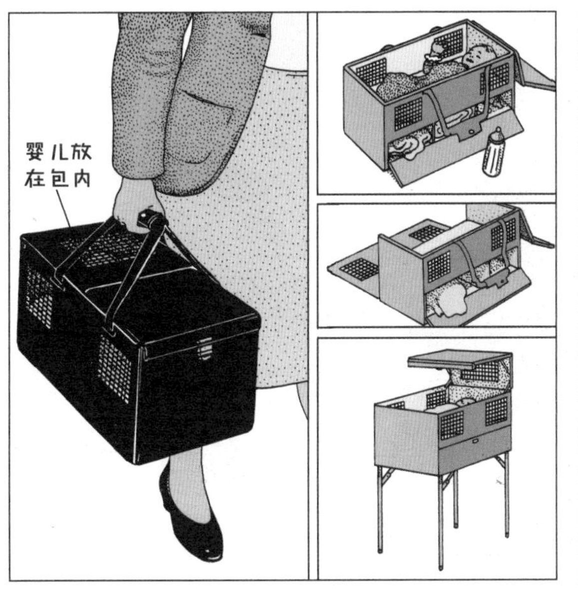

婴儿托特箱：要想在照料婴儿的责任和工作之间取得平衡，你需要一款上等的人造皮婴儿托特箱。底部的隔层中存放着尿布、安抚奶嘴和配方奶。（1991）

有袋超级套装：有袋类动物款服装可以让女性很容易够到外套前方的口袋！额外的重量由"口袋支撑带"承担。（2009）

双肩背包西装：这是大学教授最中意的单品。很多教科书都可以放进背包里。这款西装既能让教授保持风度，又兼具实用功能。西装的肘部有结实的皮贴布，内部还有用来承担背包重量的强力背带。因为大部分重量都由背带承受，所以衣服面料的弹力问题不值一提。（1984）

杂志架马甲：信息饥渴和时间压力可能让人们因没有时间阅读喜欢的专业期刊和杂志而感到焦虑。这类马甲就可以让人轻松掌握最新的消息。（1984/1991）

背带公文包：过去，若是有人拿着一个沉甸甸的皮质公文包，那就说明他是个正经律师或者大学教授；那时候，背带公文包十分流行。腰臀公文包可以穿戴在西装里面。绕颈公文包可以让人们腾出手来拿更多的公文包。（1984）

女式商务装：在女式商务装中，新的款式将职业女性撩拨与严肃的一面结合到了一起。与之搭配的有女士钱包演化而成的钱夹公文包，还有吊带公文包。（1984）

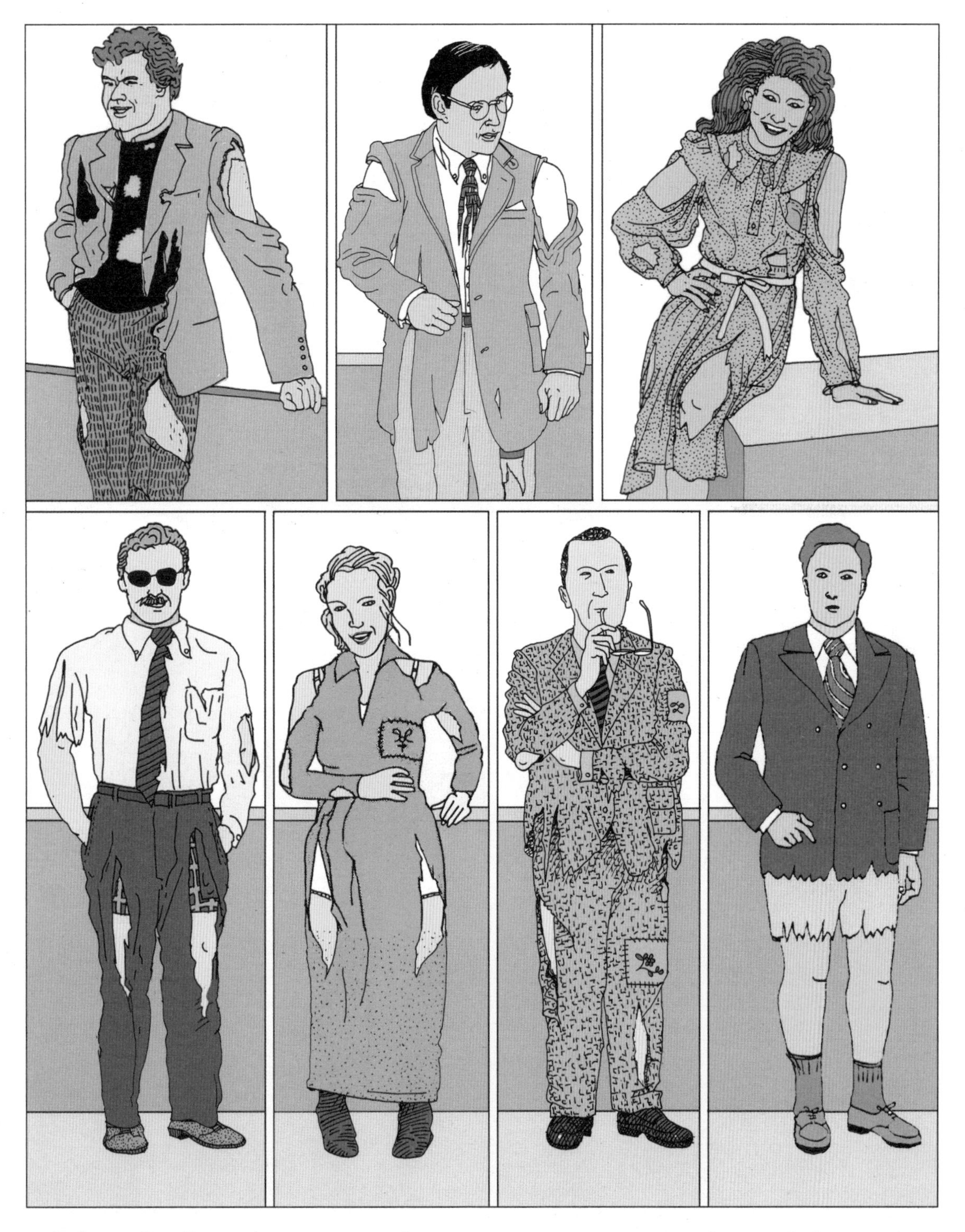

预撕破职业装：美国的贫困人口日益增长，因此衣衫褴褛的市民越来越常见。近年来，办公场所“得体着装”的标准也下降了。（1975—2019）

招摇装：这身打扮意味着穿着者的私生活丰富多彩到令人咂舌的程度。上图就是招摇装，它们同样体现在下图成功男士的穿着中。（1984—2018）

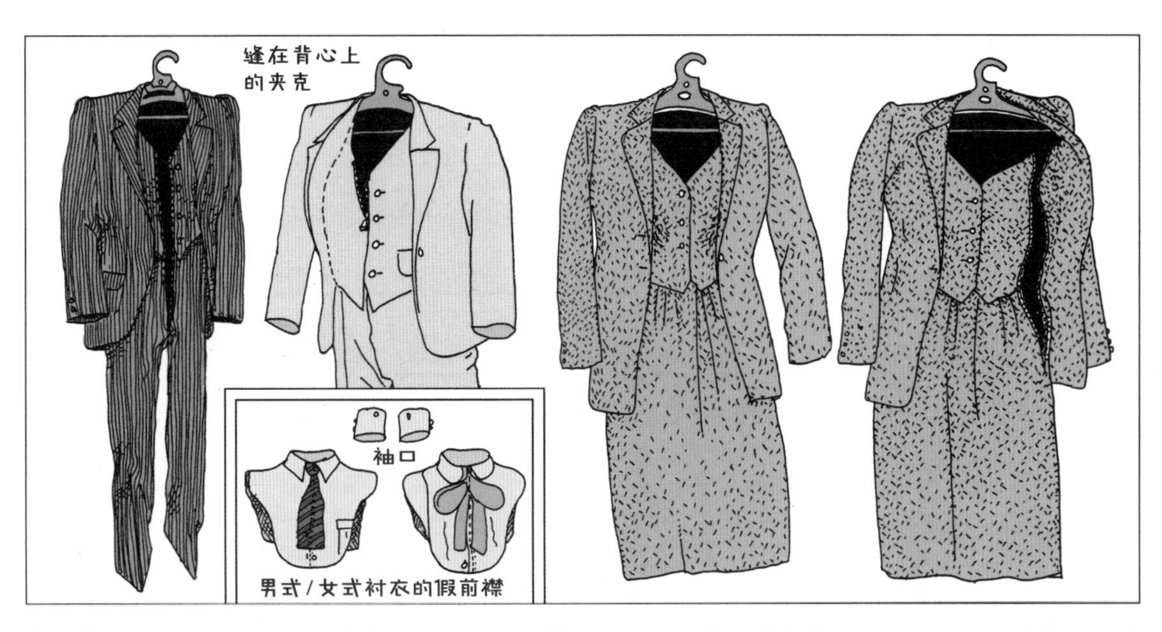

办公连体服： 这些实用的套装旨在给临时赴晚餐约会的人和参加紧急办公室会议的人当商务款连身工作服。人们可以将它们套在睡衣裤、园艺工作服、泳装或运动服外面穿，就算里面什么都不穿都可以！（1984）

肌肉装： 对坐办公室的职员来说，拥有健美的身材是件非常重要的事。肌肉装产品线包括好几款充气服装单品。（2019）

男女通用职场装： 因为职场人的工作内容中重叠的部分越来越多，对不同性别有刻板印象的工作已经不复存在，这就减少了对严格区分两性服装的需求。（1994）

商务运动服：其实没人会穿着这种衣服运动。这只是职场上一时兴起的潮流而已。穿它的人想让别人觉得他是健身房的常客，而且生活积极向上，忙得不可开交。（1984）

运动吊裤带：工作中，拥有两条松紧带对于塑身和做伸展运动非常便利，松紧带的两端系在位于特制长裤腰际内侧的纽扣上。对那些因工作需要必须长时间坐在电脑前的人，工作和保持身材两不误十分重要。（1984）

奇特的时尚

时装设计是个疯狂的行当。任何奇怪的设计创意都会立即投入生产。

荷包裤：这种裤子的前面有一个大大的荷包袋。穿这种裤子既能防盗，又能轻松够到钱包或钱夹。穿着者看起来像有袋的人类动物或像穿了一个放在奇怪位置的遮阴袋。（1991）

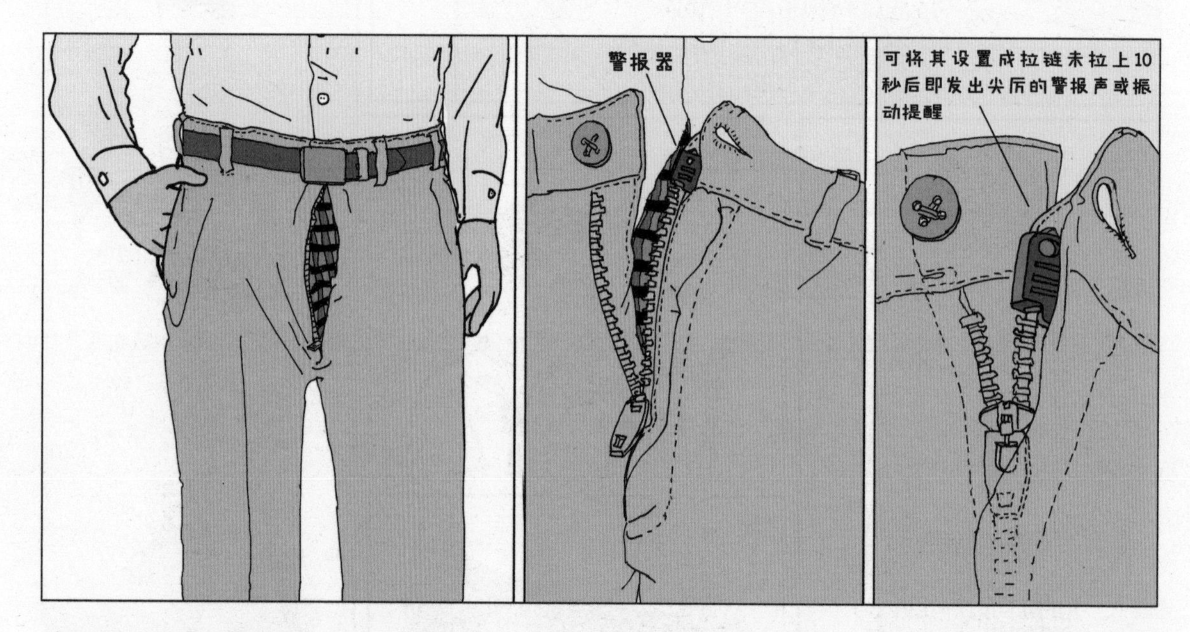

裤门襟拉链遗忘警报器：英文中没有表示"对未拉裤门襟拉链的恐惧"的词。"被盯恐惧症"算是比较接近的了，它指的是害怕引起他人的注意。（2011）

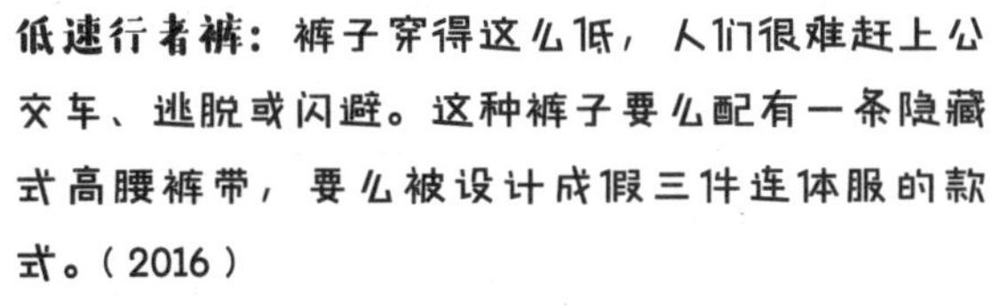
低速行者裤：裤子穿得这么低，人们很难赶上公交车、逃脱或闪避。这种裤子要么配有一条隐藏式高腰裤带，要么被设计成假三件连体服的款式。（2016）

新方向服装：半体服和暧昧连体工装使着装者能吸引更多目光，令路人纷纷行注目礼，同时彰显了时尚的无意义。（1983）

奇装异服，公共场合裸身服：随着世界范围内传统习俗与禁忌的衰退，穿着造型古怪的非对称服装成了正常现象，而在公众场合部分或全身裸露也成了常见的风景。（2012）

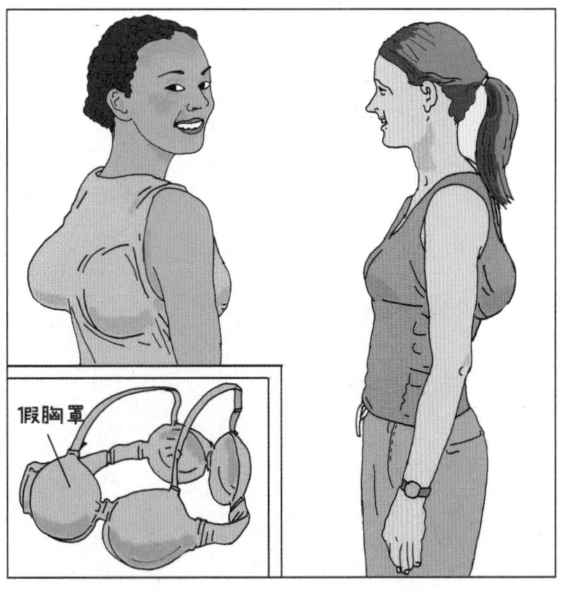

双重胸罩：买这类内衣的大部分人是为了在化装派对上活跃气氛。男性认为，如果他们抚弄的是女性背部的胸罩，那么他们就不会因性骚扰而被捕。（2010）

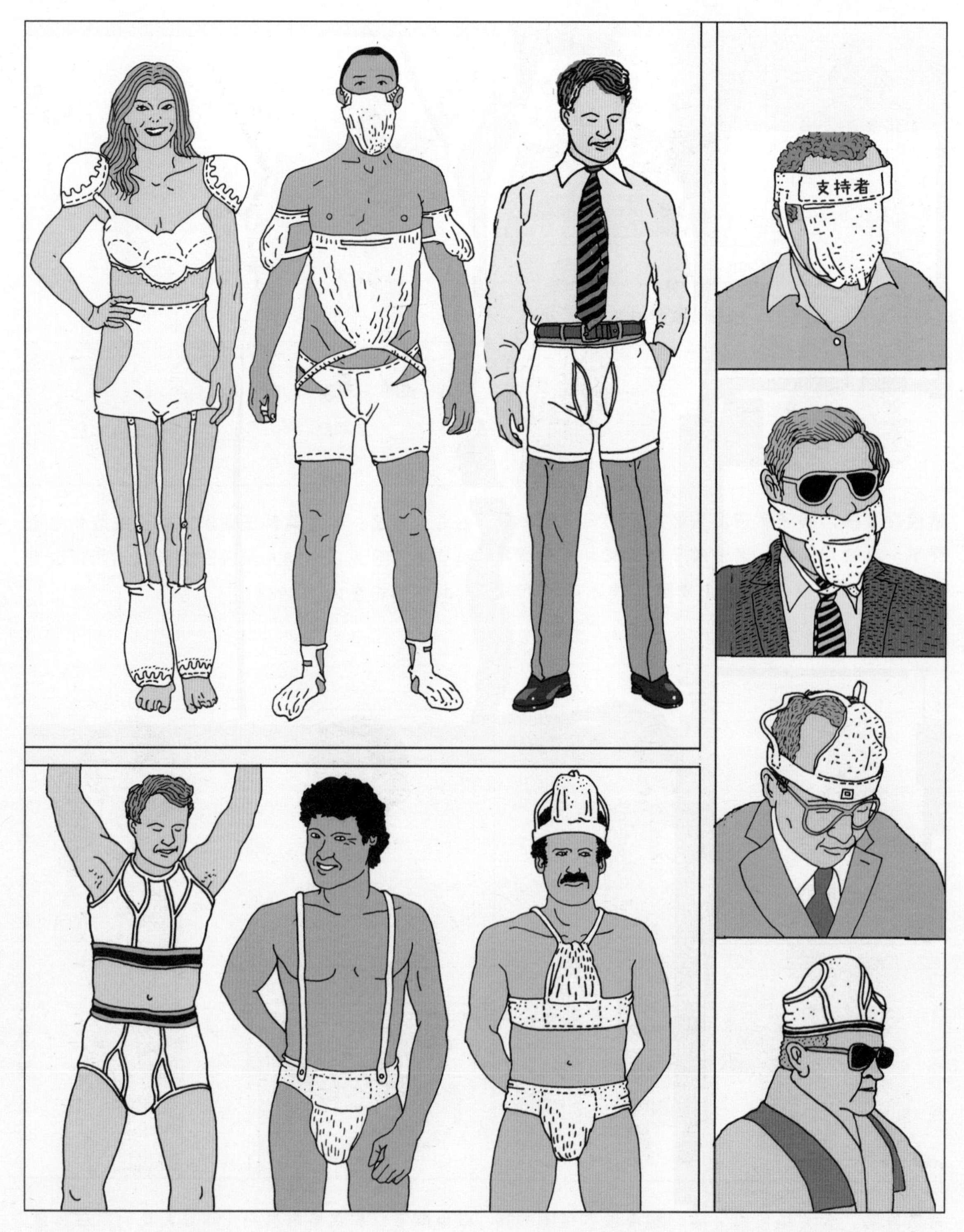

内衣替代品：这些所谓的“新内衣”设计将会让许多人震惊。设计师始终在追寻新意并希望创造出新的“内衣设计语言”。（1983、2012）

突变服：在任何时候都有多种服饰选择，这是一个非常重要的个人目标。衬衫裙可以当衬衫，也可以当裙子；组合马甲背包可以当马甲，也可以当背包；长短裤可以当短裤，也可以当长裤；长短袖衬衣可以当长袖衬衣，也可以当短袖衬衣，这都取决于穿着者的选择。（1984—1995）

自由式服装图案：这些服装单品使用了丰富多样、款式独特的艺术图案。图案完全没有重样的，甚至还有让人作呕或吓人的图案。（2019）

艺术品般的服装：这些服装设计是为了尽情展示不同买家在艺术方面的独特品味。每件单品都像是一件艺术品，穿出来的目的就是凸显买家不凡的个性。(2019)

女性内衣的替代选择：当我们将内衣的功能与它的形式剥离之后，设计师可以释放大量的创意。（1984）

衬衣领带组合：现如今男人的领带，无论是设计还是外形，都与一个世纪前无异。但随着男人越来越会表达，他们的领带也一定会跟着进化的。（1984）

鞋履设计趋势

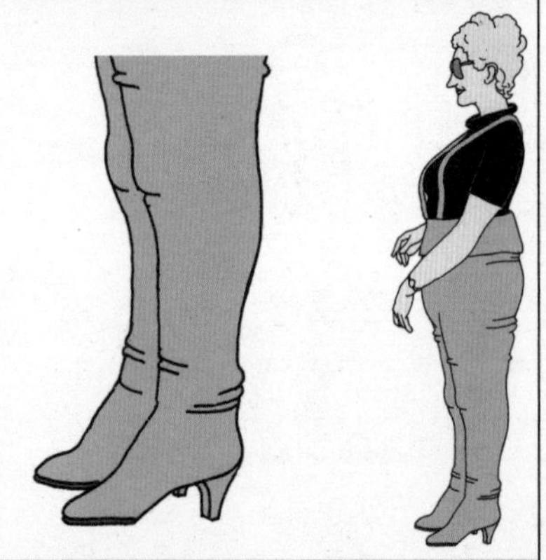

裤靴很流行，因为有了它们之后，人们出门时不用再费心寻找搭配裤子或裙子的鞋了。

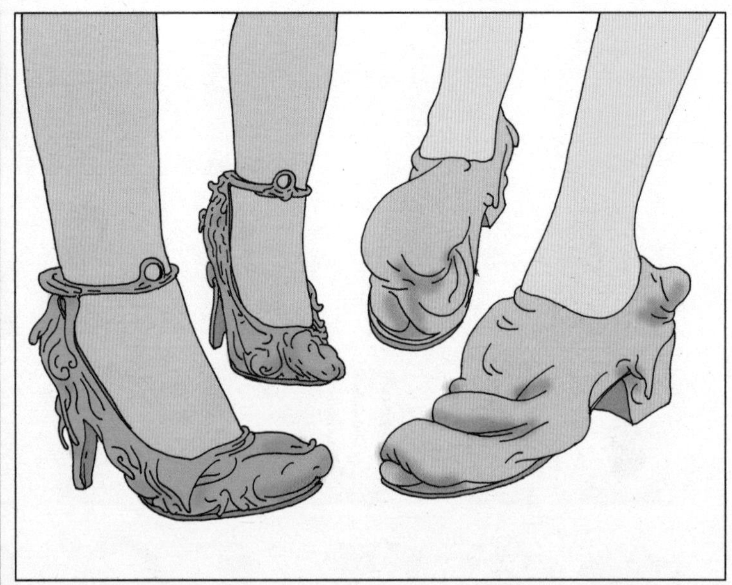

自然形式的鞋：女士们对模仿自然形态的鞋有大量的需求。设计师可能会从钟乳石、熔岩流、石苔或丛林中的藤蔓植物上获得灵感。任何在大自然中发现的东西，都不应该被视为是丑陋的。（2016）

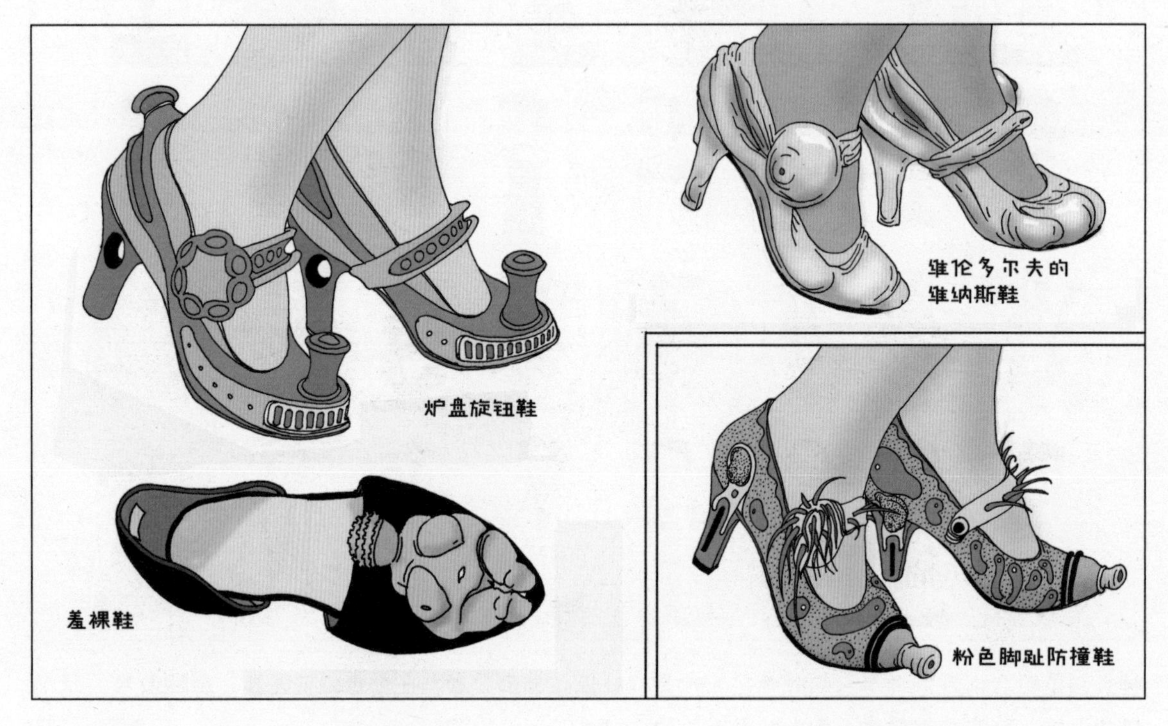

女士不雅鞋：刻薄的女性或许会想拥有几双超级不雅的鞋，这样一来就可以穿着它们去冒犯人们对于礼节的理解了。（2016）

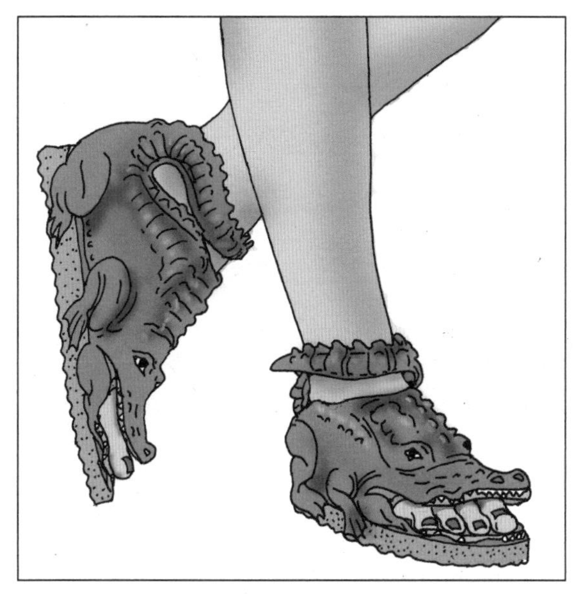

鞋头开口式鳄鱼平底鞋：鞋上的小牙不会伸出来，只是看起来恶心罢了！穿这双鞋要传达的信息很微妙：我有一种古怪的幽默感，但你们谁都别惹我！（2016）

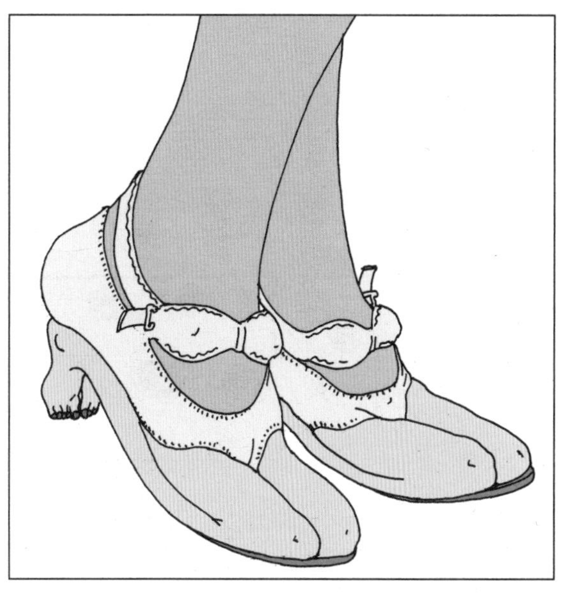

女士内衣高跟鞋：这款女鞋可以被看作暗示或者明示了穿着者离谱的幽默感，没有哪个“正常”女人会穿这种鞋。（2016）

恭候赞美鱼高跟鞋：这双鞋头开口的高跟鞋可以轻易在派对上成为大家谈论的话题。它们很漂亮，但也颇为怪诞。（2016）

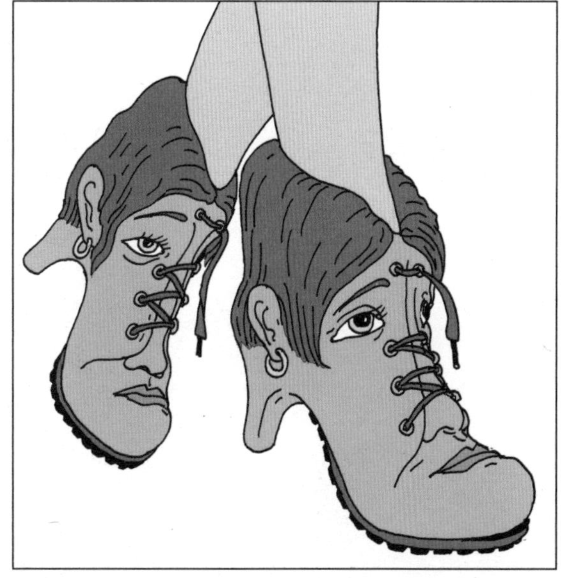

坏心情短靴：一个女人可能会一时没心情搭理任何人，不管对方是男的还是女的。这双靴子可以传达出这样的信息：她完全不想应付搭讪，也没精力跟人闲聊！（2016）

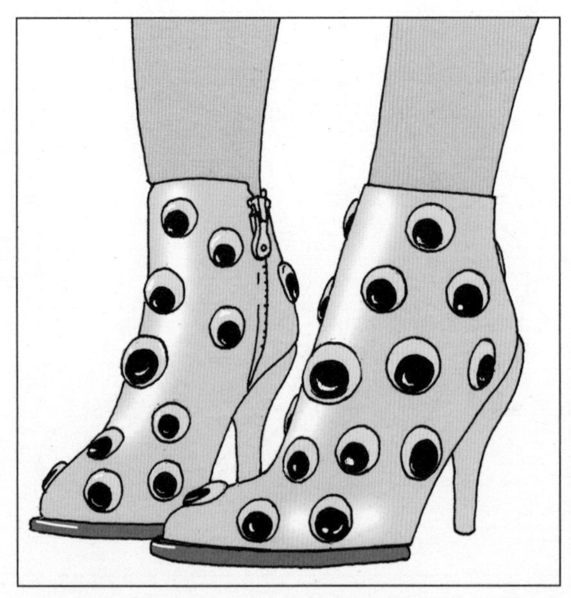

塑料假眼高跟鞋：这款高跟鞋不仅吸睛，而且穿上它们走路的时候塑料假眼的瞳孔还会跟着动，并且发出微弱的咔嗒声。总之，这是一双有趣的高跟鞋！（2016）

女人鞋：女人鞋展现出了女性的不同个性。它们有的是微笑的低跟鞋，有的是裸体外形的高跟鞋，还有的看起来很健谈。（2016）

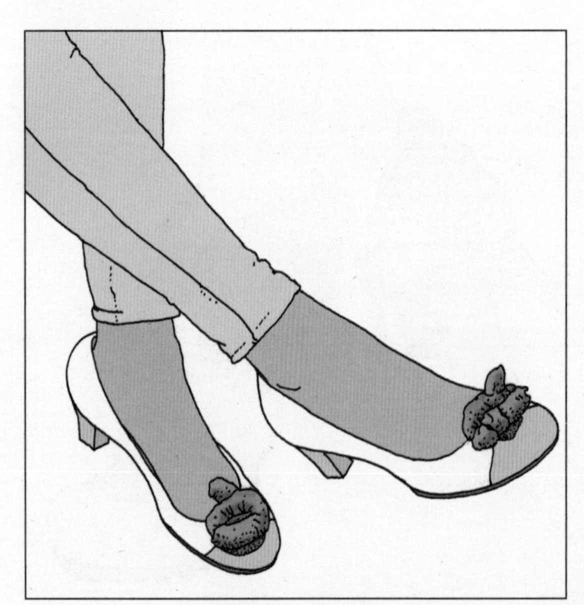

煞风景低跟鞋：这款高跟鞋鞋面上的装饰性狗屎总能引人捧腹。它属于会抢夺大家注意力的那种高跟鞋。（2016）

鼓包靴：这款靴子凹凸不平的表面并没有什么特殊功能或额外作用，而它之所以流行就是因为这种毫无用处的特点。（2016）

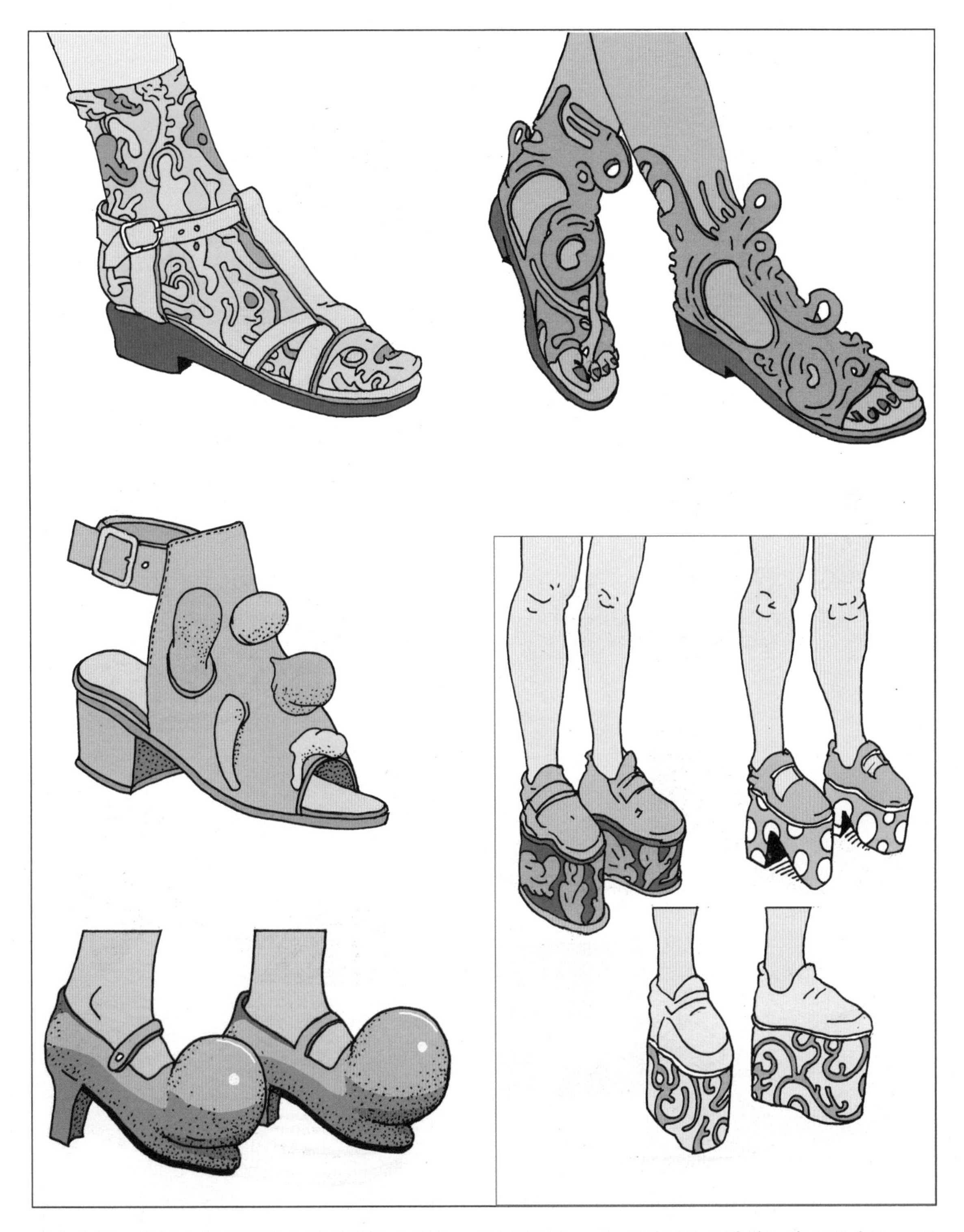

疯女人鞋：年轻女性特别喜欢这些疯狂的设计。设计越疯狂，就越受她们的追捧！有的鞋会和同样尺寸的装饰性袜子搭售，如左上图所示。（2019）

没品怪异女鞋： 为了搞怪而搞怪就是这类鞋的特征。它们的设计中可能会包含随意添加的把手、支架、手柄、铃铛或高塔。（1984）

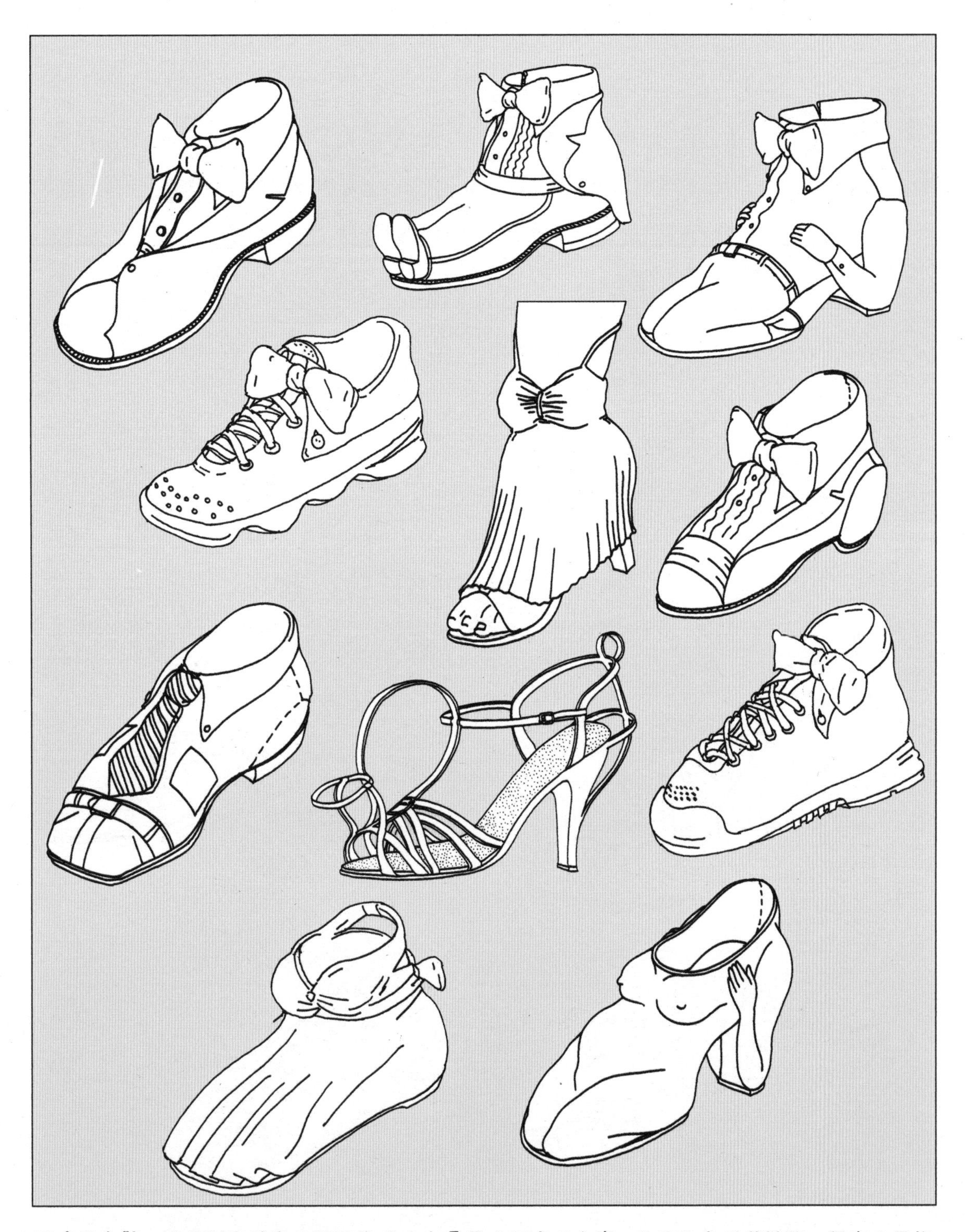

正式场合鞋：这些制作精良的鞋可能适合在重要的正式场合穿，但它们与目前狭隘、保守的风格格格不入。（1984）

各种各样的翼尖鞋款式：翼尖或布洛克风格的鞋在时装史上的流行度曾大起大落。有时候这种款式会被人们打入冷宫，可有时候又会因为它的怀旧样式而重新得到人们的喜爱。

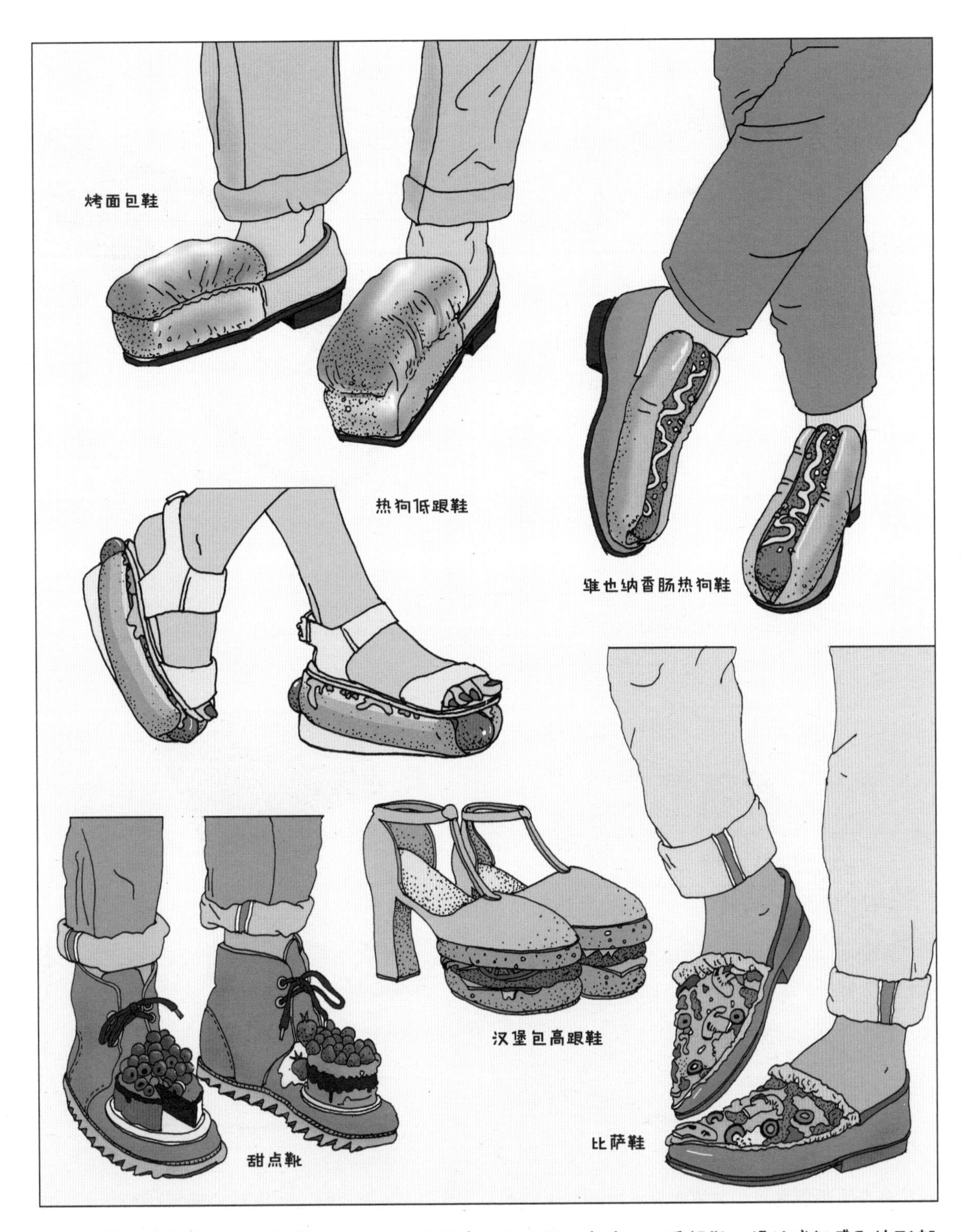

食物主题款式的鞋： 以休闲为目的而设计的鞋有一个共同的名字——乐福鞋。设计成触感和外形都像软软的长条面包的乐福鞋甚是有趣。带“肉馅”的乐福鞋款式丰富，包括各种样式的热狗鞋和汉堡包鞋。（2011—2016）

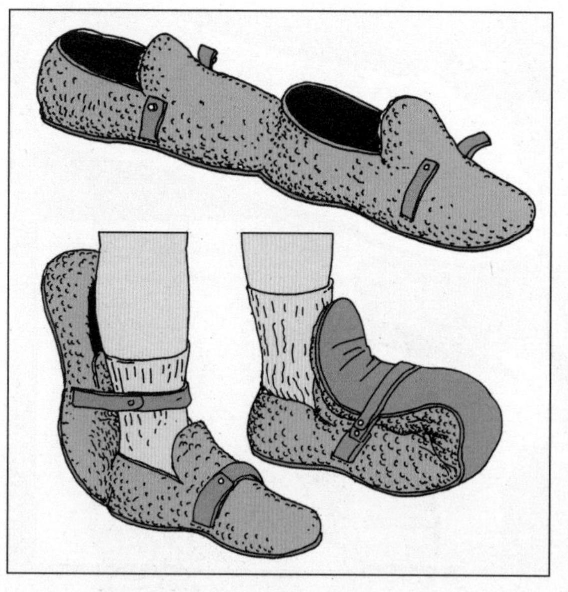

一用十年懒人鞋：极少逛街购物的隐居者和护林员会大爱这款一用十年懒人鞋。（1984）

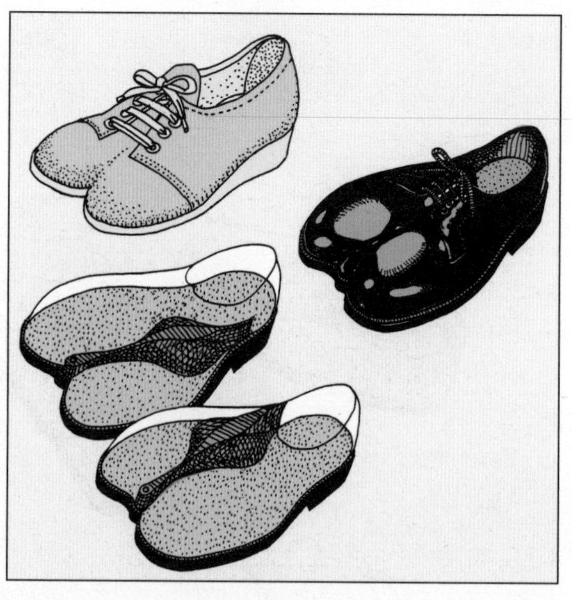

左右脚通用鞋：这款通用鞋的秘密就在于中间的分隔壁。如果其中一只鞋穿坏了，只需要去鞋店再单独买一只就行了。（1984）

双层底华夫饼软皮鞋：华夫饼软皮鞋哪一面朝上都可以穿，这意味着这种鞋的使用寿命是普通鞋的两倍。它们看起来像是能穿一辈子呢！（1984）

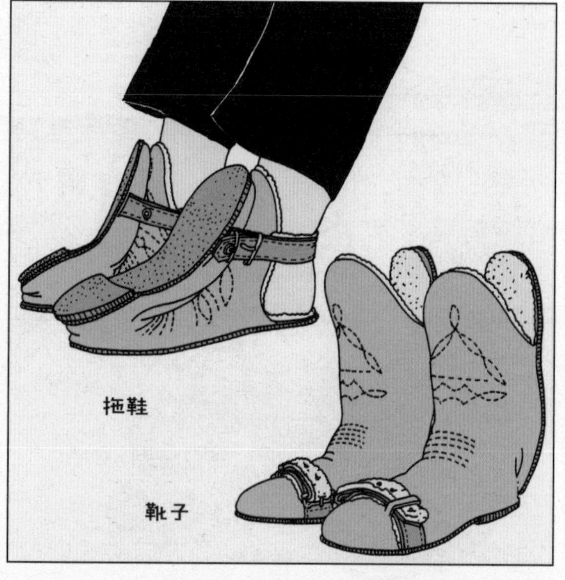

羊皮靴-拖靴：靴子比拖鞋的保暖性更好。在户外穿拖鞋你会后悔的，尤其是在雨天，或者在放羊、放牛或牧马的草场上。（1984）

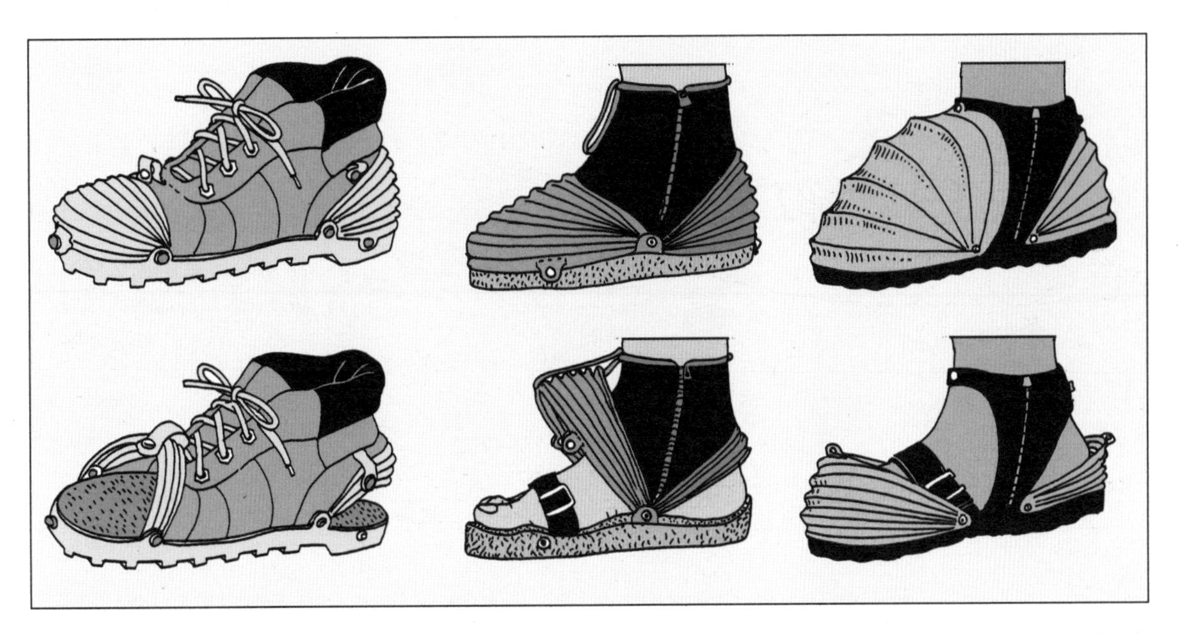

夏季/冬季鞋：经济状况紧张的家庭可能会需要这些全年可穿、四季皆宜的鞋。不过，它们不能当涉溪鞋或雨鞋来穿。（1984）

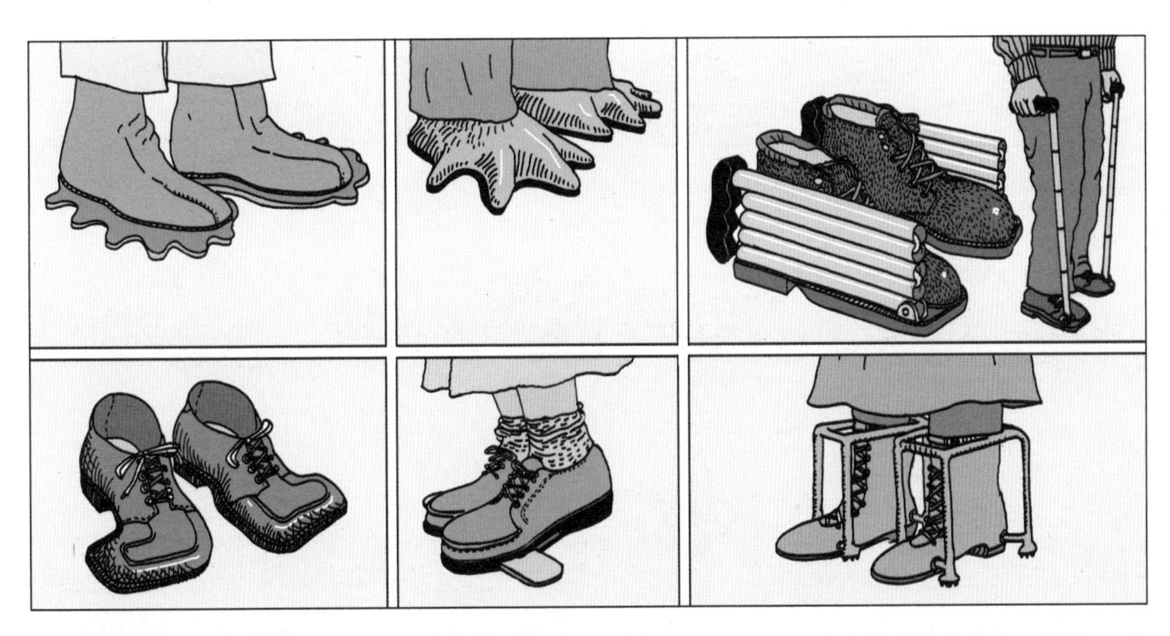

长者健步鞋：媒体和广告把太多注意力集中在年轻人身上，因此大家很容易忘掉老年人的需求。长者健步鞋可能看起来比较特殊，甚至傻里傻气的，但是这样一双鞋可以说是有平衡问题人士的必需品。（1984）

网球鞋的变化： 由于一双标准的网球鞋有着较固定的组成元素，因此我们可以用相同的元素设计出同款网球鞋的“遥相呼应”款，只不过不适合穿着。（2012）

各式各样的男鞋：男鞋的问题是它们的款式永远不够大胆、色彩不够丰富，也不够有魅力或者惊世骇俗，当然了，女鞋就没有这种问题。图中的款式全部独特又时髦，有着让人为之着迷的古怪之处。（1984/2011）

高尔夫鞋：它们只能在高尔夫鞋专用场地上使用。这项运动有着让人乐此不疲的魅力，因为三洞球场的面积有四个推杆果岭那么大。在靠近球洞的时候，我们要穿轻推鞋；在距离球洞较远时，我们要穿狠踢鞋。（1984）

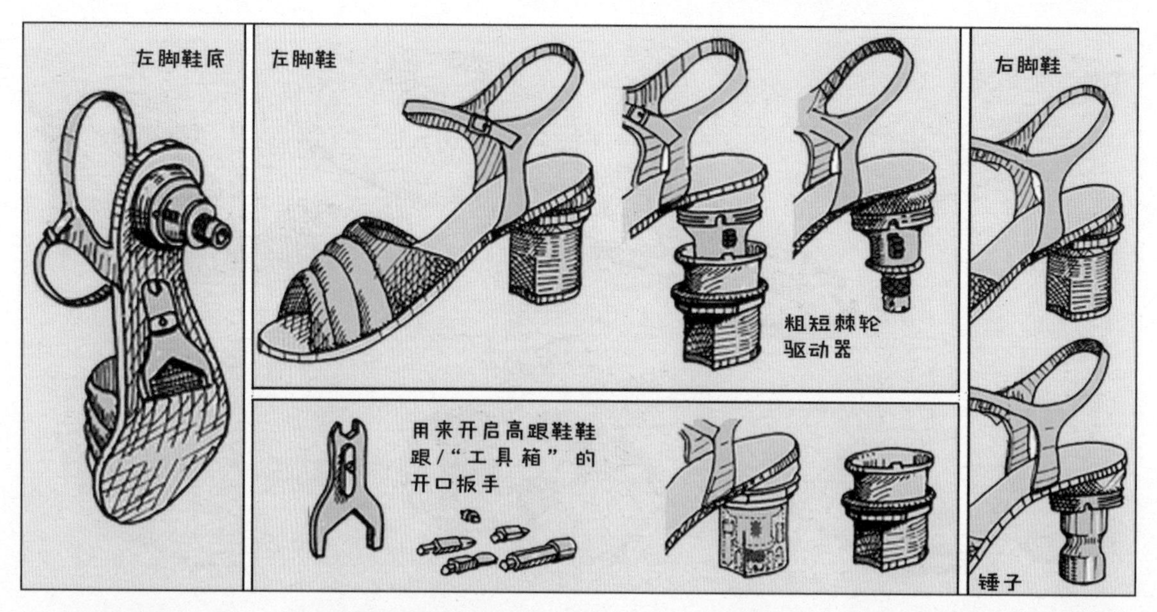

工具箱高跟鞋：女性比男性更擅长同时处理多件事务，这是大家公认的。如果身边有东西需要维修，而丈夫或男朋友不在，女性就必须自己处理问题了。这时，工具箱高跟鞋就派上了用场。（1984）

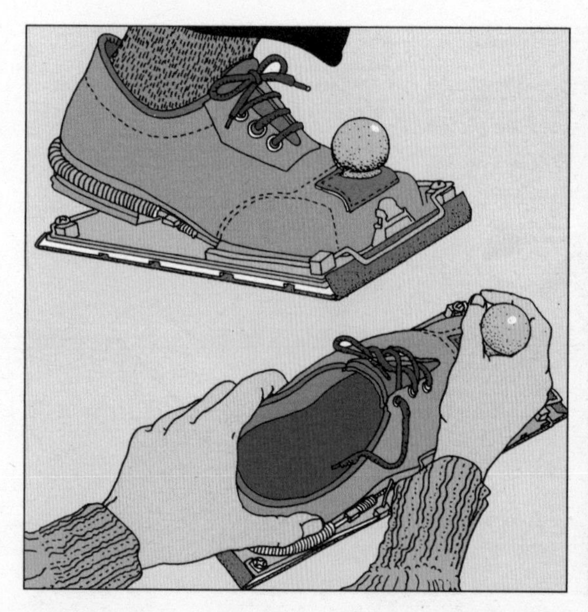

磨地鞋：需要打磨地板时，这款鞋可能要搭配附带的打磨配件一起穿。当仅需要鞋时，配件很容易就能取下。（1984）

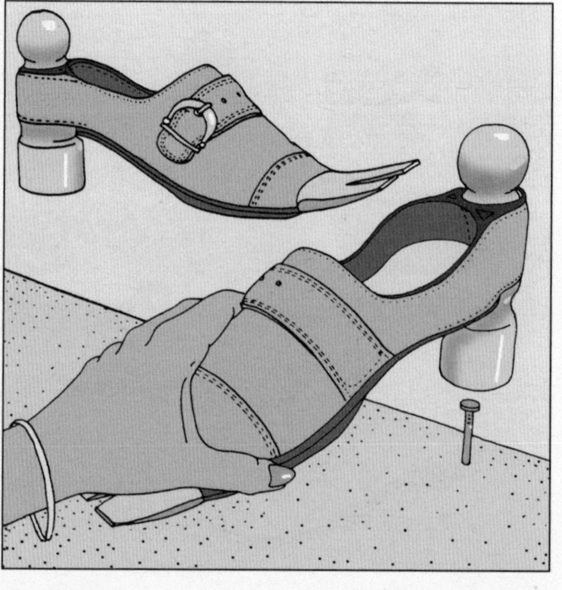

锤子高跟鞋：“一家之（男）主（人）”在电视机前“打坐”时，女主人就可以很方便地使用这款鞋来做简单的木工活（也可以用来自卫）。（1984）

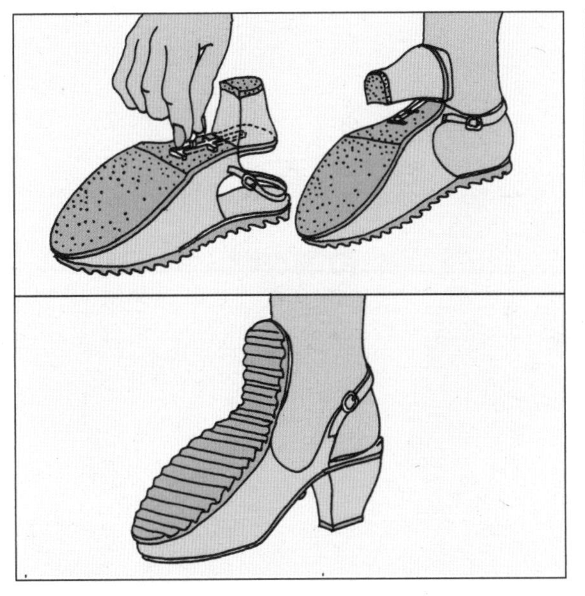

高低跟鞋：这款鞋适合女性在非正式或半正式的社交场合穿。在非正式场合，解开高跟，将鞋子翻转过来穿就可以了。（1984）

备用跟高跟鞋：取决于穿鞋人对高跟折断情况的期望高低，她可以自行选择拧上这朵可爱的玫瑰花或是备用高跟。（1984）

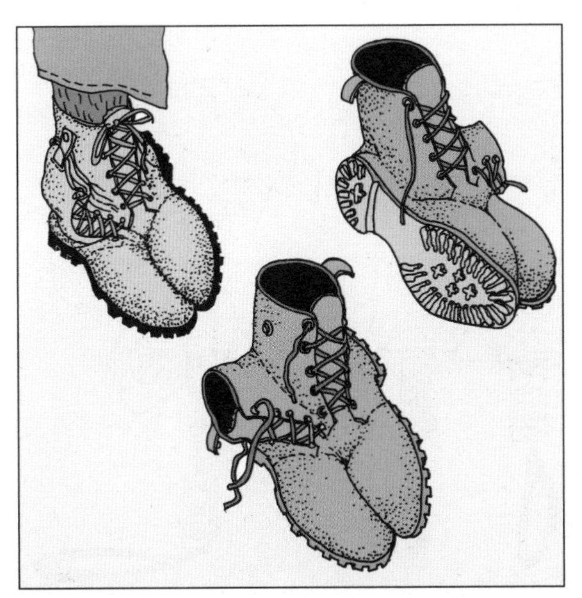

备用鞋底靴：带徒步靴去修鞋铺换底实在是件麻烦事，还是拥有一双备用鞋底靴更实惠。（1984）

鞋刷鞋：至少在办公场合或正式场合，大多数男人喜欢穿上闪闪发亮的皮鞋。针对这一需求，鞋刷鞋极其衬手，你可以用其中一只鞋去擦另一只鞋。（1984）

新式雨伞

办公雨伞。枪套里的雨伞看起来像一把“火帽与弹丸”老式转轮手枪。

置顶雨伞：这款雨伞虽然外观不同寻常，但用起来格外衬手。用这把伞，人们就可以腾出双手去搬箱子、拿公文包或者摆弄智能手机。（1984）

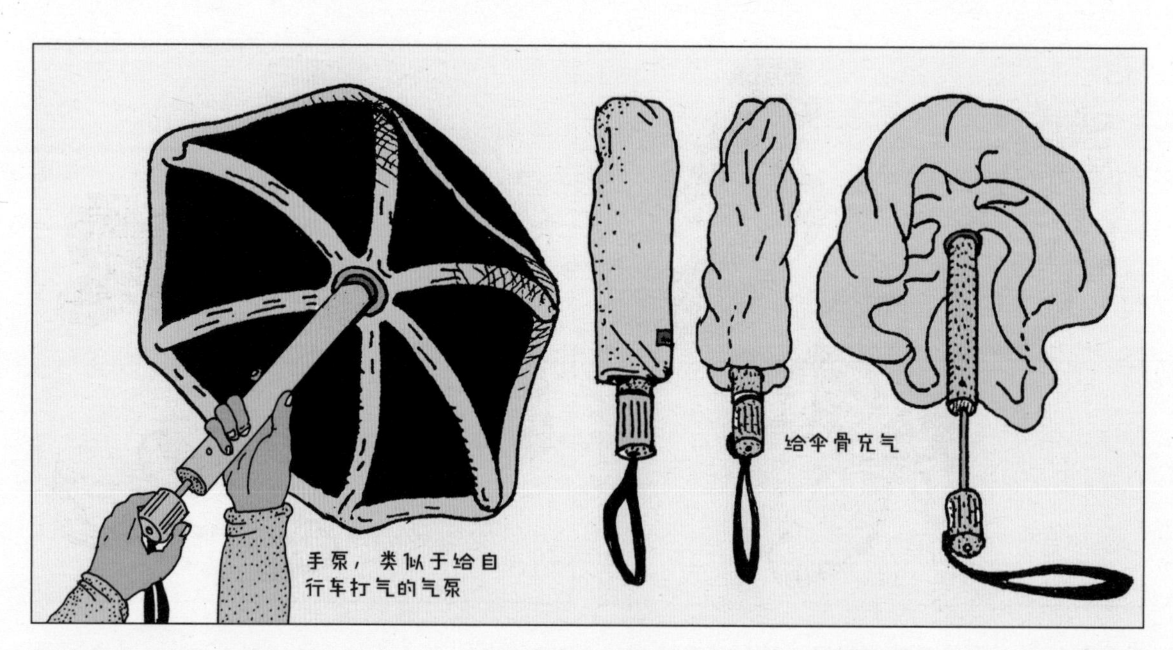

充气伞：在拥挤的人行道上行走时，人们不免会担心被铝合金的伞骨戳到眼睛。而这款伞的伞骨是用空气做的！（1984）

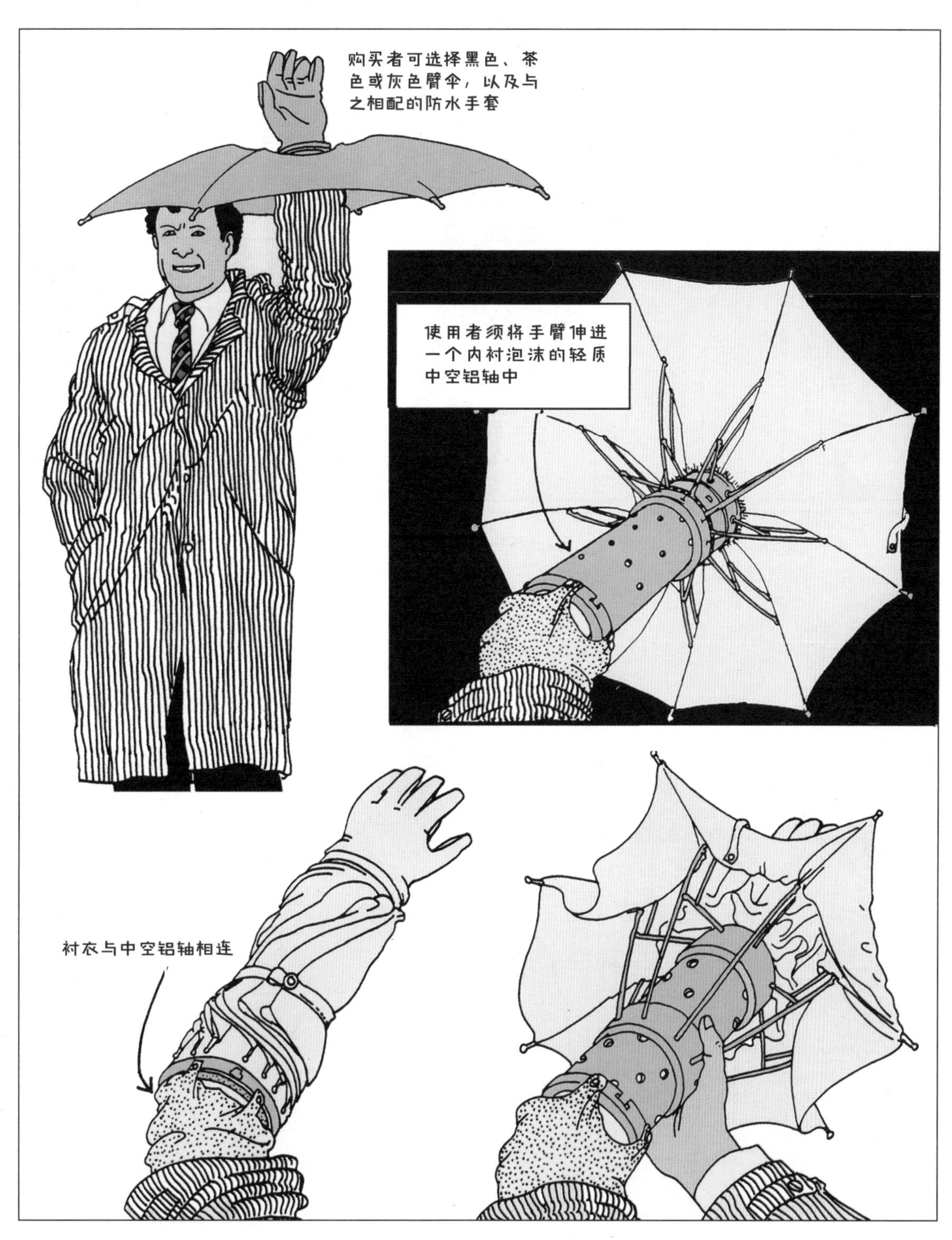

臂伞：如果你出门戴了臂伞，就没有必要带普通雨伞了——下雨时你只需要举起一只胳膊！若是你把它穿在雨衣内，外人几乎看不出来。不过，在大城市里会有一个小小的不便，那就是当你举起胳膊时，出租车司机会停在你身前。（1984）

领帽，领伞：在恶劣天气时，男性（和女性）办公室职员喜欢在出门上班时戴上领带帽或者领带伞。他们再也不能用“我忘记带伞了”这种借口了。（1984/1991）

双球雨衣： 只要你拥有一件入时的双球雨衣，就可以忘掉下雨要带伞的事了。你可以靠着腋下气泵系统轻松地给用来支撑特宽雨衣兜帽的一对大型乳胶气球充气。（2016）

以司为家

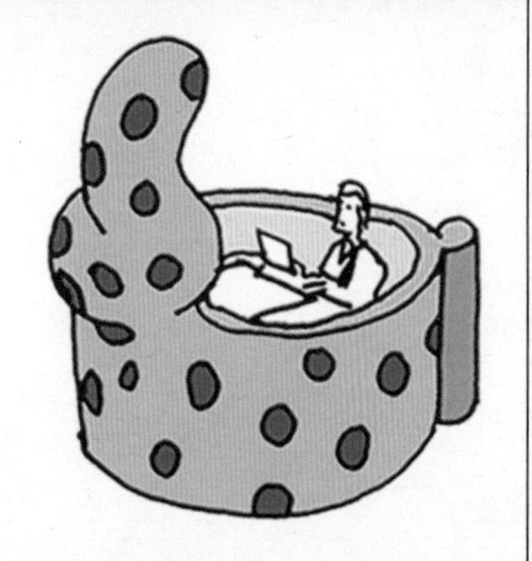

办公室隔间。新的办公工作站提供多种多样的外形和尺寸。

工作站上方即是床铺

办公寓所：在竞争激烈的国际市场上，紧凑的工作日程意味着员工可能需要在公司过夜。你可能会在一天中的任何时候遇到顶着一头湿漉漉的头发、牙刷插在浴袍口袋里或者穿着一双拖鞋的同事。（1991）

匣子卧铺：睡在这张洋床上的人也可以呼吸到新鲜空气。员工在办公场所打盹儿或许会发出吵人的呼噜声，而同事在大力关上抽屉时或许会将打盹儿的员工吵醒，所以大家才需要这种床。（1990）

私密隔间：天赋异禀的人和内向腼腆的人通常不喜欢在敞开式办公间中工作，因为在那里他们会成为咄咄逼人的经理和像有强迫症似的喋喋不休的同事的猎物。因此，私密办公间非常受欢迎。（1994）

领导回避工作间：此工作间不欢迎老板到来，而且只允许他们在特定的时间拜访。这个空间是隔音的，可以很好地满足员工小憩片刻的需求。（1991）

员工休闲站：有些信息生产公司会通过安装员工休闲站来让职场生活更加舒适。这样就创造了“假期生活”的氛围错觉。不过，为了避免大家产生真的放松的感觉，工作任务和员工效率监测措施依然存在。（1994）

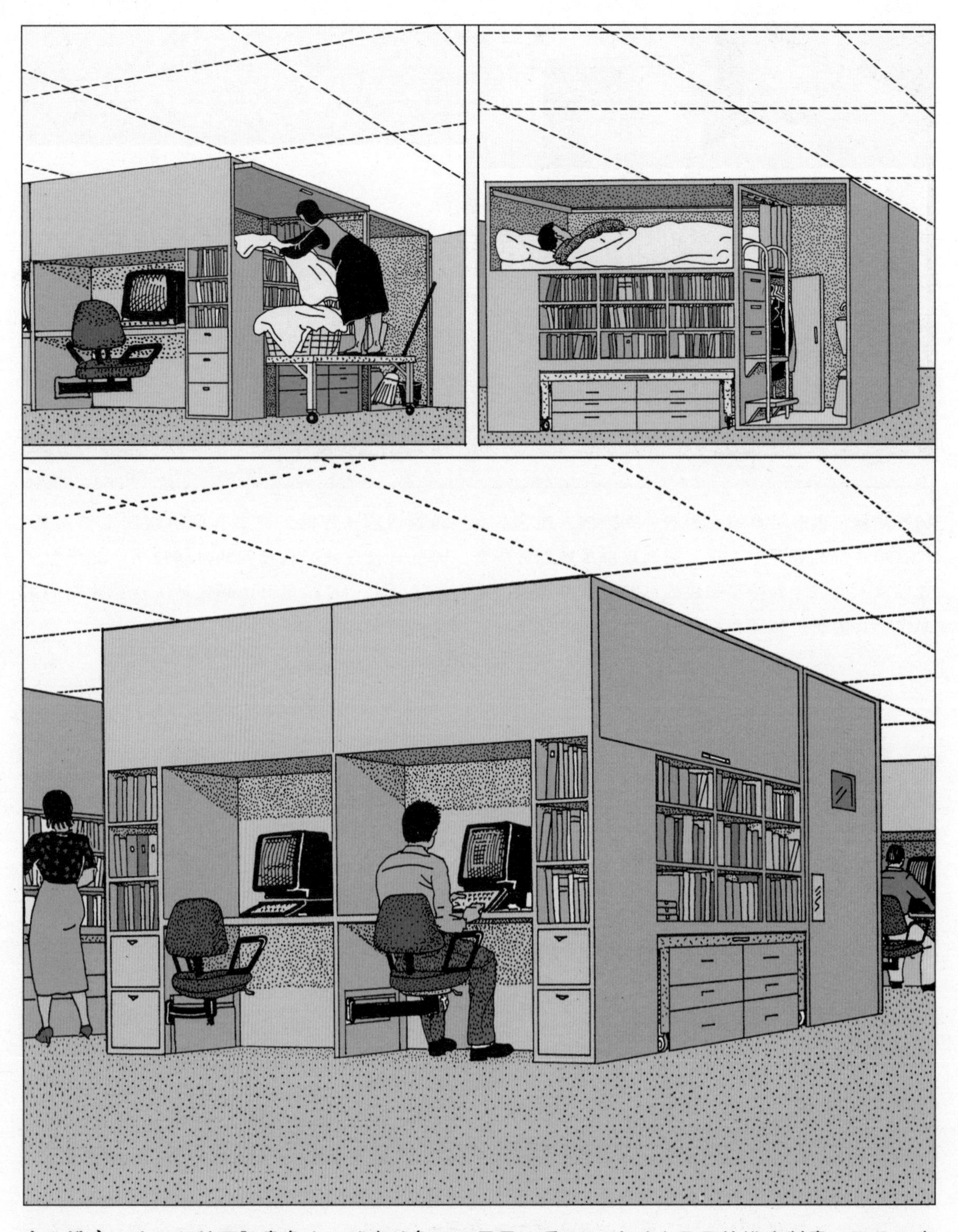

办公卧房：为了保持国际竞争力，越来越多的公司开始采用24小时全天无休排班制度，因此工作和家庭生活之间的分界越来越模糊。在许多行业中，员工被要求在办公桌下的隔音空间或带有床、更衣室、盥洗池、厕所和衣橱的办公卧房中睡觉。（1991）

自带天花板的全方位私密隔间：不是所有的公司员工都喜欢听到办公间天花板闭合的咔嗒声，尤其是在午餐时间过后。自带天花板的办公间可以锁门，公司管理者清楚，锁门后不管任务的最终期限有多近，他们都不能去打扰员工。（2010）

工作室隔间：工作室隔间可供选择了“全天候”工作形式的员工使用。这种工作方案或许要么被视为奴役的一种形式，要么被视为员工表现自己工作认真的一个机会。这种地方的食堂也是24小时开餐的。（2010）

打盹儿办公桌：当你在工作时感到困倦，打盹儿办公室可以为你提供方便！用四个软垫可以轻松铺出一张简易床。塞上一对耳塞、滑出桌板、封闭办公桌、关上手机，然后入睡吧。（1984）

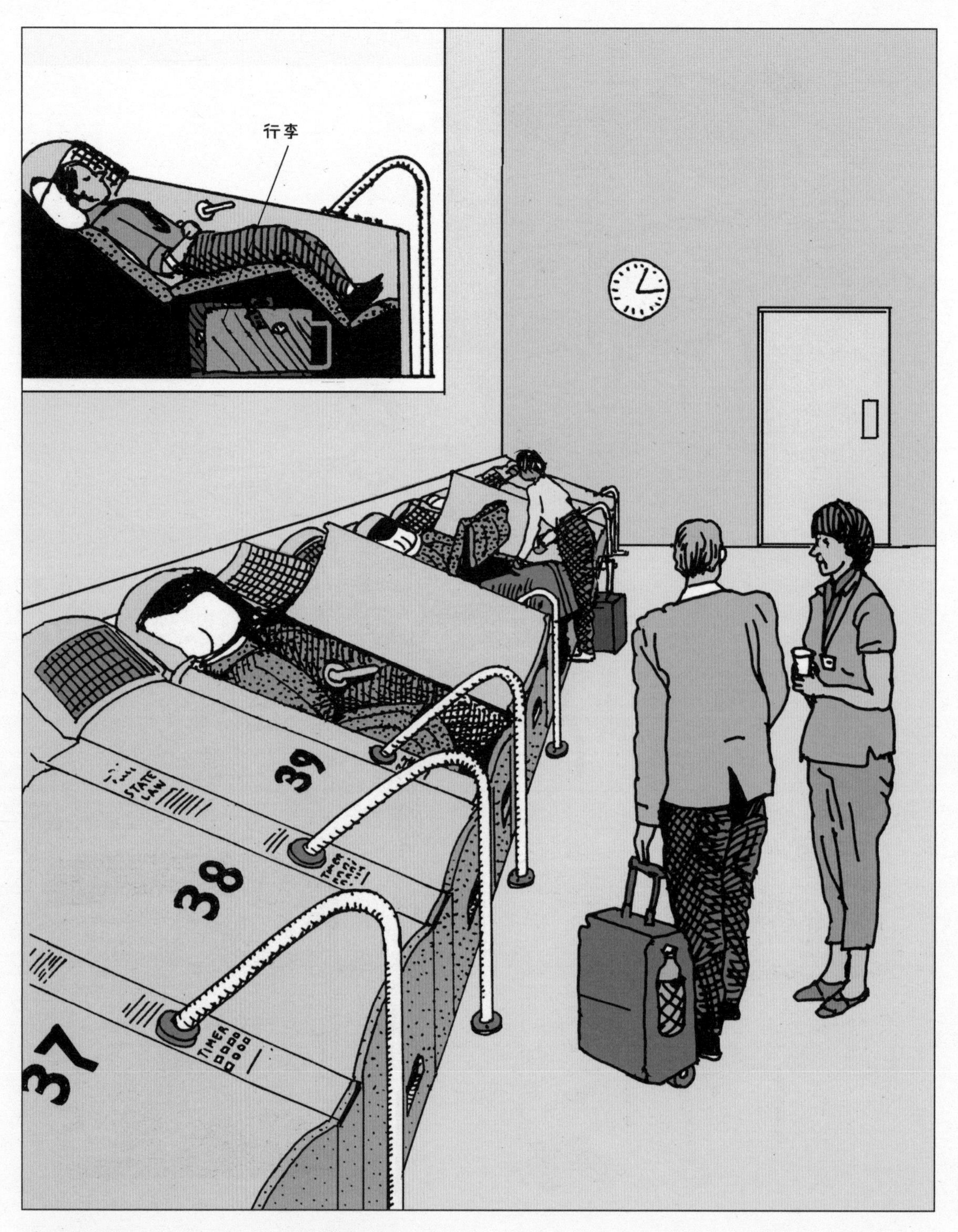

公共睡眠舱：这些投币睡眠舱会在每次使用后消毒。使用者可租一个已消过毒的枕头。人们至多只能在睡眠舱中待一个小时，还可以设置闹铃。（2010）

上班族睡眠柜：职场生活变得无聊甚至让人心烦意乱时，员工可以选择不去开会，进入隔音睡眠柜中小憩或者冥想片刻。不过，他们可能会因为减少工时而被扣掉部分工资。（2011—2019）

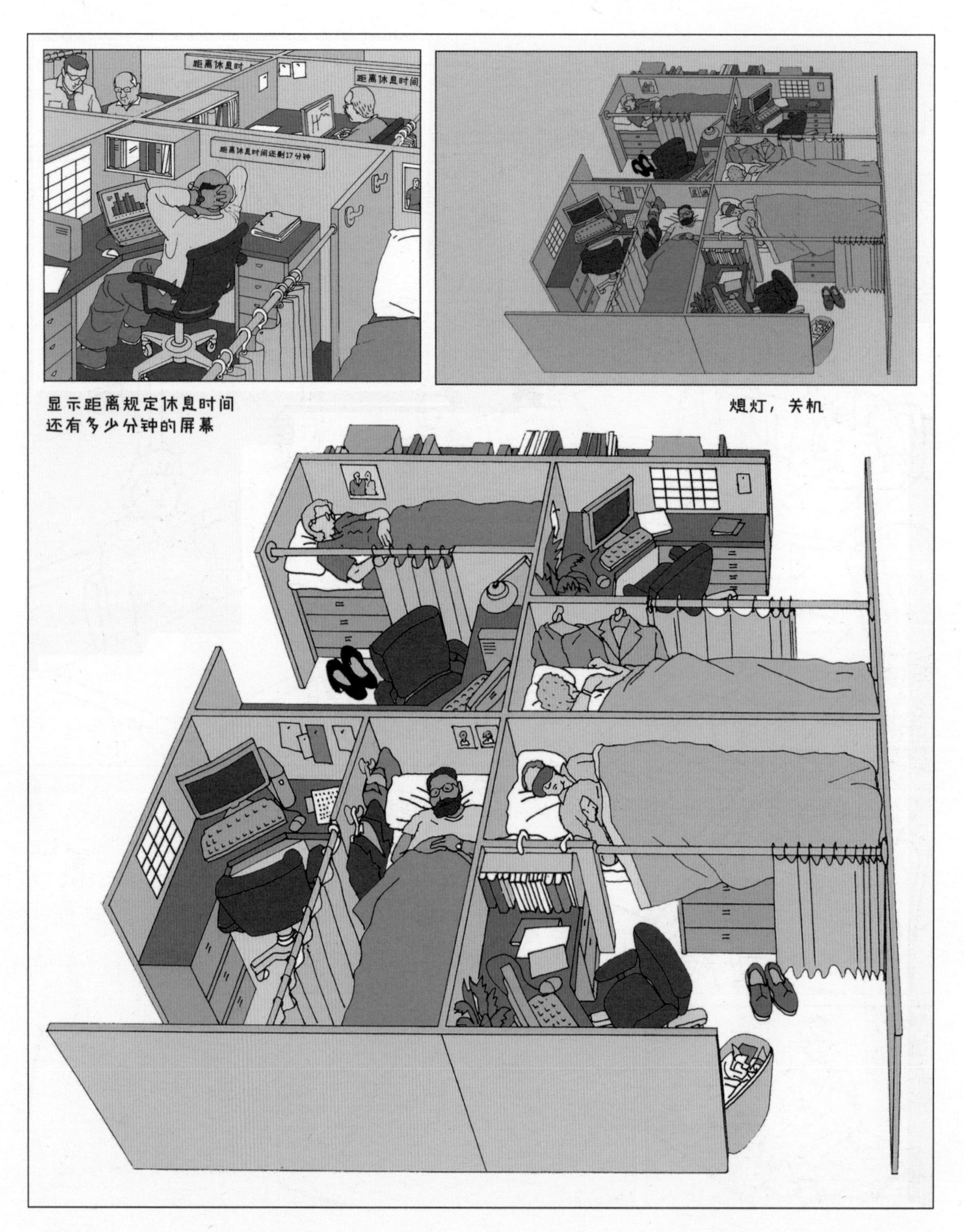

小憩隔间： 开明的美国企业看到了员工的需求，便为他们提供了一种休息隔间。在下午3点左右，员工可以抽出45分钟小憩。在这个时段，手机和电脑必须关闭，也要熄灯禁言。(2005)

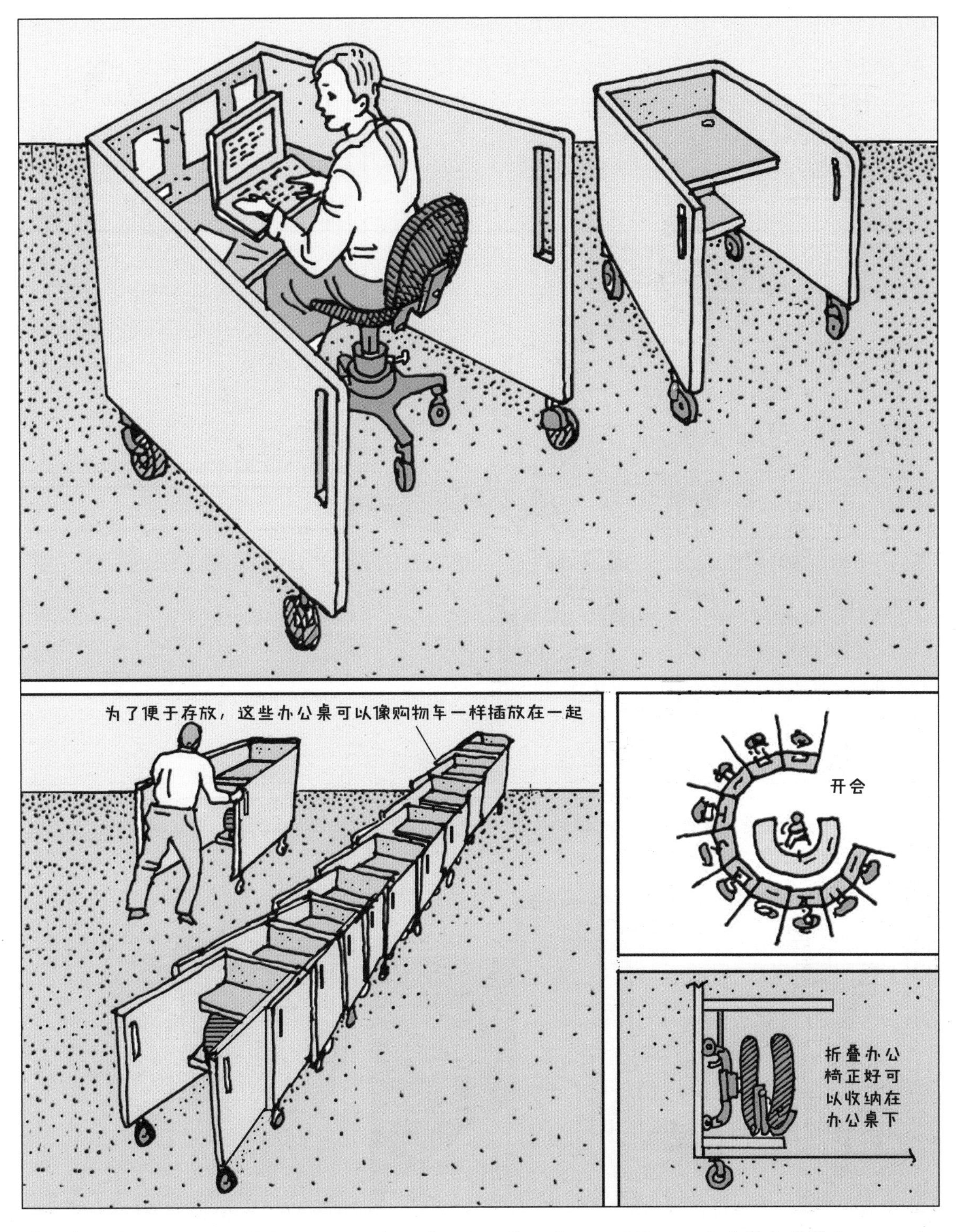

滚动办公桌： 如果人们需要腾出地方来上瑜伽课、展示产品、设展位、表演魔术或聚会，他们就可以将滚动办公桌推到一边或者妥善存放起来。（2010）

颠倒工作站：对那些在裁员和招聘旺季之间来回摇摆的公司来说，颠倒工作站是他们的理想办公家具之选。雇员被解雇之后，这些小工位就可以翻转过来，变身为接待室沙发椅。（2010）

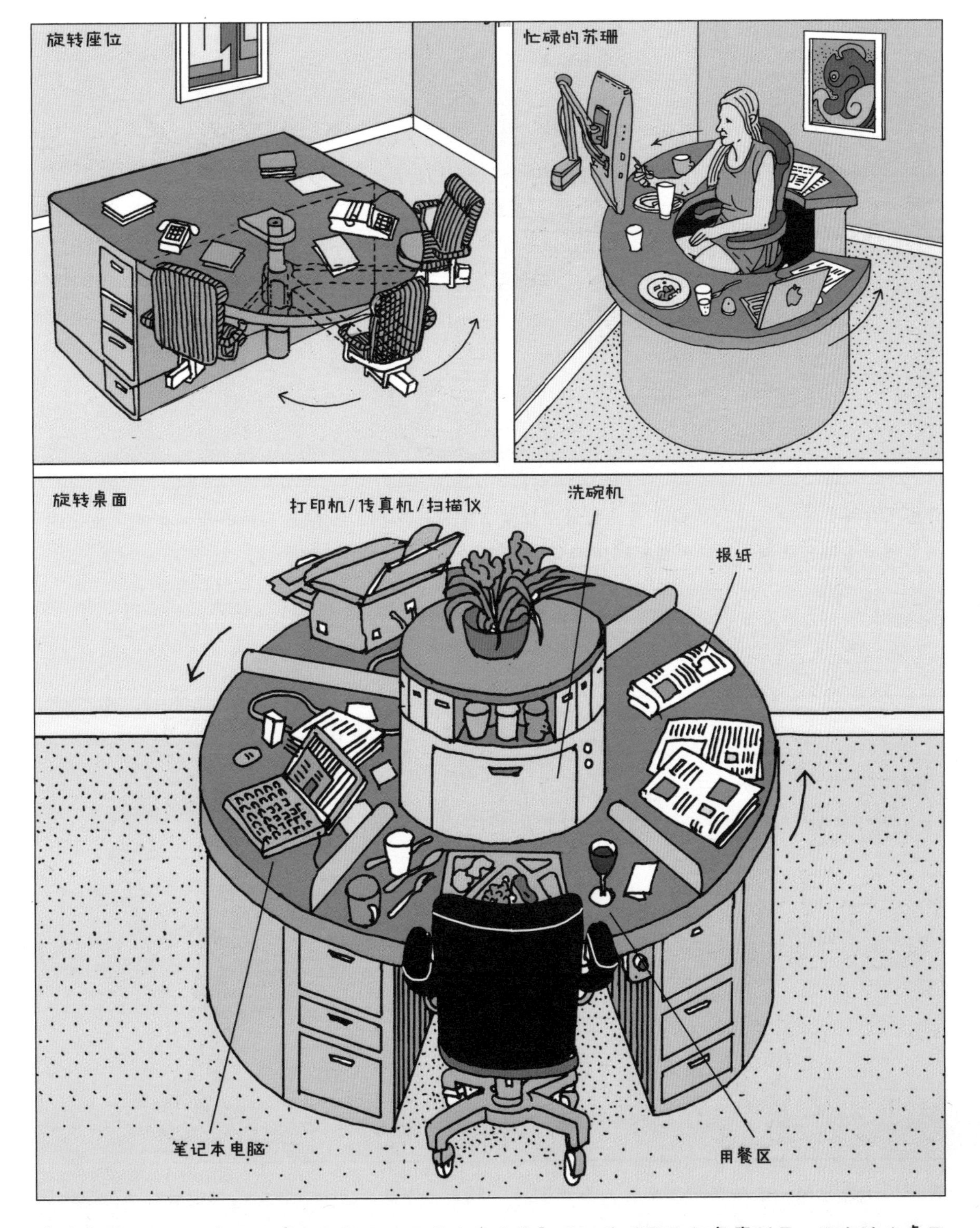

旋转桌面：传统的长方形桌面可能已经不适合有些实际的工作流程和任务序列了。可旋转的桌面可以“按需”为使用者提供分隔开的参考书区、外卖午餐区、报纸区、单据区和办公室设备区。（1984/2010）

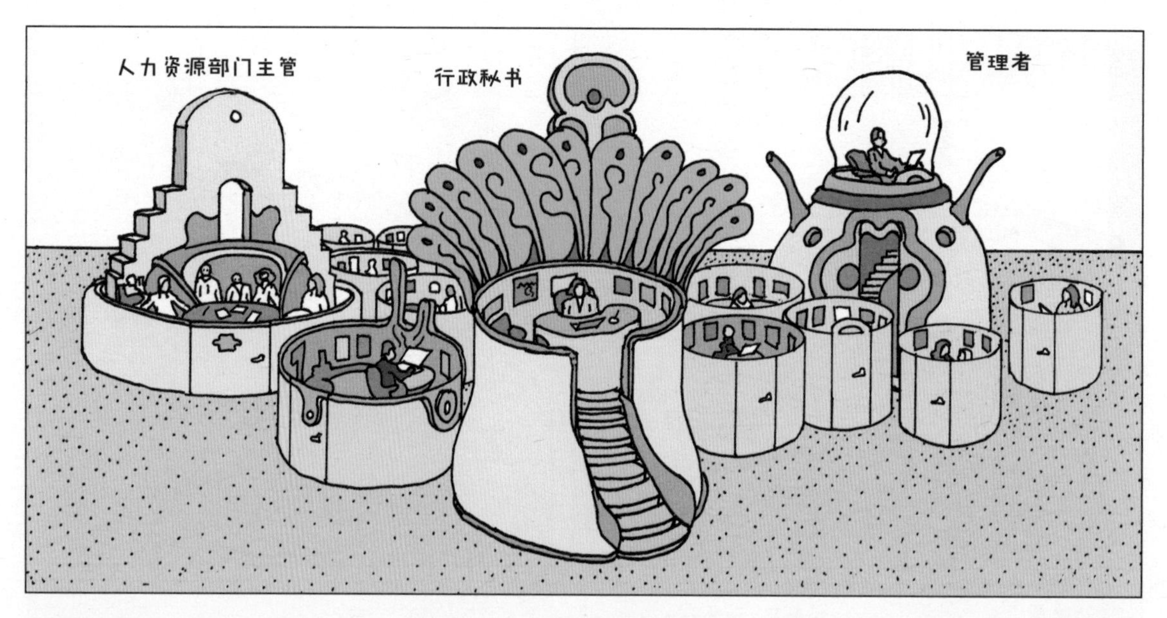

分级工作站：分级工作站的设计可以区分不同员工的身份地位。一般员工用的是简单的灰色空间，而管理层可以在色彩丰富的豪华空间中办公。（2010）

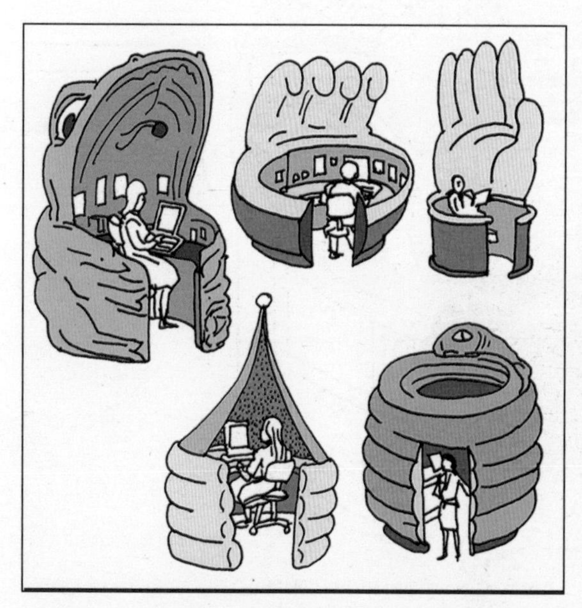

古怪的工作空间：这些空间在有些人看来十分恐怖，但对另一些人来说，它们的独特性可以激发创意，让精神放松。每个五颜六色的雕塑般的工作空间都是独一无二的。（2010）

驮马工作站：这个工作站名称中有“马”字，是因为它类似于马的外形和员工的坐姿。它有一个可以拉出来的抽屉式床铺，还配有放衣服的抽屉。（1991）

天马行空隔间：单调的、组装式的、米黄色的隔间可能看起来比较乏味、死板且缺少变化。滑稽可笑、曲线优美或者奢华夸张的隔间造型或许可以改善办公场所的氛围。（2010）

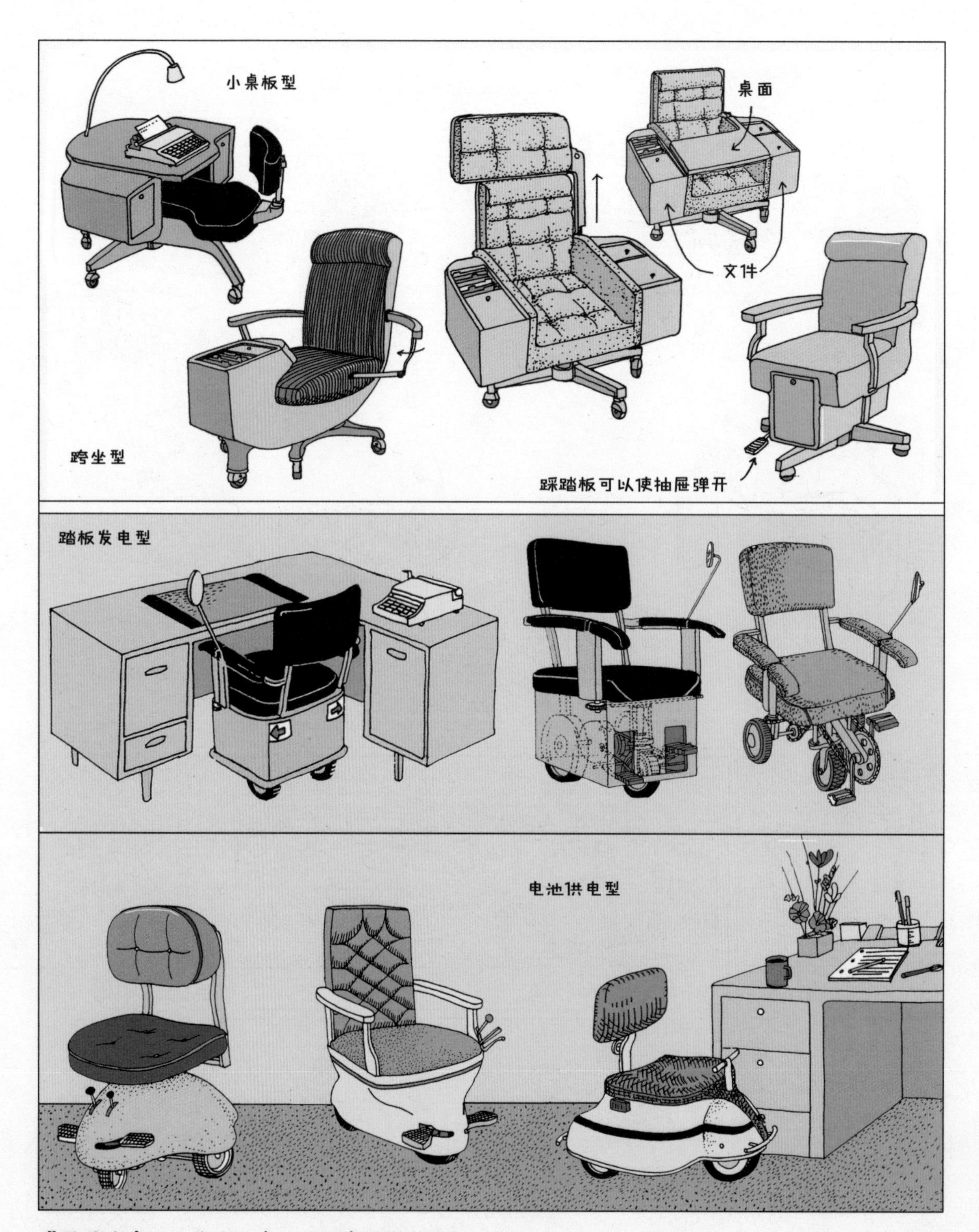

漫游迷你桌：此类办公桌分为小桌板型和跨坐型，二者均适用于突然召开会议、做笔录或新员工需要临时工位的情况。（1984）

电力办公椅：有研究表明，这类椅子改善了员工的沟通情况和工作效率，而且有助于提升全体员工的幸福感。（1984）

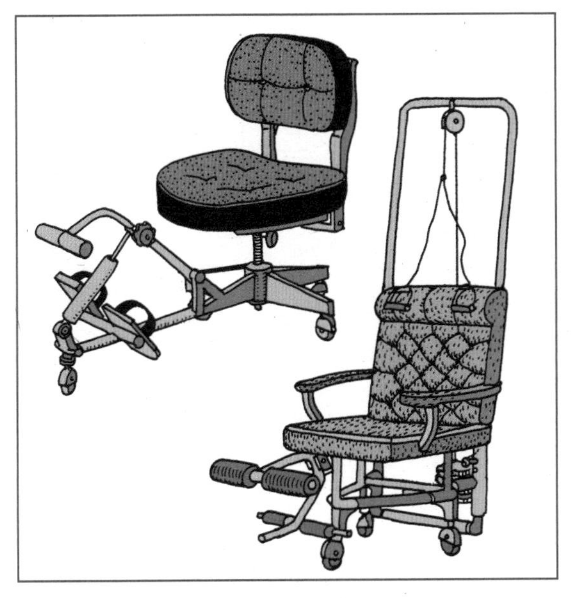

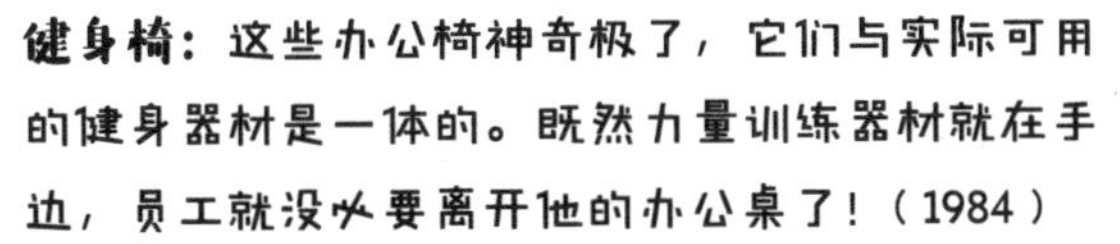
健身椅： 这些办公椅神奇极了，它们与实际可用的健身器材是一体的。既然力量训练器材就在手边，员工就没必要离开他的办公桌了！（1984）

双层隔间： 这些工作站可以高效利用建筑面积。上层隔间视野不错，而且通常比下层隔间更暖和。（1984/1990）

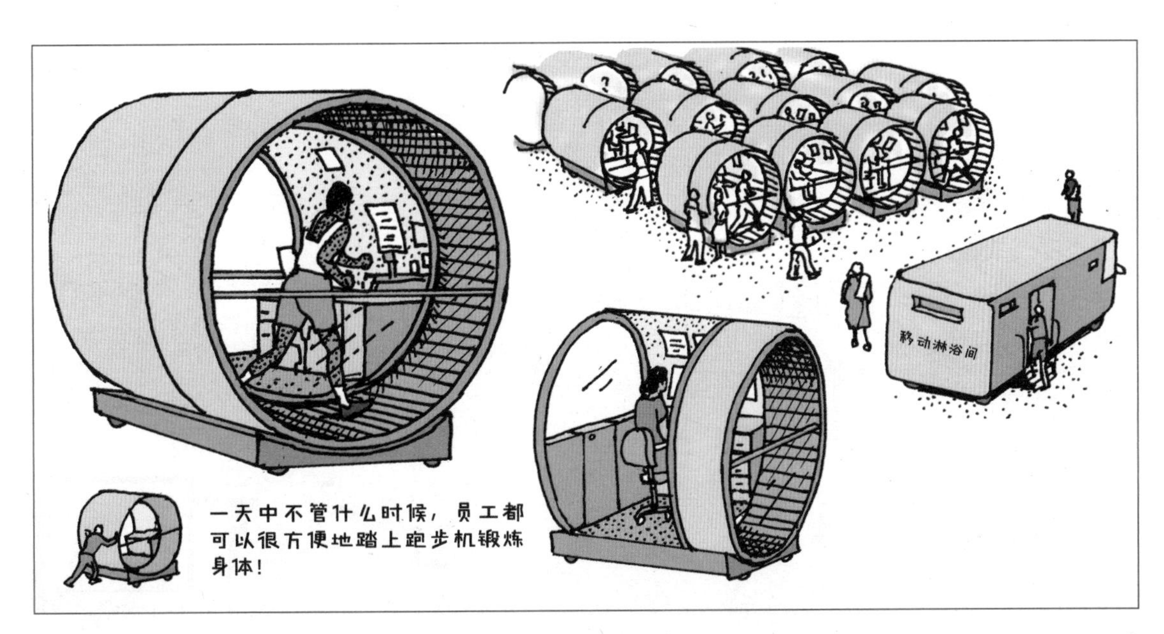

鼠笼式工作站： 这些工作站的优点在于它们可以节省员工去健身房锻炼的时间。不过，它们的缺点也很明显，比如会发出嘈杂的声音，而且会让办公场所弥漫着臭汗味儿！（2010）

健身工作站：这个发明体现了企业对员工保健计划的支持，与之相伴产生的是相对宽松的员工穿着规范。它带来了全新的、令人振奋的办公场所，带来了健身俱乐部一样的氛围。（1991）

健身巴士和火车专线：办公室职员搭乘健身巴士或火车专线是为了使用车上带电脑和Wi-Fi的健身器材。他们可以在这种交通工具上将工作文件发送给公司。（1991）

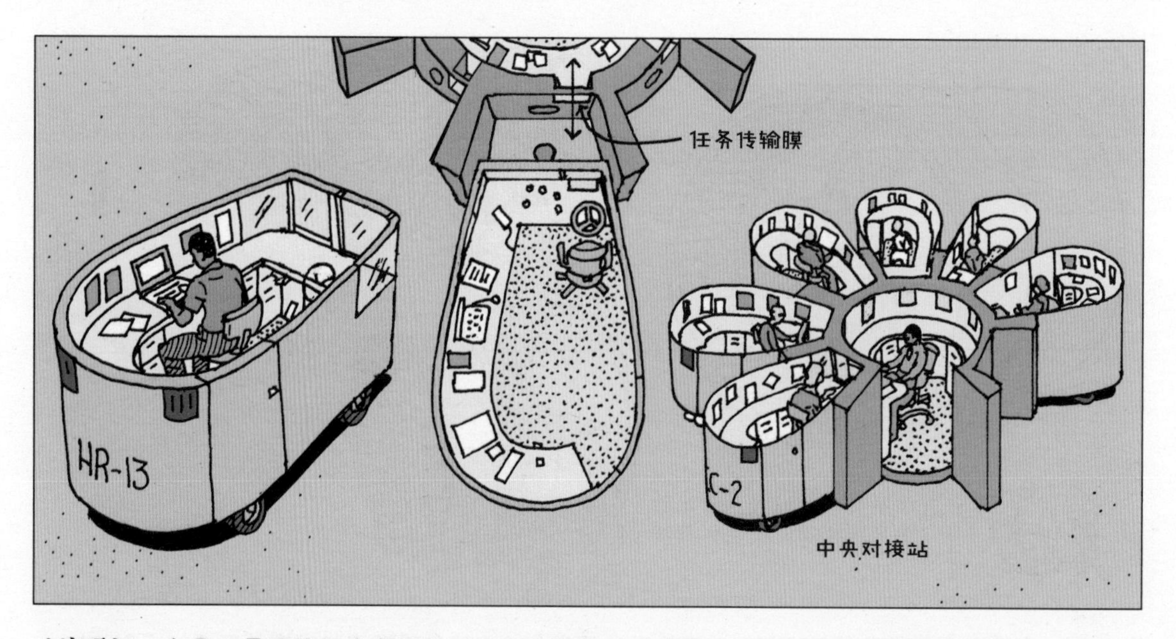

对接隔间：有员工需要接收或者提交一项工作任务时，这种机动化的有轮隔间可能会停在一座中央对接站。人们可以驾驶此类隔间前往打印机处、咖啡机处、盥洗室，或者停在另一个对接隔间旁边，好方便讨论一个联合工作项目、分享八卦或者调情。（2010）

隔间车：如今，驾车通勤对大多数人来说是一种顽固的习惯，因而办公室职员很轻松地就适应了在一辆电力隔间车中度过工作日。如果有一个空的车库（绿灯车库），他们可能会为了私密就把车停在里面，打个盹儿或者干脆在那儿过夜。（2010）

街用隔间车：法律规定开上街的隔间车必须达到严格的安全标准。一旦车辆得到了合格证书，员工就可能会非常喜欢它，因为它解除了他们购买或租赁一辆个人生活用车的负担！（2019）

消失的工作站：当按照办公日程，到了瑜伽课、太极课、舞蹈课、健康研讨会、承包商产品展览会或停止招聘/宣布裁员的时候，这些工作站可以上下翻转，收进一个4英尺（约1.2米）深的地下空间中。（2010）

实习生监控督促站：表面上这是一个完美的工作站，有向后倾斜的躺椅和视频电话，员工可以在座位上使用账单支付服务，吃到各种零食。其实暗地里，经理能听到你的说话内容，还会监视你的面部表情，计算你敲击键盘的次数。（1993）

仰推举桌：当桌面处于关闭状态时，人们并不能一眼看出其中藏着一个实用的举重床。杠铃片和举重杆都存放在人们看不到的地方。（1984）

室内空气质量

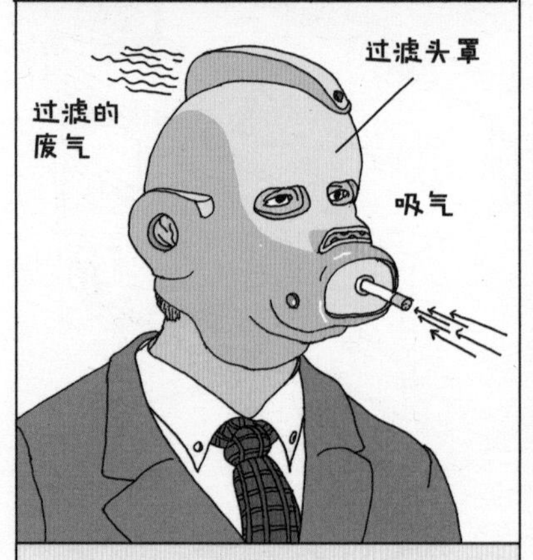

我们长时间在人工环境中呼吸着被塑料挥发或烟雾污染的空气。

“破窗”新鲜空气管：员工由于长时间吸入壁纸、家具胶水、地毯甲醛和油漆散发的有毒气体而屡屡患病，企业因此被迫安装了“破窗”新鲜空气管。（1991）

烟气过滤头盔：这些时尚的头盔具有内置风扇、过滤装置和烟灰缸，款式多种多样。它们旨在为烟民中那些想在办公场所、禁烟餐厅抽烟的“顽固分子”提供帮助。戴上这种漂亮的烟气过滤头盔，这些烟民就可以实现他们的愿望了。（1984）

烟民笼：牙科诊所、医院、汽车和轮胎维修店均会在等候室提供烟民笼。每个笼中都有一个超大型的活性炭过滤器。（2016）

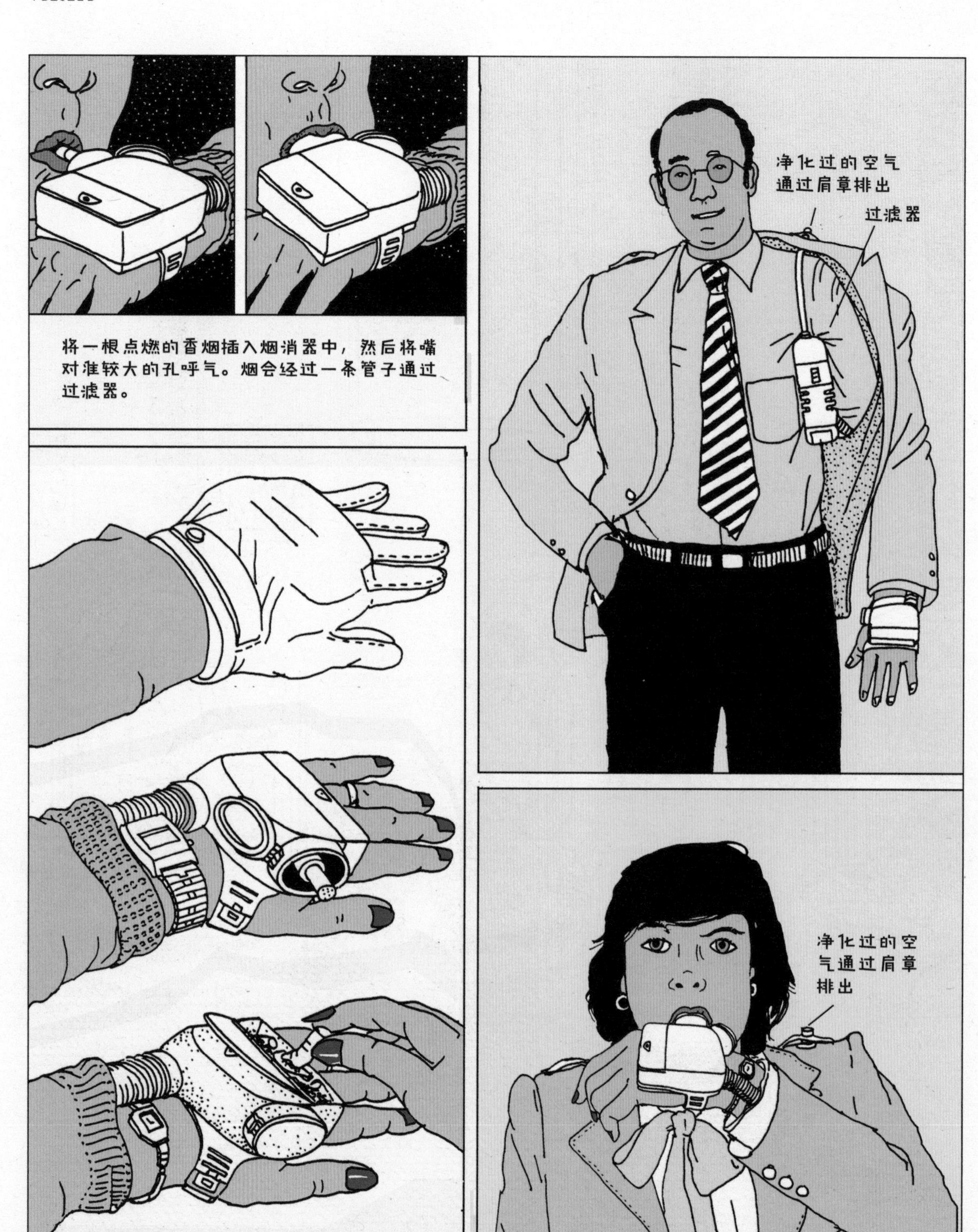

烟消器：如果一个人戴着这款复杂的烟消器（香烟过滤装置），那就表示他（她）尊重非烟民呼吸无污染空气的权利。（1984）

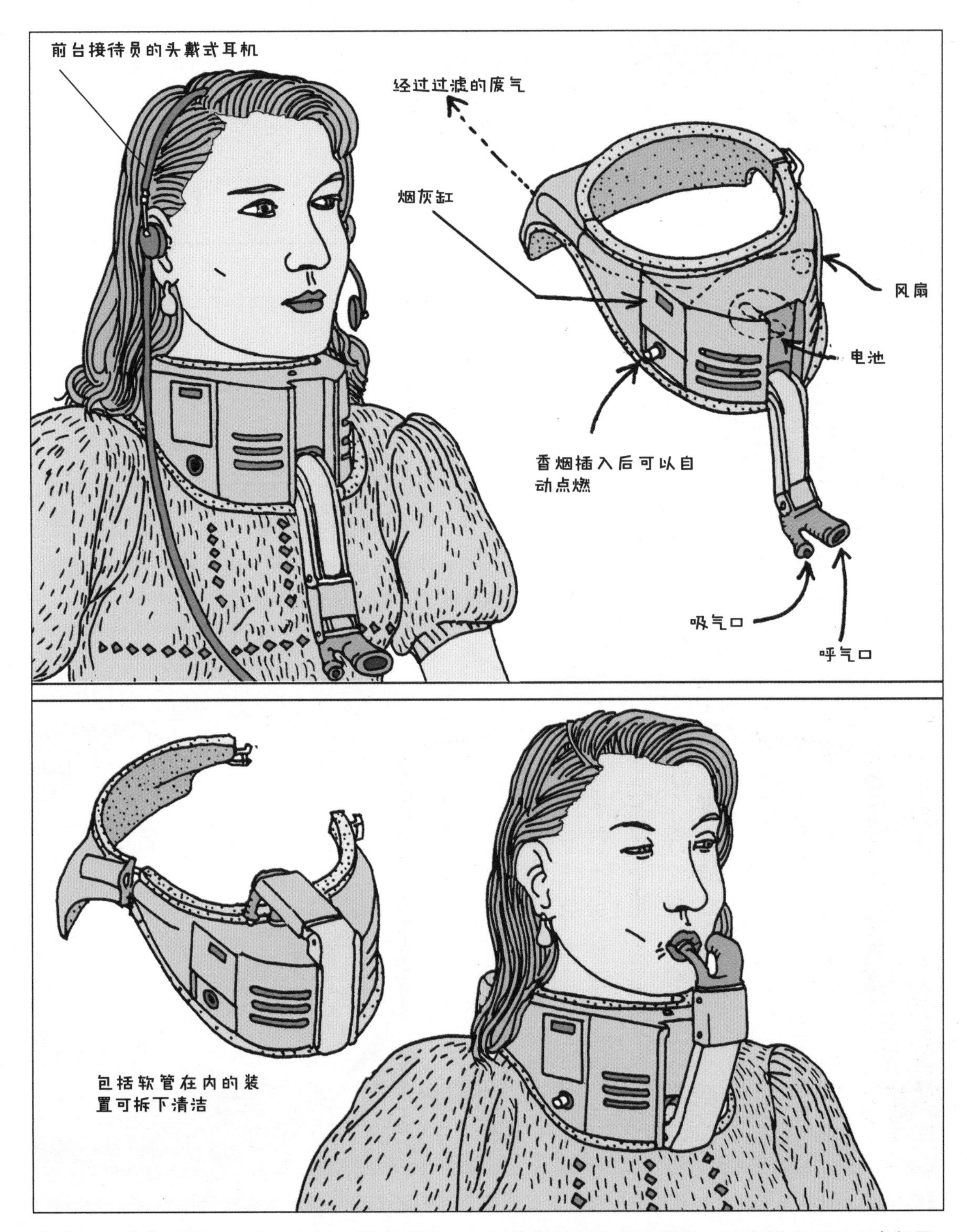

尼古丁上瘾者颈圈：在禁止吸烟的写字楼中，人们需要得到许可才能戴上可穿戴式烟民过滤装置。尼古丁上瘾者颈圈是一种时尚的配饰，它使用了活性炭、过滤器和风扇。用了它，人的嘴唇永远不用接触香烟！（1984）

运动吸尘器。用力踩这款真空吸尘器的踏板就能让它产生吸力。还有一个操控杆可以用来控制吸尘器的运动。

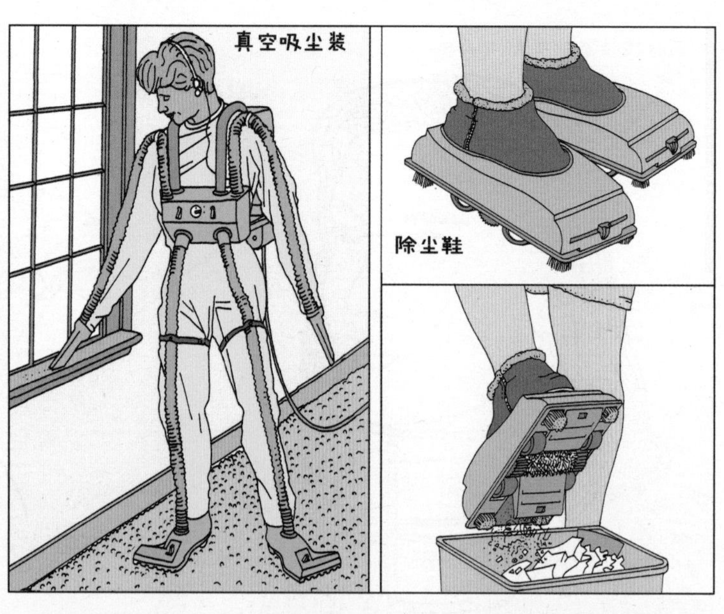

运动吸尘器：当一个人需要用吸尘器时，他可以选择双速运动吸尘器。只要动动操控杆，就可以启动真空泵或者在房间中移动。或者，他可以穿上真空吸尘装或除尘鞋。（1984）

充气客卧：这面东方风格屏风的背侧其实是充气家具和一张榻榻米垫。如果有客人来，你就可以将屏风放平，为家具充气！（1991）

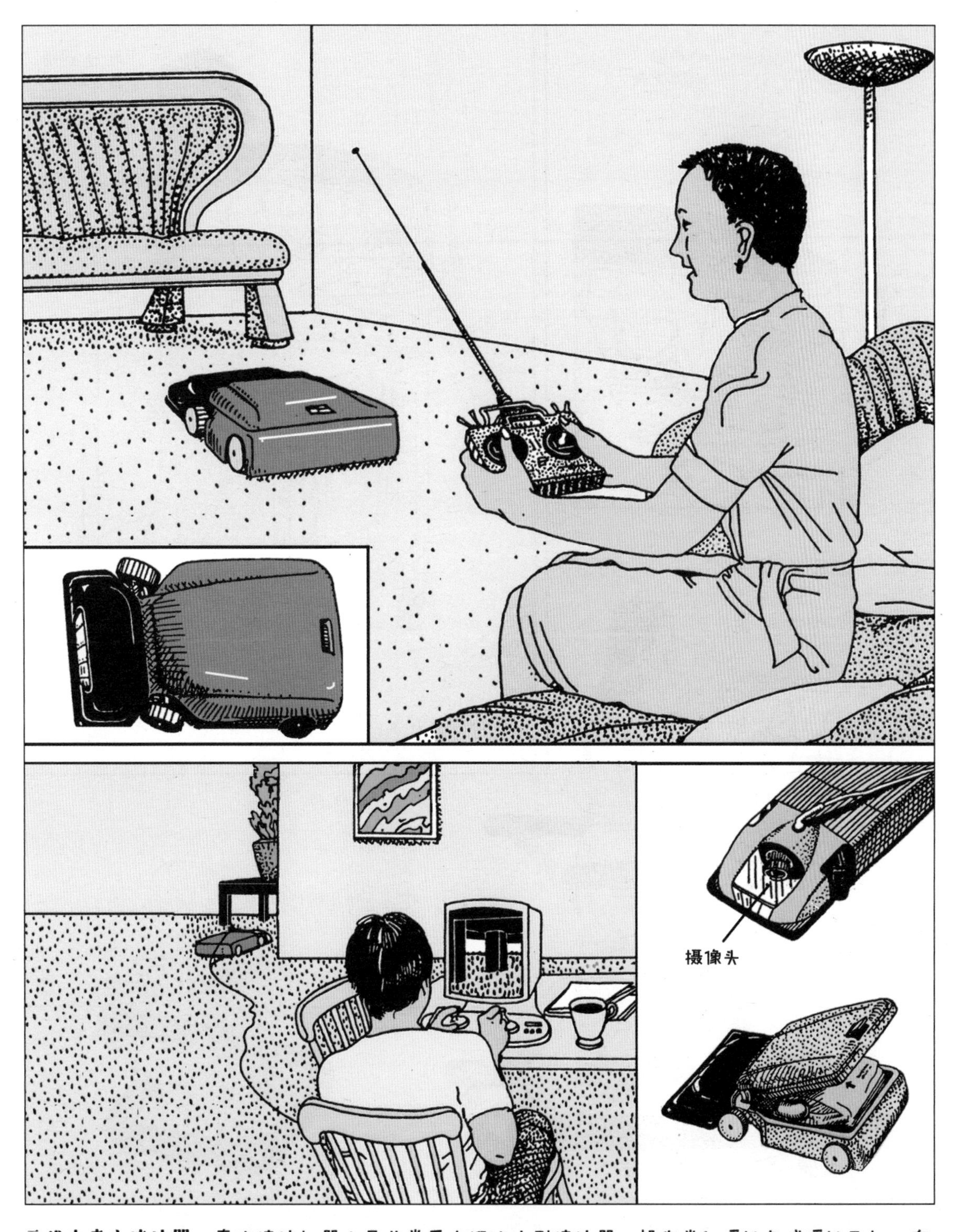

无线电真空清洁器： 真空清洁机器人是非常受欢迎的小型清洁器，操作类似遥控车或遥控飞机。有的清洁器上装有摄像头，使用者可以坐在一台视频监视器前，指挥清洁器清扫较远房间中长沙发或床下的地面。（1991）

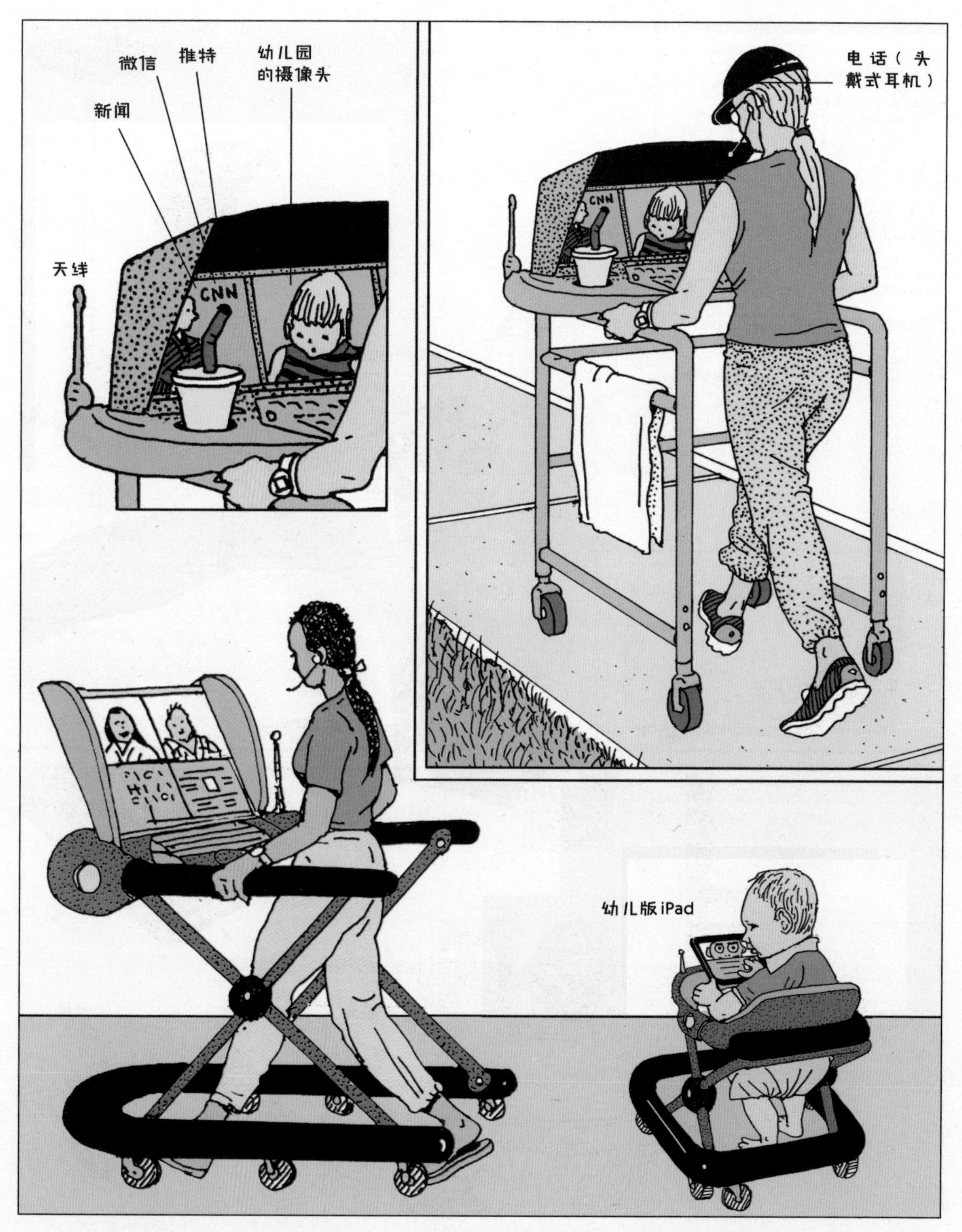

（上图）**Wi-Fi助行架**：推着Wi-Fi助行架在家附近行走的过程中，你可以始终看到新闻、博客，在脸书、推特或微信上与人交流。（2010）

（下图）**母子助行架**：妈妈和孩子可借助相匹配的、可折叠存放的助行架在家周围、私人车道或附近的人行道上行走。母亲可以边走边打电话，在Skype、微信或脸书上聊天。（2010）

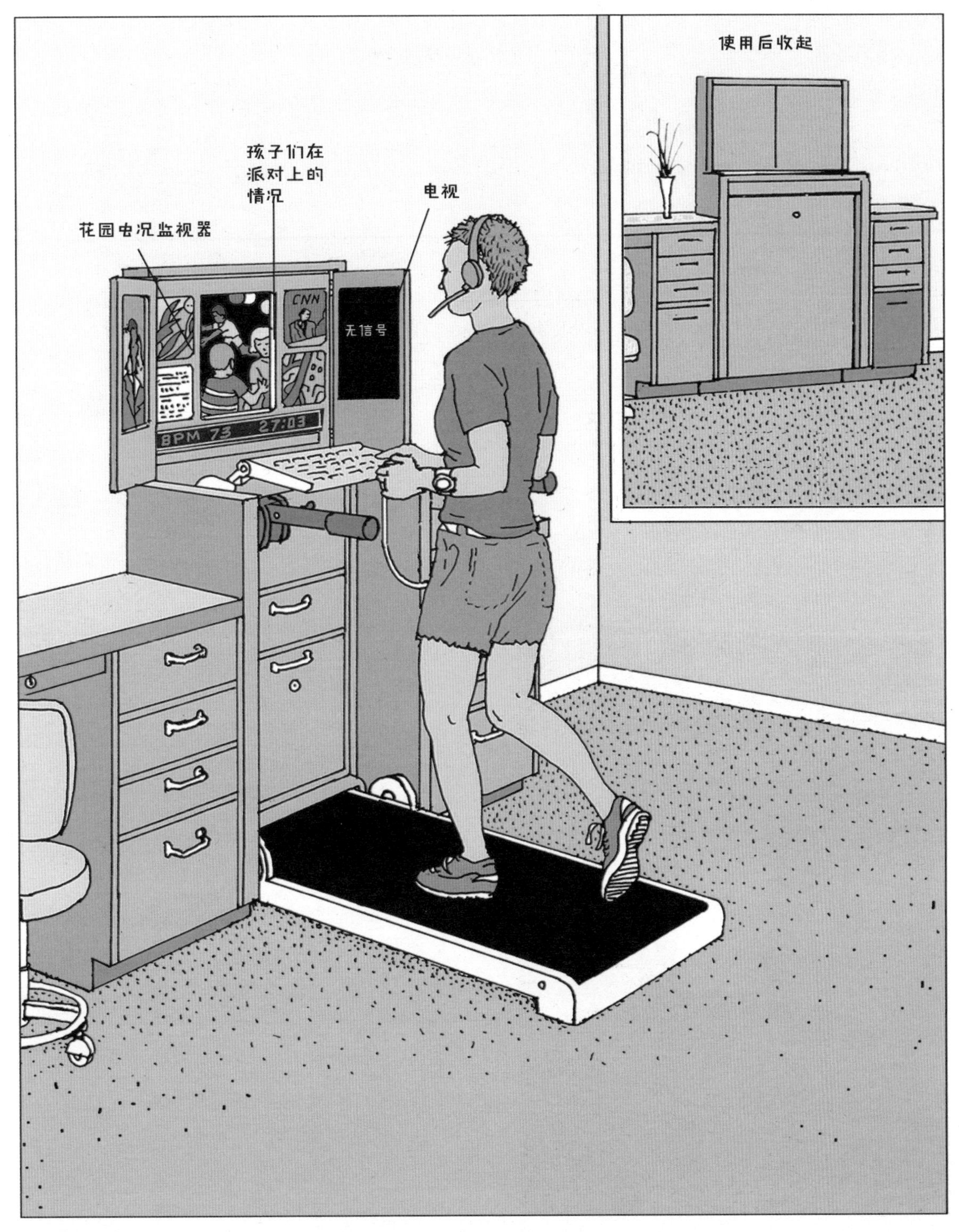

信息娱乐跑步机：在跑步机上跑步是件无聊的事，很容易走神或者感觉疲惫，但是有了信息娱乐跑步机的陪伴，时间会过得飞快。人们甚至可以一边跑一边敲键盘。（2010）

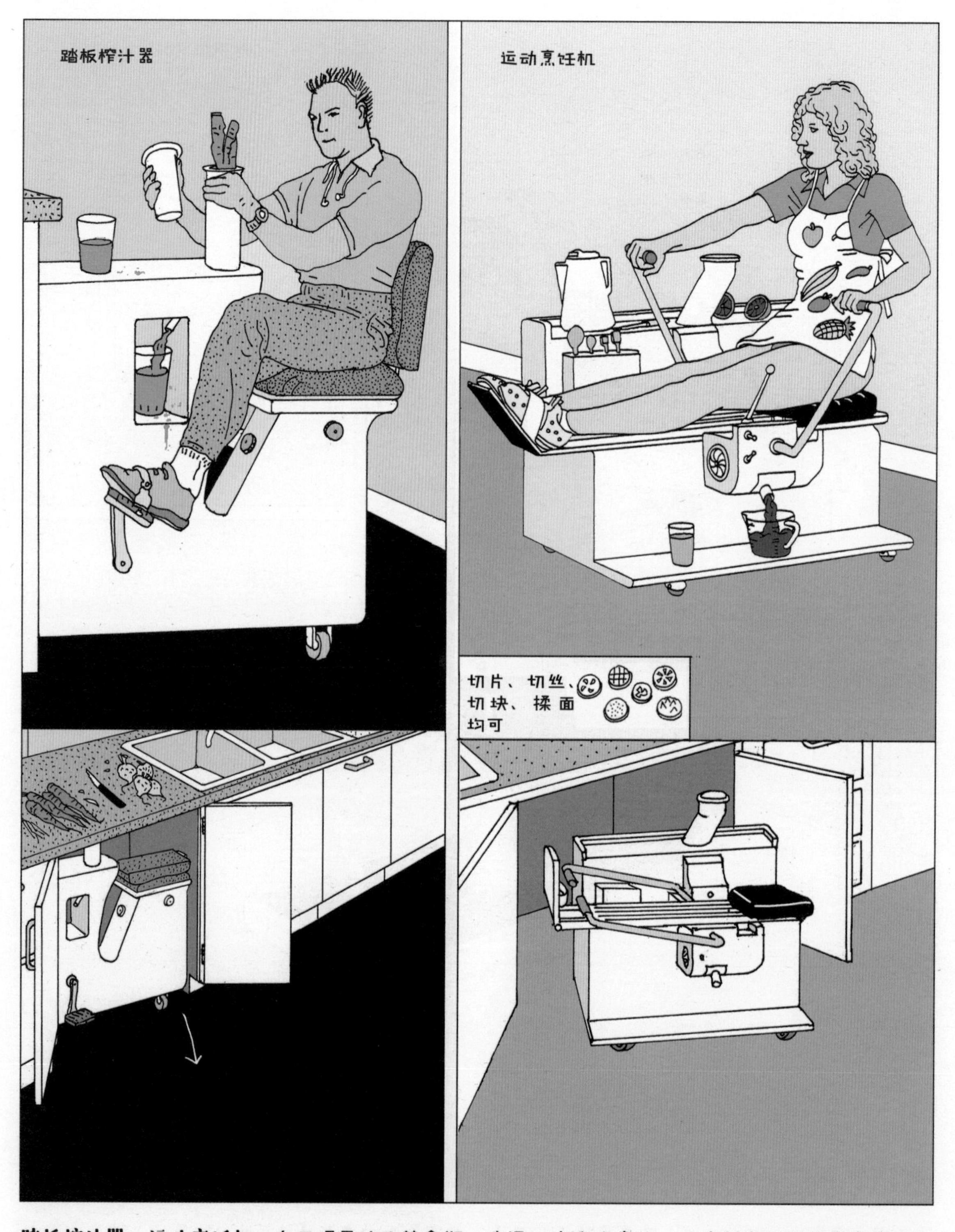

踏板榨汁器，运动烹饪机：在只喝果汁的禁食期，选择一边锻炼身体，一边制作新鲜并富含酶的生果蔬汁不失为一个明智的选择。这些家电价格昂贵，但用过你就知道有多值了。（1984/1991）

该健身器带有可用来剃须、刷牙的附件

老派盥洗室健身器：从小生活在现代工业社会中的人们都被惯坏了。他们对停电或电量耗光后就罢工的种种工具十分依赖。如果你家里有“梳妆单车”这样的老派盥洗室健身器，你就能轻松保持身材。（1984）

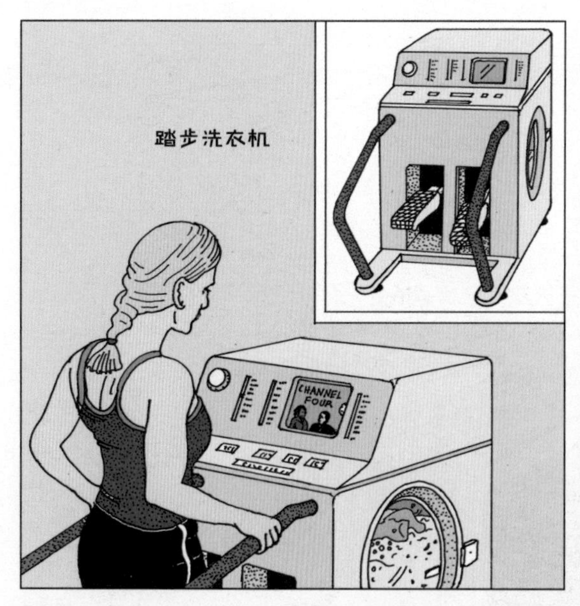

踏步洗衣机：踏步洗衣机可以在30分钟的健身时段中让衣物反复翻滚。与此同时，使用者还可以观看电视节目、视频，上网冲浪，以此排遣无聊。（2007）

呕吐洗衣机和烘干机：做市场调研的焦点小组发现，取悦小孩的家电是一个不小的市场。有的洗衣机和烘干机会发出打嗝儿或放屁的声音，或者看上去像在呕吐。（2012）

踏板洗衣机：踏板洗衣机和它的姐妹家电踏步洗衣机一样，可以帮助人们甩掉负罪感，让他们不必觉得在家锻炼身体就是浪费时间。踏板洗衣机可以用约20分钟时间轻松完成较少衣物的清洗工作。（2007）

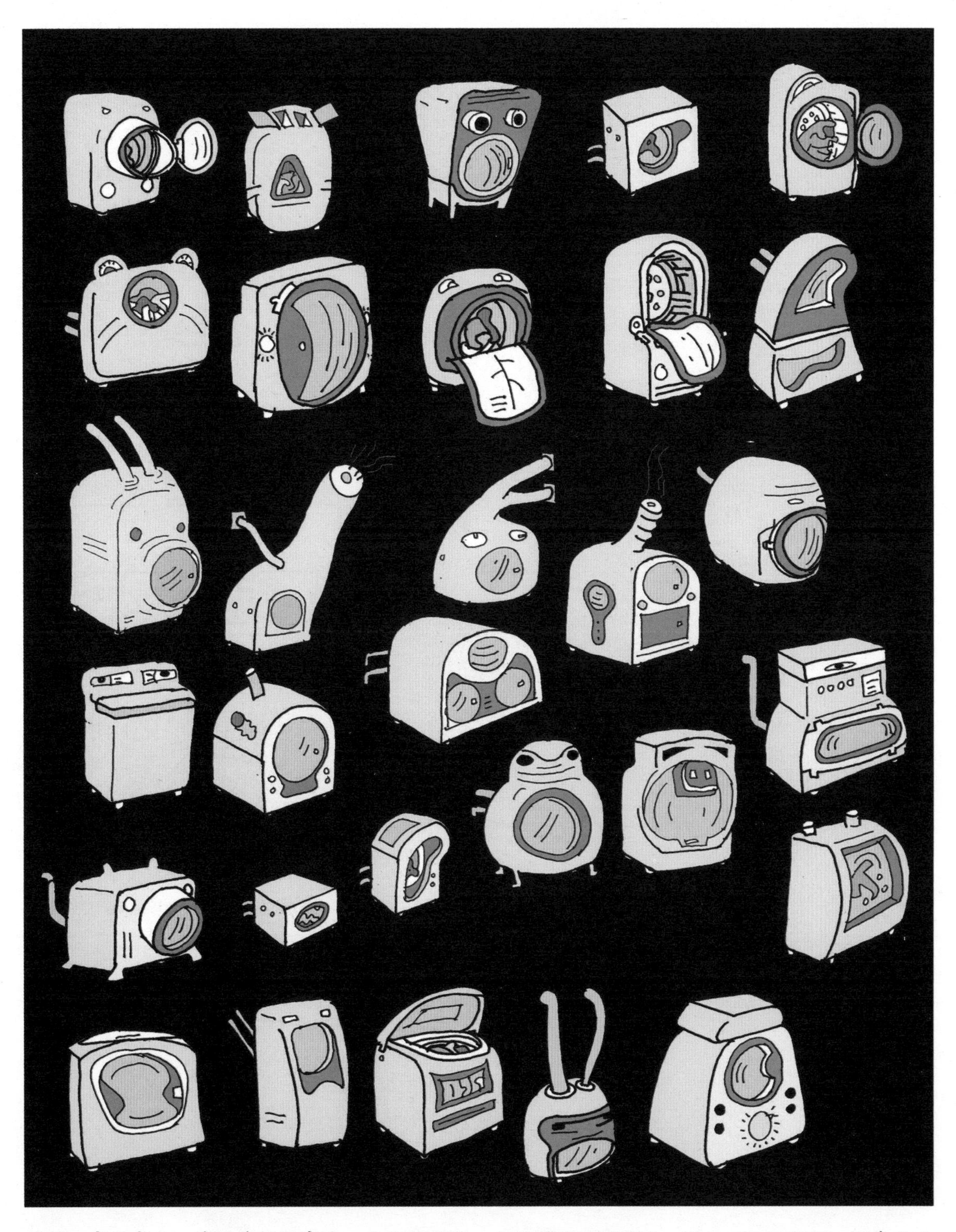

幼稚、毫无意义、傻里傻气的家电：在年轻家庭，尤其是单亲家庭中，孩子对他们那些心烦意乱的家长有着非同小可的意义。因此，家长为了取悦孩子，开始购买这些外观傻乎乎的家电。（2011）

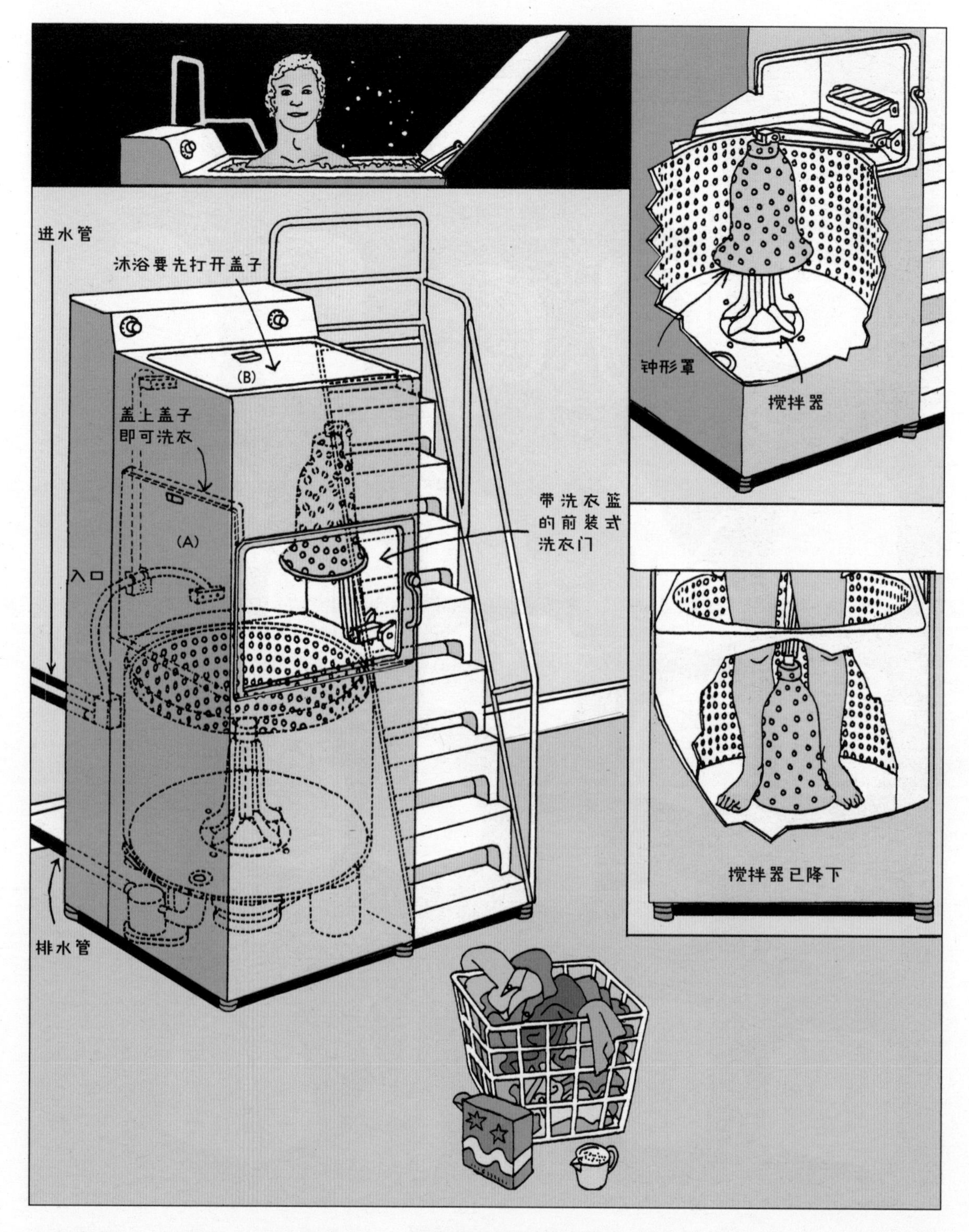

水疗洗衣机：水疗可以让你在冒着泡泡、热腾腾的水中尽情放松。同时你也可以借此机会洗干净你的衣服。一个钟型罩可以盖住搅拌器，保护你的双腿和双脚。要想沐浴，你得爬上台阶，将旋钮旋转到“全身水疗”，然后等待钟形罩降下，再爬进去。旋钮上也有冲浪、起泡和旋涡三种功能选项。（1984）

隐藏式淋浴间：住在单间或寄宿公寓中时，人们会喜欢用这种可轻松变身的隐藏式淋浴间。它可以提供盛满热水的洗脸盆（A）、积蓄废水的淋浴间地板（B）和废水排水口（C）。

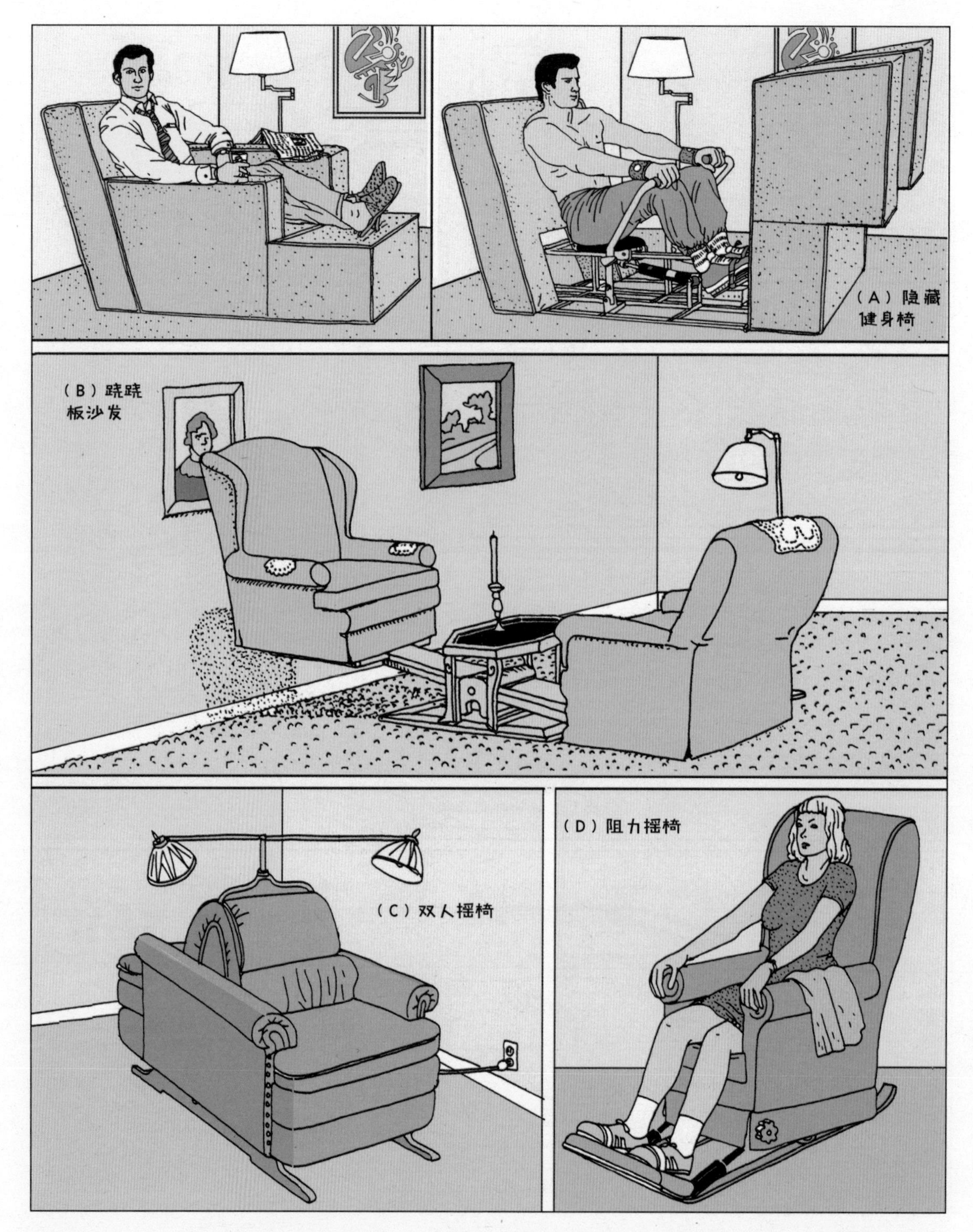

理疗家具：（A）大多数顾客不知道他们起居室中的家具其实可以变身为健身设施！隐藏健身椅既是一张躺椅，也是一个划船机；（B）跷跷板沙发需要两个人来坐；（C）双人摇椅在两个人共同使用时效果最佳，在此还要提醒一句，好胜心可千万别太强；（D）阻力摇椅则可以用来锻炼使用者的腿部肌肉。（1984）

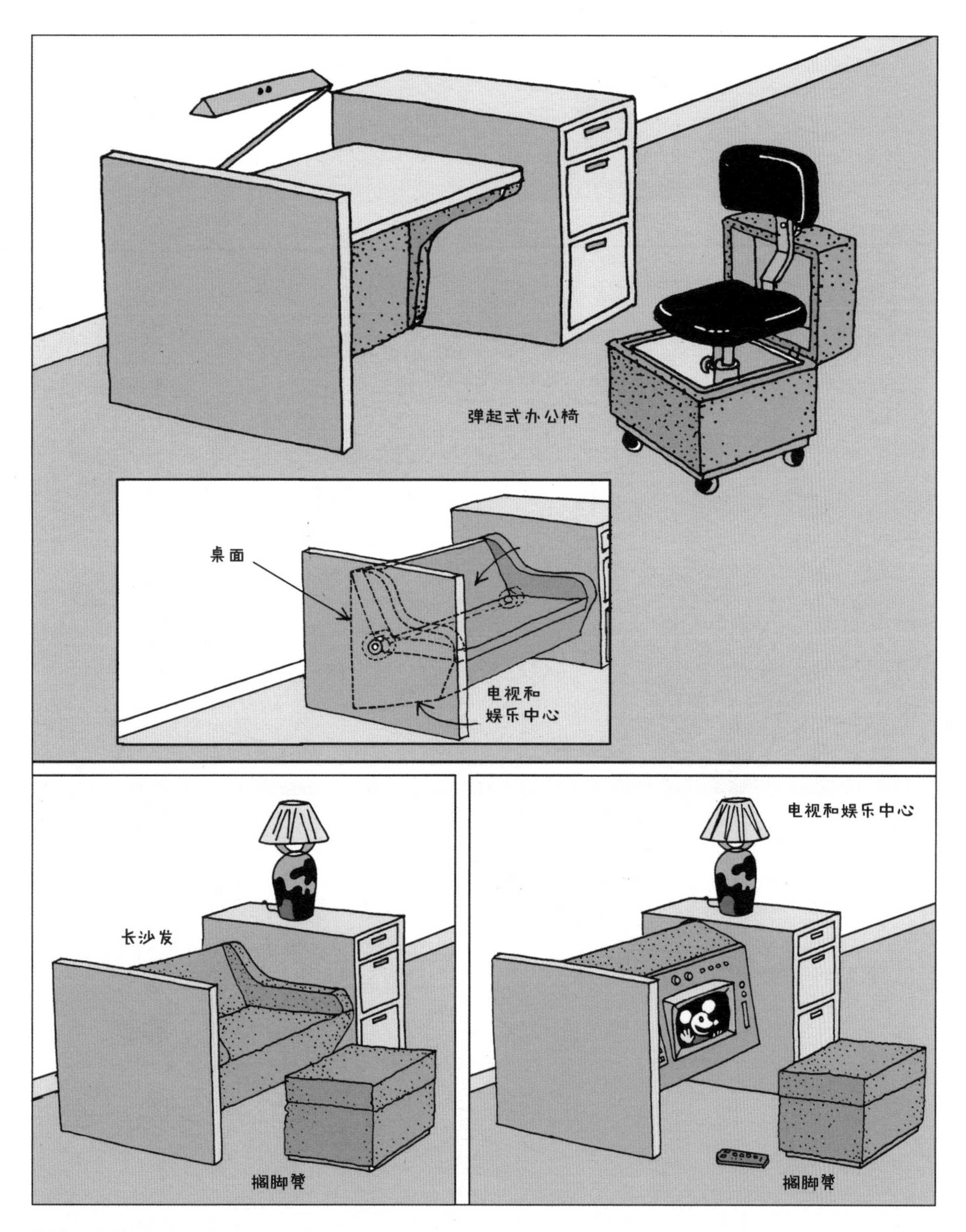

旋转组合家具：多功能家具适用于空间有限的小户型。旋转组合家具这款单品就可以在办公桌、长沙发和娱乐中心之间灵活切换。（1984）

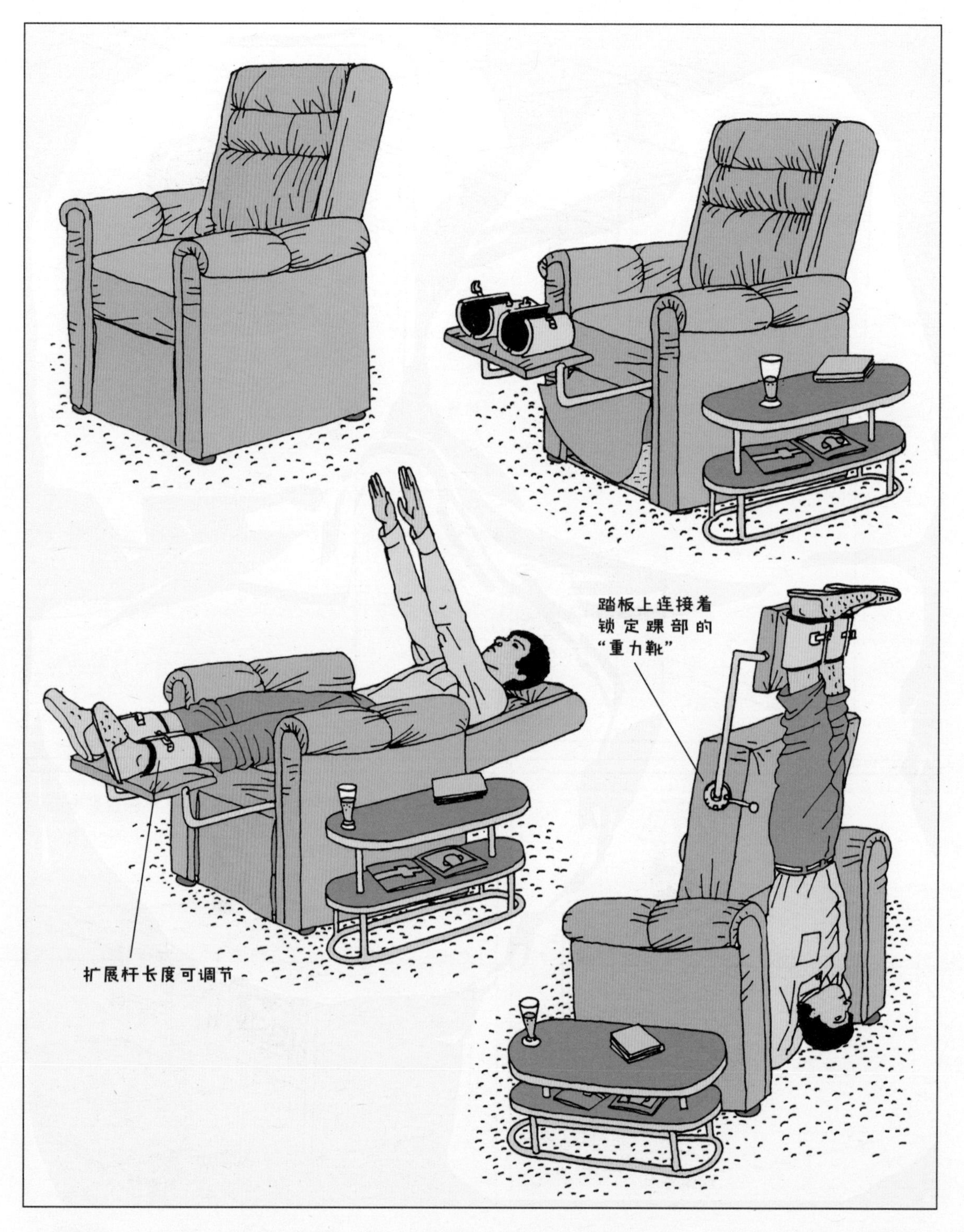

三用躺椅：几十年前，颠倒床风靡一时。全美国的人都喜欢倒挂着睡觉，他们声称这样能缓解椎间盘受到的压力。当时甚至还出现了这种隐藏在普通躺椅下的三用躺椅。（1984）

（上图）**公寓伙伴：**这位“伙伴”收起时占用的空间非常小。打开之后，“伙伴”便成了一个工作站和一把舒适的椅子。其中甚至还有一个扫地机器人！（2017）

（下图）**熨斗椅：**熨斗椅其实是一个很棒的电视观赏站，同时可以轻松翻过来去熨短裙。这种椅子常见于居住便利的单间公寓。（1991）

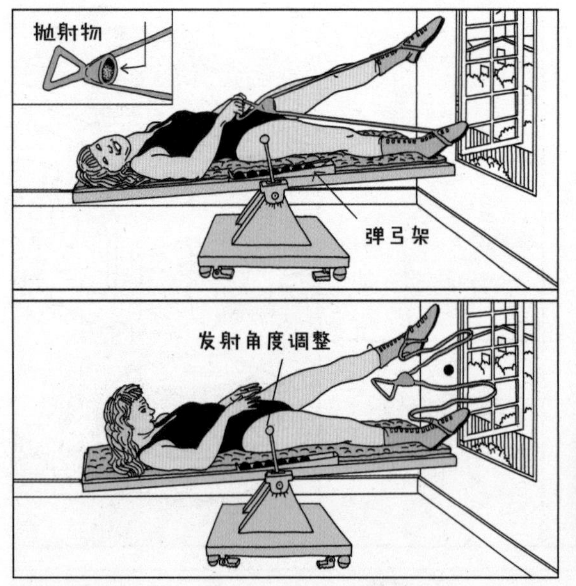

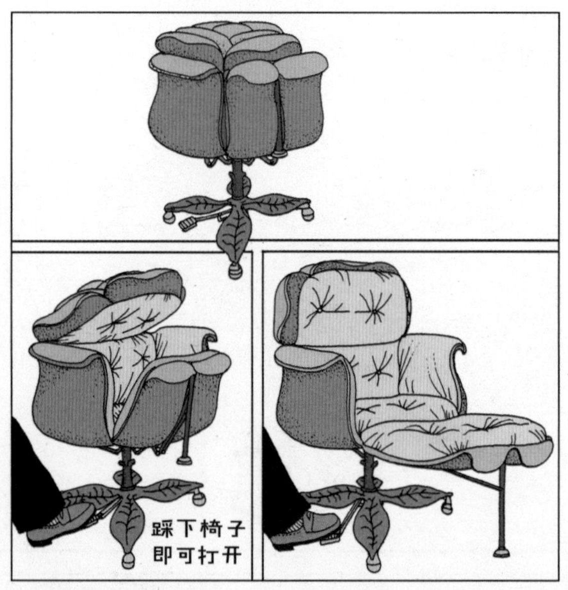

弹弓运动床：这个巨大的弹弓有益于用户的健康，但却是用户邻居的麻烦，因为用户完全可以用它瞄准对面二楼的窗户，向那里发射一个大子弹。（2016）

玫瑰椅：玫瑰椅的设计非常惊艳。椅子闭合时看起来形似玫瑰，打开时就变成了一把可爱舒适的软垫椅。（1984）

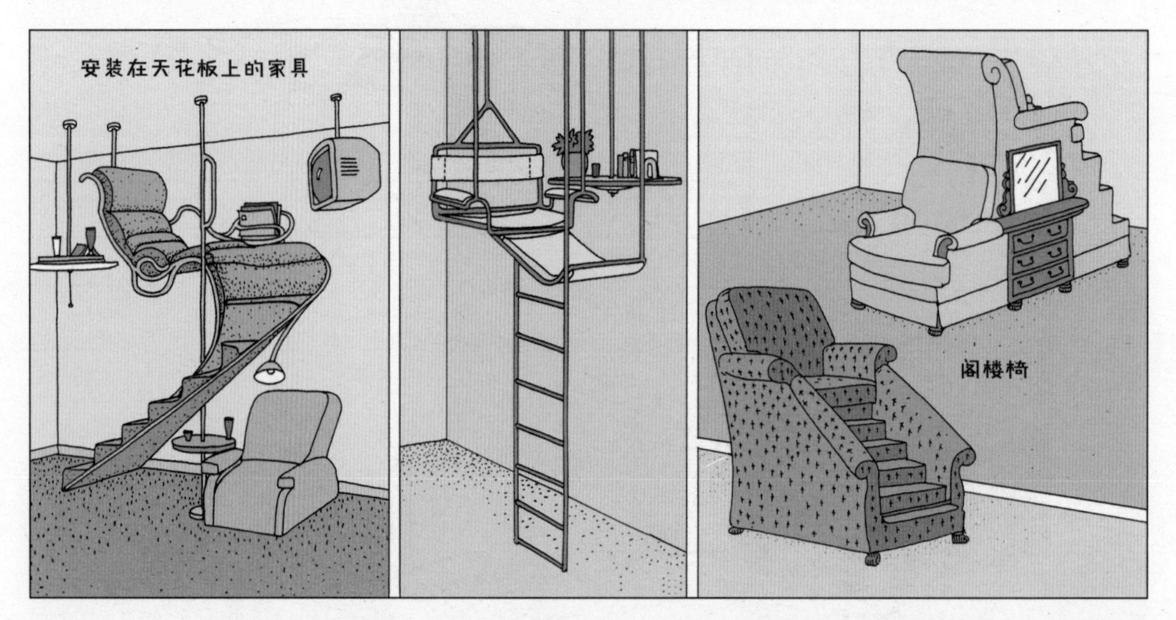

"高端"家具：安装在天花板上的家具产品名有"鸟瞰"和"瞭望"。人们还可能会买一张阁楼椅。有的人声称他们坐在高处可以思路更清楚、身体更暖和或者有其他益处。（1984）

新闻角：有时候，同居的情侣或合住的室友会出现关系紧张的情况！新闻角可以让他们躲过早餐时无聊的对话，专心致志地看时事新闻！（1991）

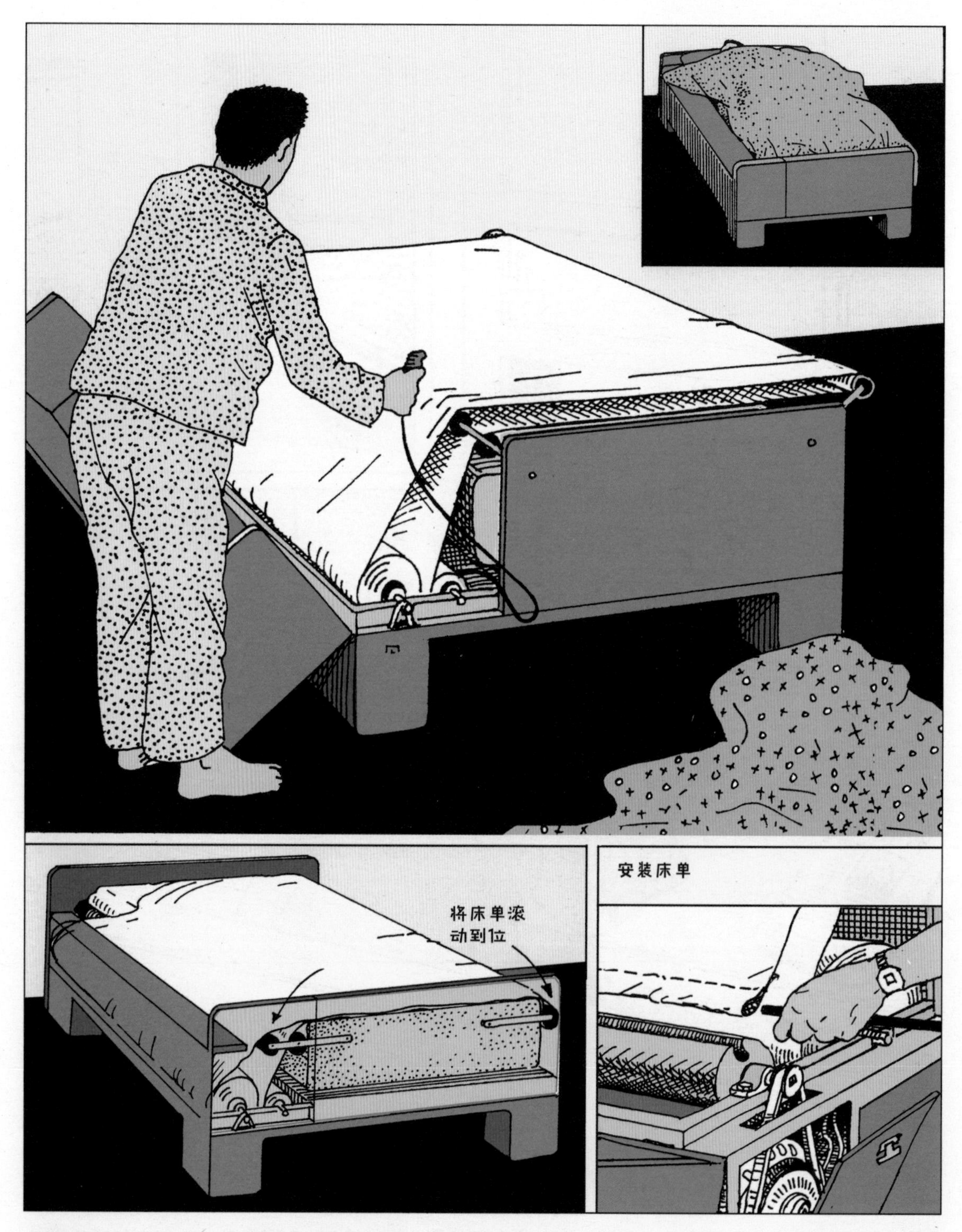

滚筒式床单：可以自动铺床的床是许多青少年和部分成年人的梦想。现在，它终于问世了。你只需要阶段性卷动床单滚筒，拉出一截新床单，就可以得到一张洁净的“双层”床单。洗衣服务人员只需要取走旧滚筒，留下一卷新床单就可以了。（1991）

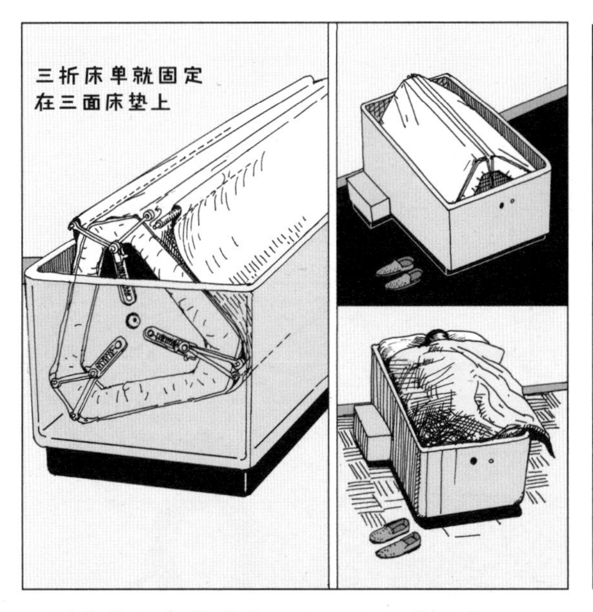

三面床垫和床单系统：在这个床垫床单一体的系统中，床单的大小相当于三张普通床单的大小，因此换床单时通常换的是三分之一张床单。（1991）

垃圾自动压缩机：这台机器简单又好用！只要把你的垃圾倒入压缩机，用你家车的保险杠一推就行了。你需要做的就这么多。没有无休止的噪声，也几乎没有成本。（1984）

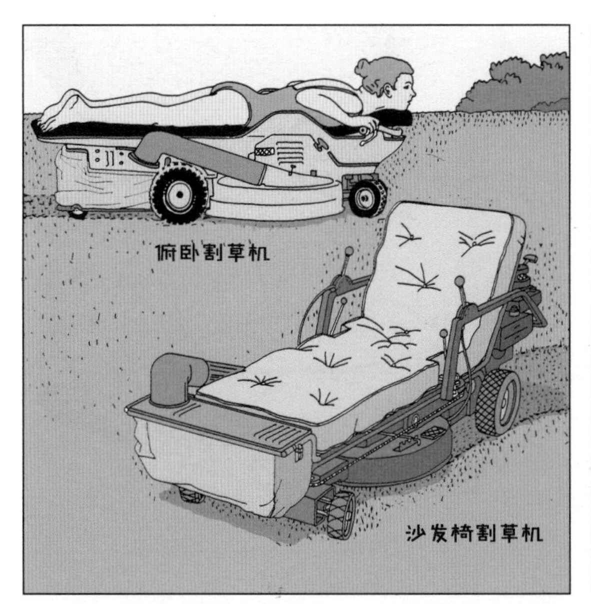

休憩娱乐式割草机：这些年，人们对草坪休闲家具的需求越来越少了，这都是因为节水型花园或有机蔬菜田取代了草坪。（1984）

形象记录浴室镜：该产品的镜面也是LCD屏幕，其中包含了可以屡次录下人脸的摄像机，有重放、放大和定格的功能。（1989）

马铃薯睡椅组合：以土豆为主题的家具非常舒适，而且看起来颇为有趣。拉上土豆安慰袋的拉链，可以在寒冷的冬夜为你带来温暖。（1993）

素食装潢：狂热的素食主义者可能会完全以植物为基调布置公寓。这样的家居陈设可以展现他们的生活方式和信仰。（2016）

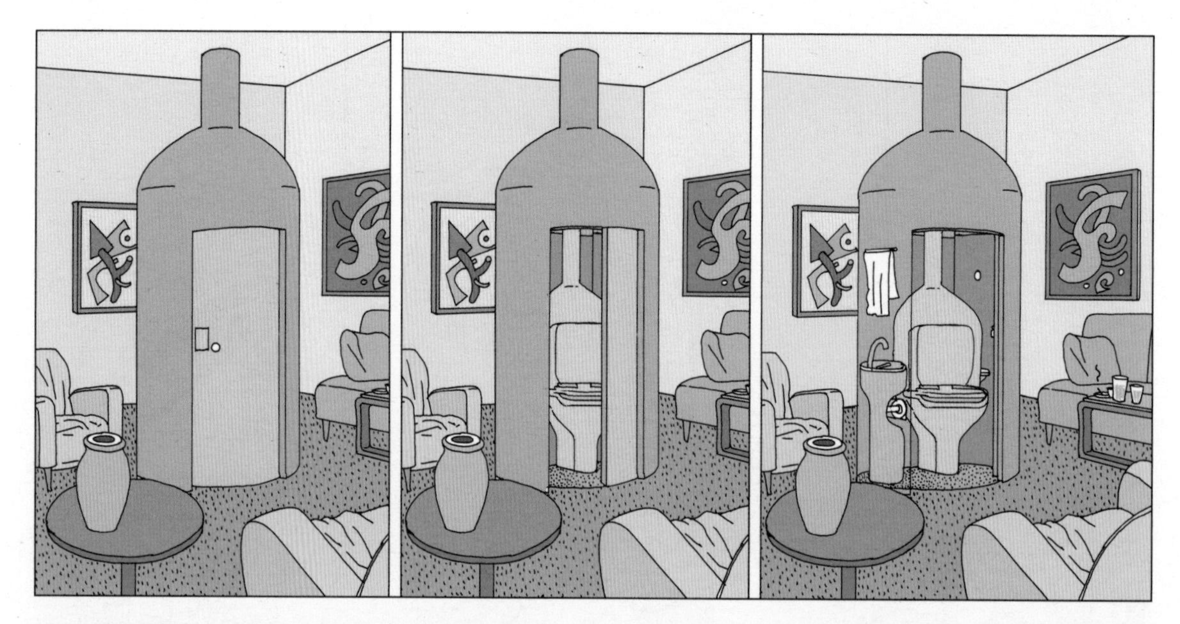

被包围的厕所：被包围的厕所不管安装在哪里，都会成为它所在家庭的聊天话题。它实在给人们带来了太多便利！进去之后关上门，使用者就可以按下“风扇”或者“喧闹音乐”的按钮。（2016）

起居盥洗室：仅有一个房间的小屋，一个学生的房间，一个单间公寓——它们都可以被十分有品位地设计成一间包含隐藏式马桶、洗脸盆和药柜的起居盥洗室。（1984）

起居室中的厕所：这类厕所位于起居室内，但是它被优雅地隐藏在一把极具风格的椅子之下。臭味可以由装在管道中的排气扇抽走。（2009）

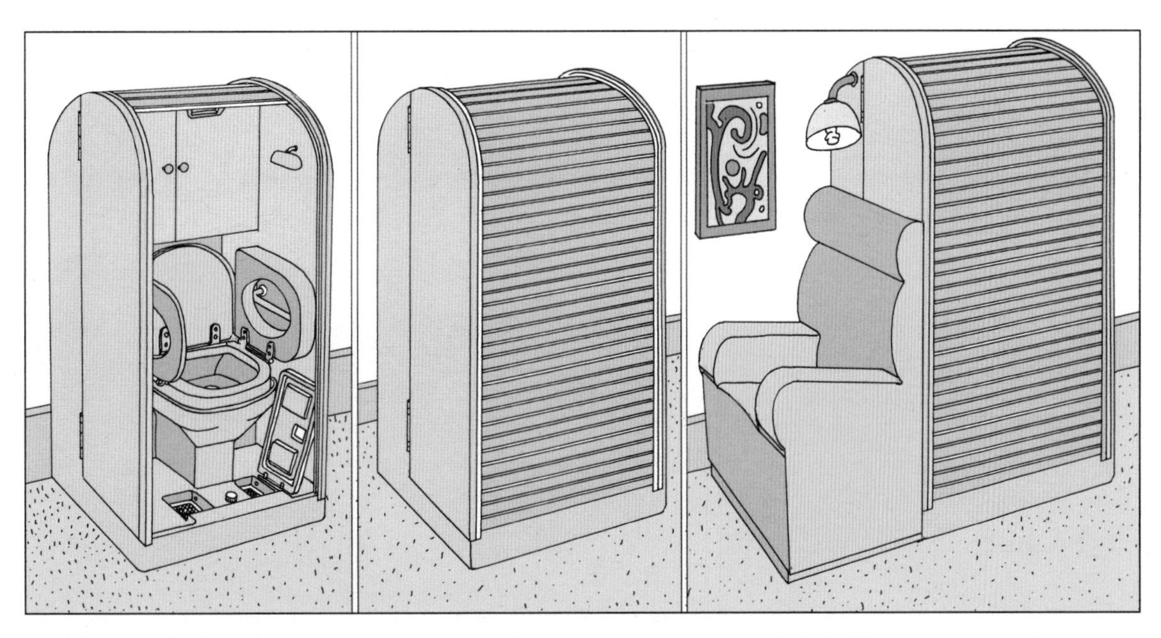

封闭厕所：这种密集型厕所是小户型的理想之选，可以安在起居室的角落里，拉起百叶窗便可进入。还有一款附带了一个时髦起居室沙发的封闭厕所可供选择。（2016/2019）

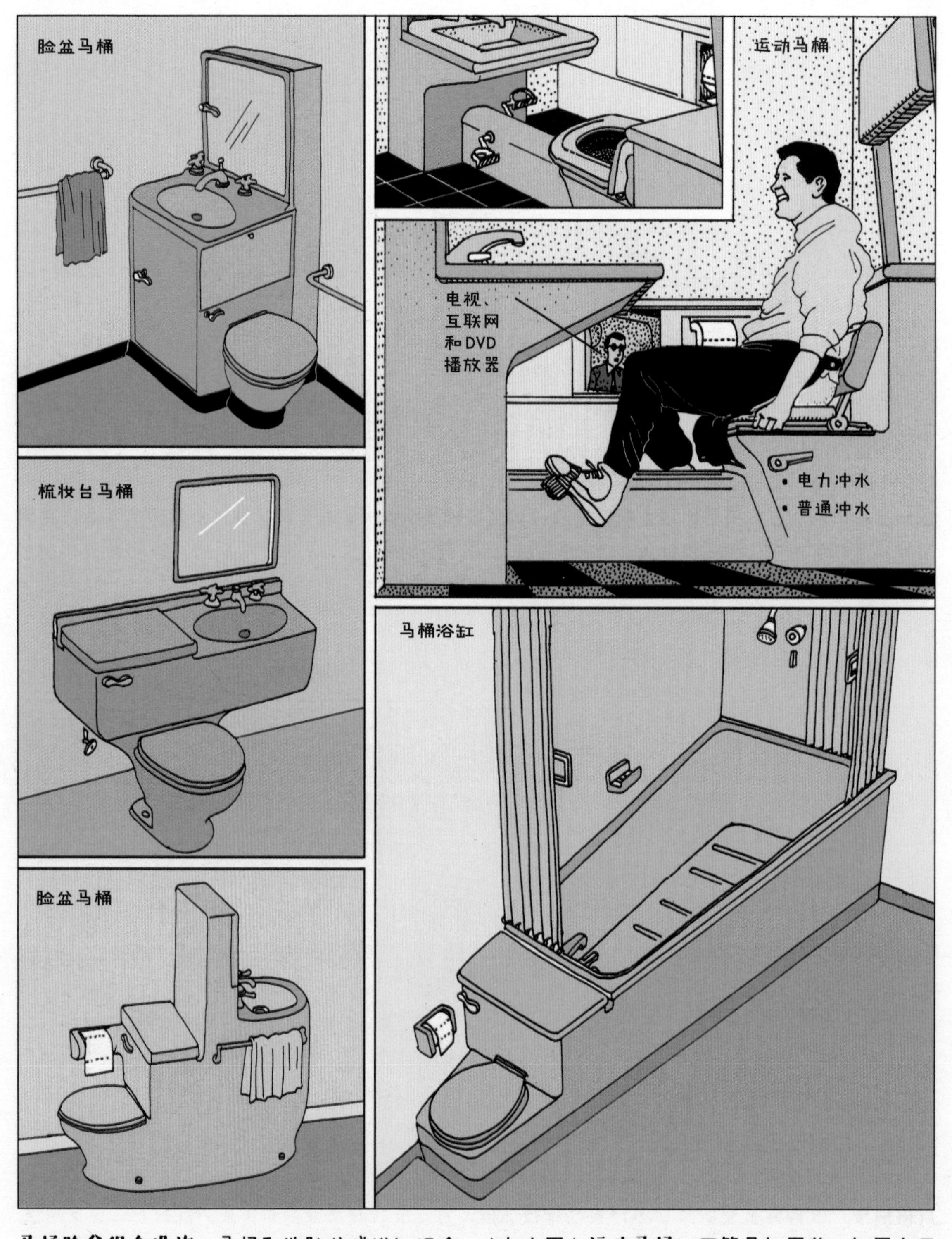

马桶脸盆组合设施： 马桶和洗脸盆或浴缸组合在一起可以有效节约内部空间。这样一来，盥洗室就宽敞多了，可以腾出更多空间来放轮椅等。（1984）

（右上图）**运动马桶：** 不管是如厕前、如厕中还是如厕后，你都可以利用运动马桶的内置单车来锻炼身体。单车转速和骑过的英里数都能在LCD屏幕上显示出来。（1991）

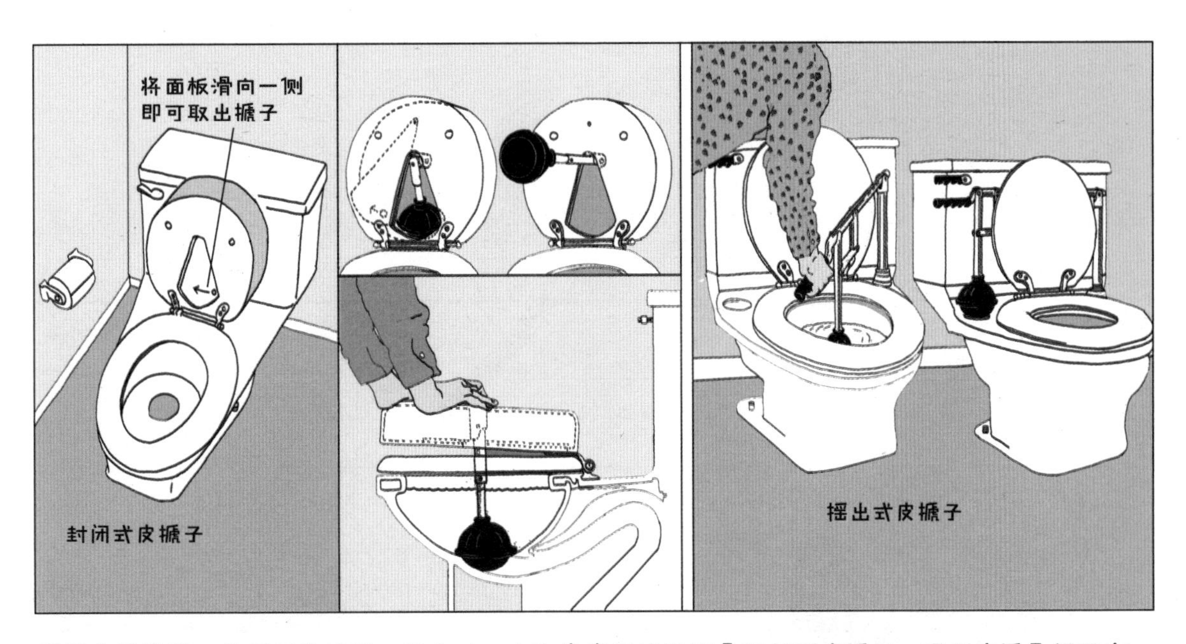

便利皮搋马桶：马桶因为堵塞而溢水时，人们常常无法很容易就找到皮搋子。便利皮搋马桶配有一个内置的皮搋子，可供人们在紧急情况下使用。图中的两款皮搋子都有一个难题，那就是它们使用后需要清洗和晾干。不过，这类产品的优点终究多于缺点（2016）

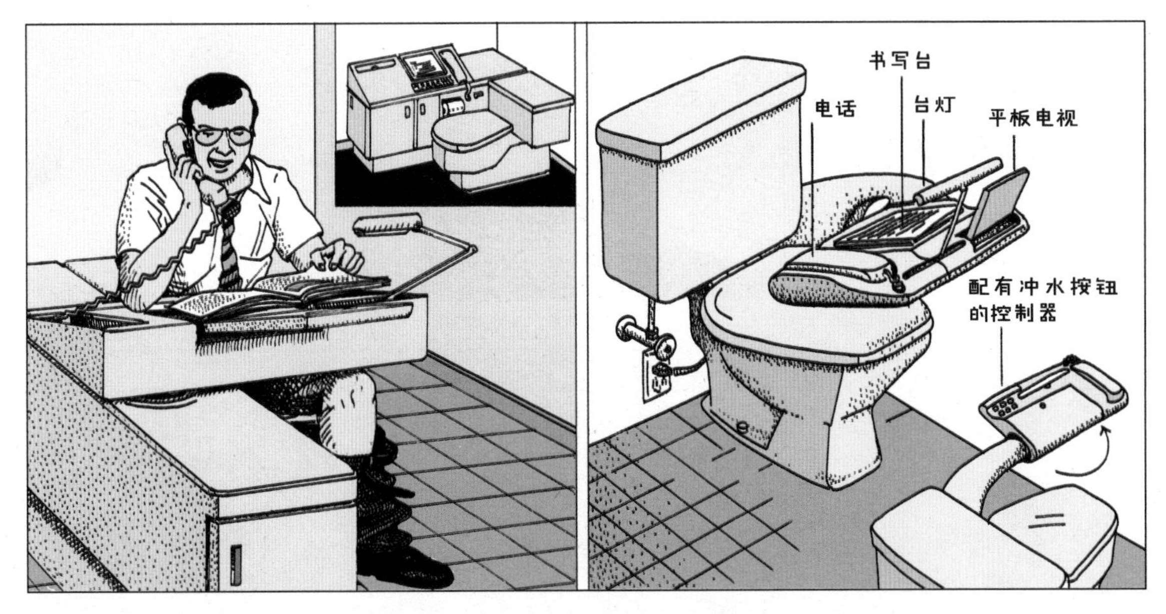

通信坐便：整夜担心一笔尚未成交的交易的员工可以一大早就在这种通信坐便上处理工作。它做工精致的桌面可以转到使用者的大腿上方，让他得以方便地使用电话、阅读专业杂志或者上网。（1991）

成对马桶：虽说在绝大部分文化中，在陌生人甚至家庭成员的视线内如厕是一种禁忌，但并非所有文化都如此。成对马桶不仅打破了这个禁忌，还节约了卫生间的空间。（1984/2005）

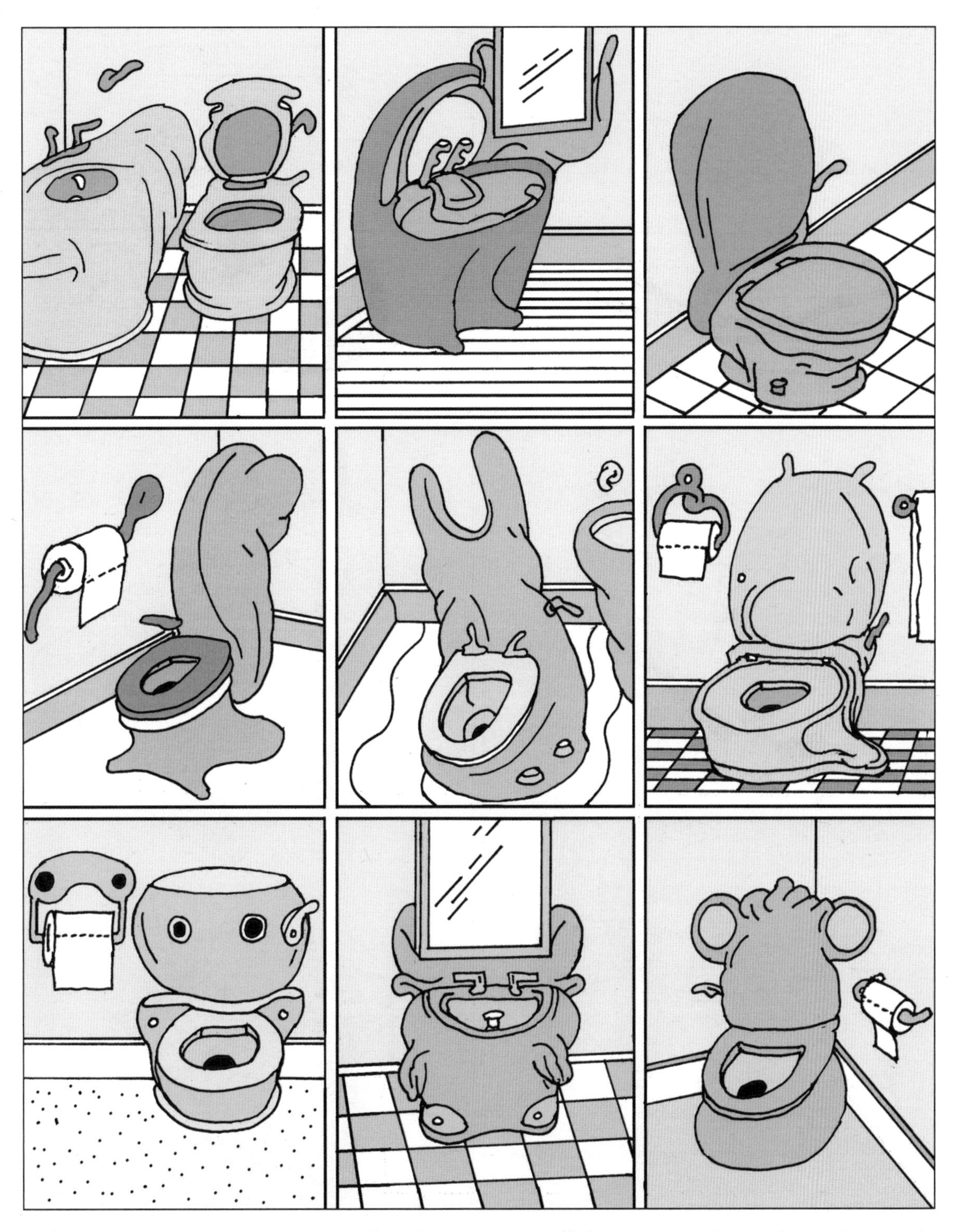

雕塑马桶：每天目之所及都是无聊的普通事物会让人精神萎靡。这些雕塑马桶能够激起我们孩子般的惊奇感，给我们的生活带来乐趣。这些设计打破了常规，并非标准化的堆砌，可谓惊世骇俗。在这样的卫生间里如厕，使用者可能会觉得很开心。（2019）

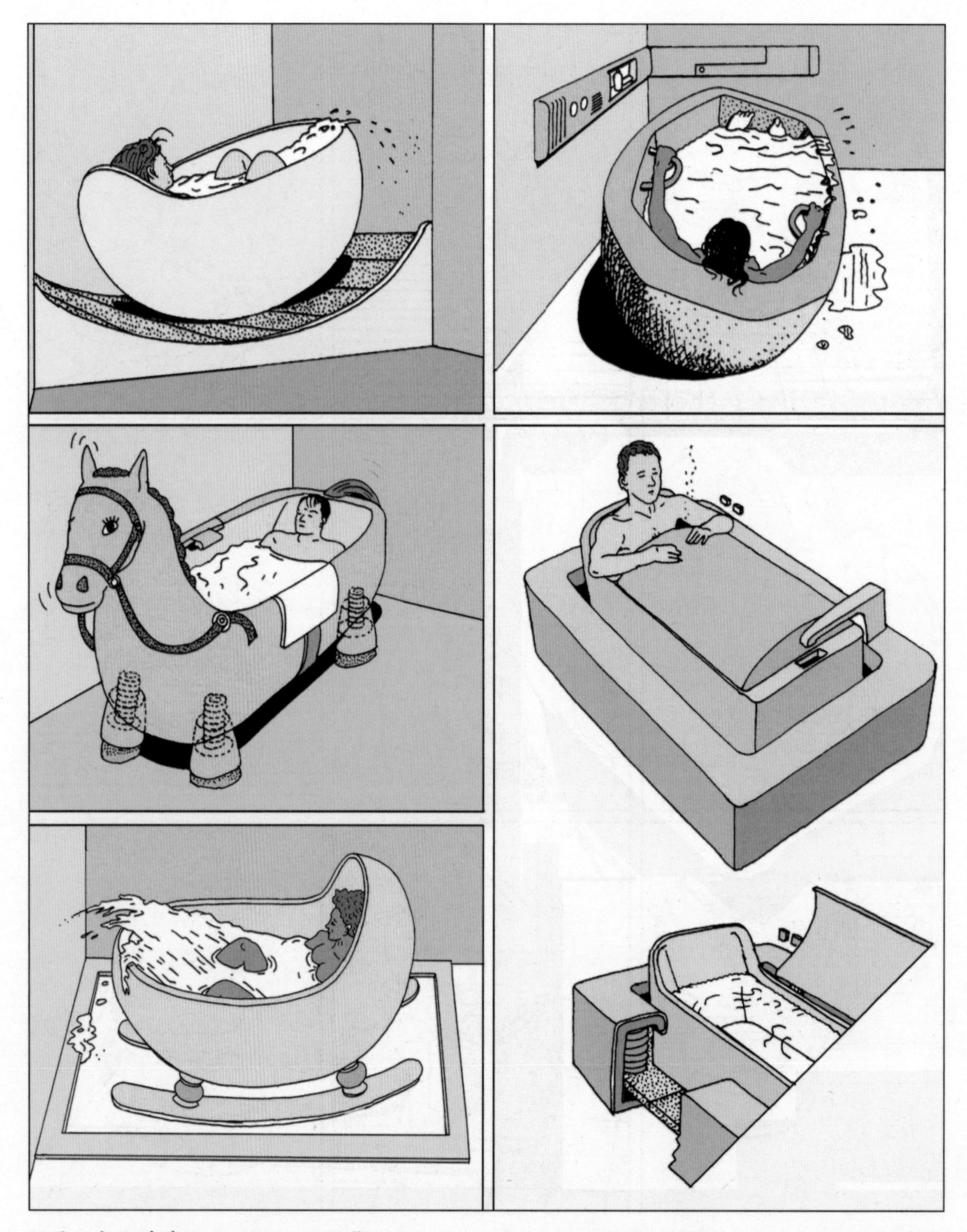

天马行空的摇摇浴缸：我们心里住着的那个小孩子喜欢把家里弄得一团糟。能在浴缸里扑腾水花其实是件非常有趣的事。同理，在弹簧或摇杆支撑的摇摇浴缸中泡澡也非常好玩儿。当然，考虑到溢出的洗澡水，浴室地板上最好有下水口。（1992）

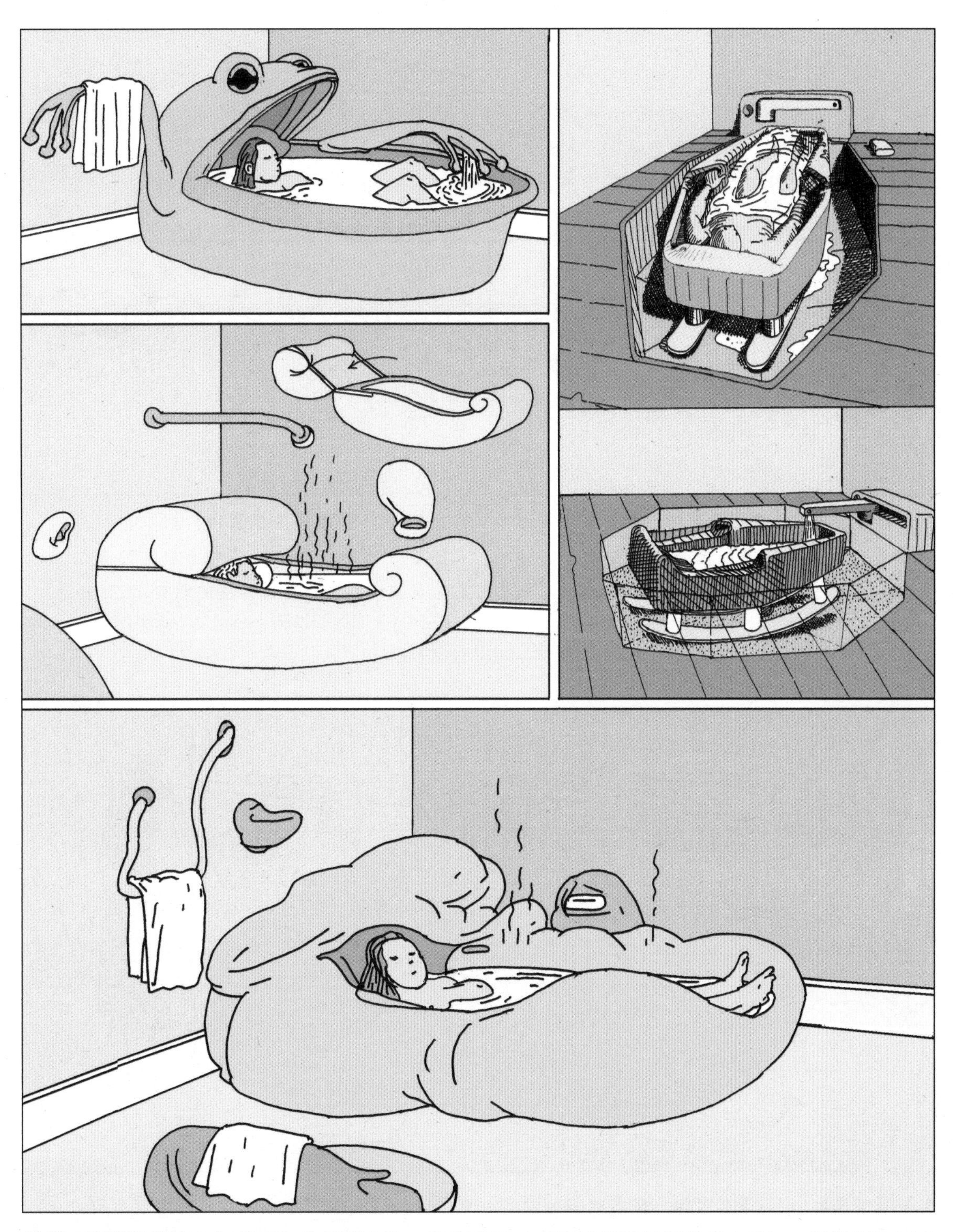

造型不规则的浴缸：如果面积和预算允许，你完全可以在家里安装不同寻常的浴缸。其实浴缸可以是一件美丽的、雕塑般的艺术品，它可以被设计成各种怪诞的样子。（1992/2019）

艺术品般的浴缸：管道装置标准化在浴室漏水的时候显得十分有必要。但是，造型奇特、举世无双的浴缸、手柄、龙头和旋钮可以很有趣！（2009）

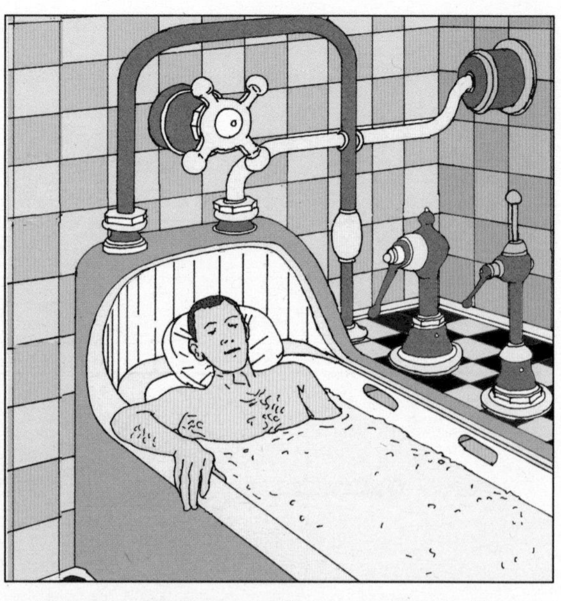

古怪的浴缸管道和手柄装饰：对身价不菲的人而言，浴室可以是一个私下里秘密表达他在家具装潢和艺术方面品味的地方。（2009）

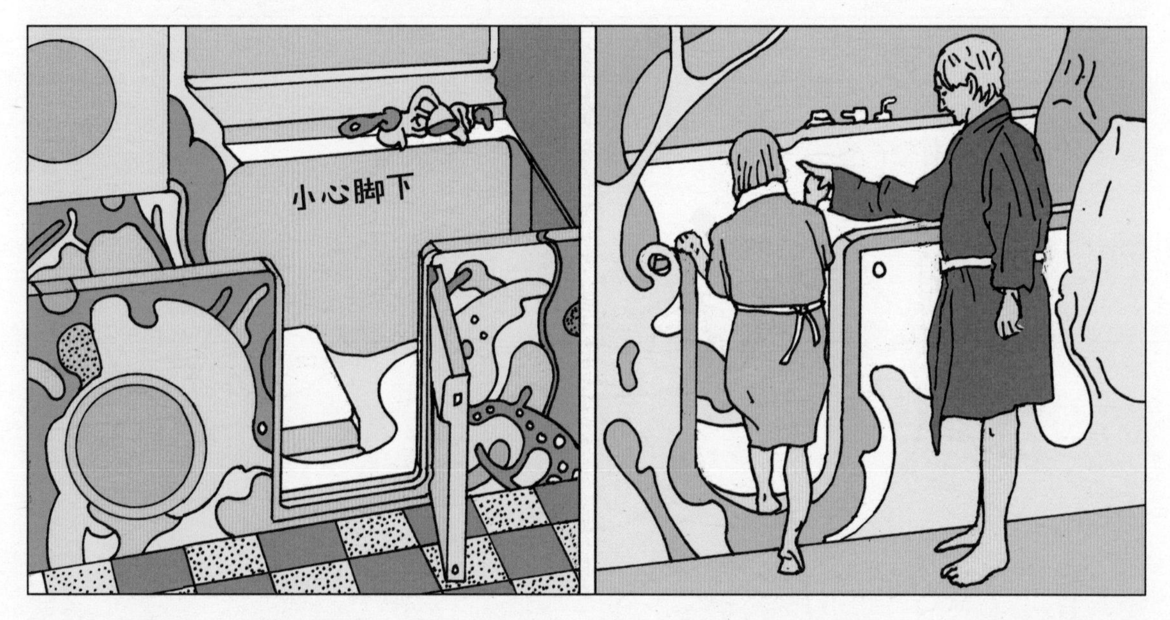

头晕目眩浴缸：“头晕目眩牌”步入式浴缸会让人觉得一切都充满了不确定性，一切皆有可能，这种体验只可意会、不可言传。（2019）

在家吃饭

吸入式用餐器：当你咀嚼和咬碎食物的能力下降时，你就需要一台吸入式用餐器了。

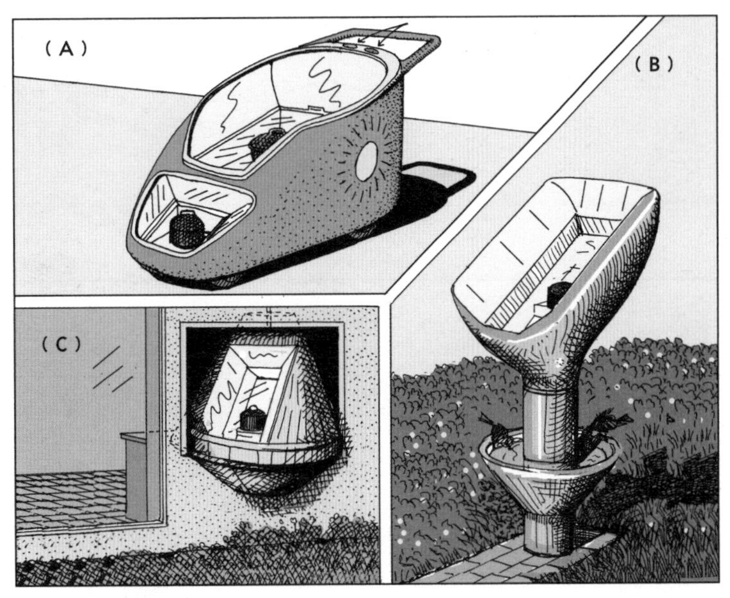

太阳炉：新太阳能炊具型号包括一台带轮子的太阳能炊具（A），一台带小鸟戏水池的自动定向庭院炉（B），带太阳追踪功能的墙上太阳能转盘（C）。（2016）

方便餐桌组合：住在小公寓的大家庭适合购买这种方便餐桌组合，闲置时它只占一点点地方。有的餐桌可以从天花板上拉下来，还有的可以从墙内弹出来。（1991）

手动垃圾处理器：要在掌握操作飞轮抽绳的同时将食物残渣塞进下水口，一开始需要勤加练习。不过，这是一种很好的运动，而且它和所谓的绿色（环保）行动是一致的。当为了处理像冰块或骨头这样的硬物而加速时，你必须时刻注意转速表。（1984）

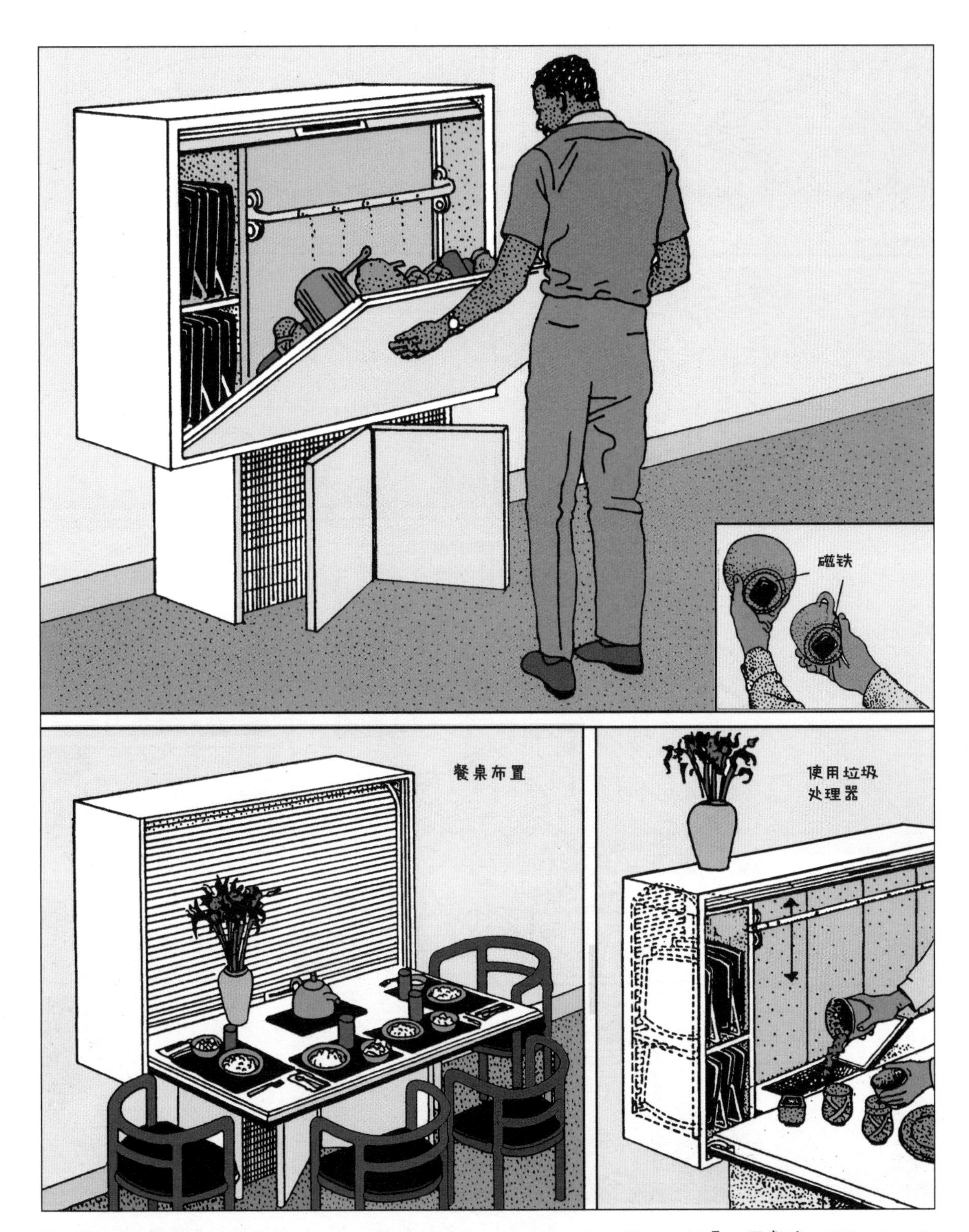

单身懒汉就餐系统：这个系统包括一整套独立单元——一张光可鉴人的折叠金属餐桌、下拉式百叶帘、餐具、餐垫、垃圾处理器和洗碗机。餐桌垂直折叠起来之后，磁力餐具就可以得到清洗。四个就餐座位十分舒适。（1991）

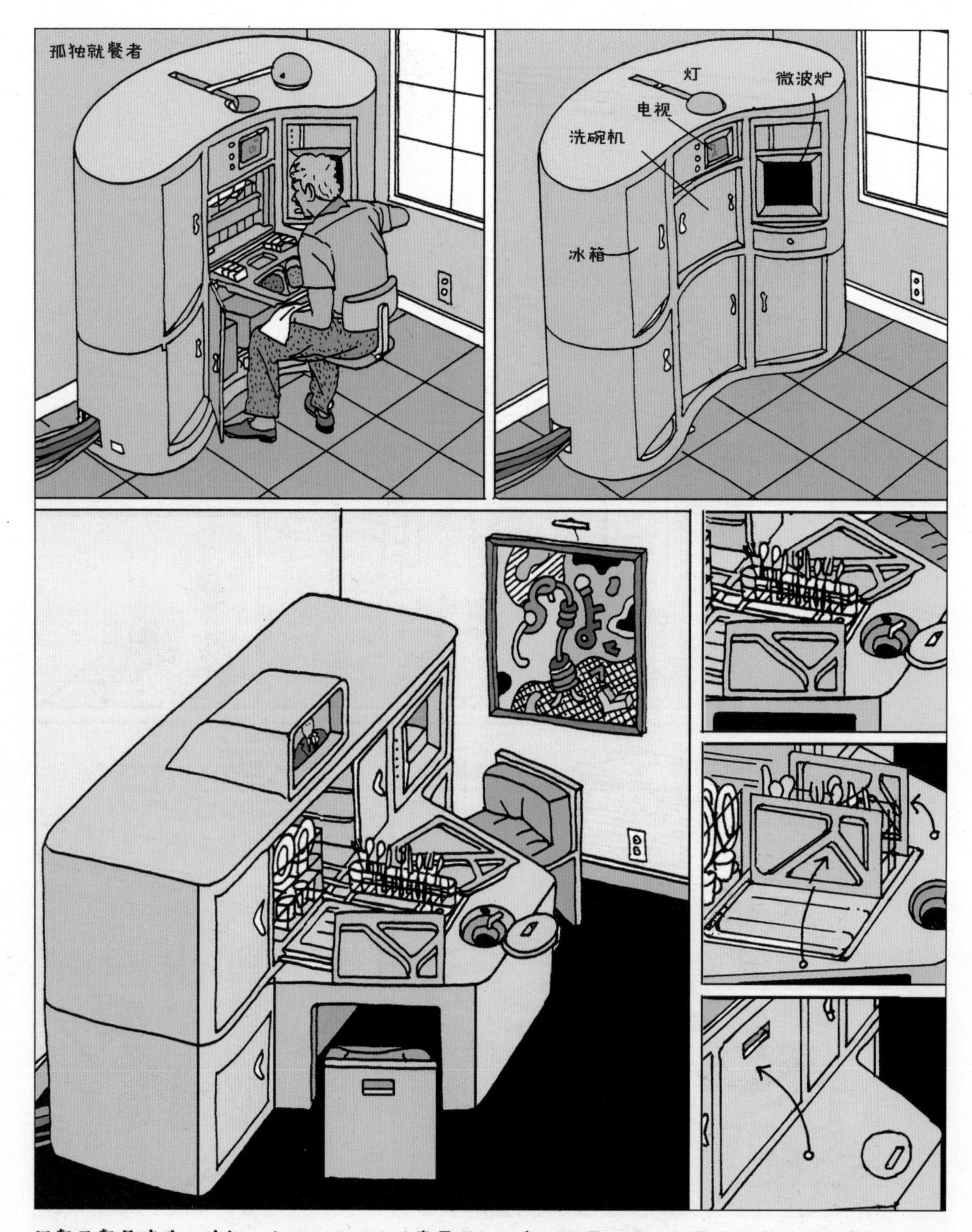

用餐及餐具清洗一体机：为什么吃饭这件事需要如此多的家具家电？如果你没有与伴侣或家人一起生活——也许他们搬走了或者去世了，那么你一定需要这台“孤独就餐者”或“用餐及餐具清洗一体机”。（1984）

吸八式用餐器：吸入式用餐器采用了先进的技术，可以让使用者绕过分餐、拿取和切割食物这些传统用餐步骤。如果一块食物的体积小到足以被吸进用餐管，食物压缩器就可以将其转化为方便消化的糊状物。（1984/2009）

产糊器：这款现代的食物转换储存罐可以提供一种容易吸收、口感绵密且气味芬芳的“糊糊”，非常适合考究的用餐者。经过该产品处理过的食物会被压缩成一种近似液体的状态，并与一定比例的食物消化酶混合在一起。（2009）

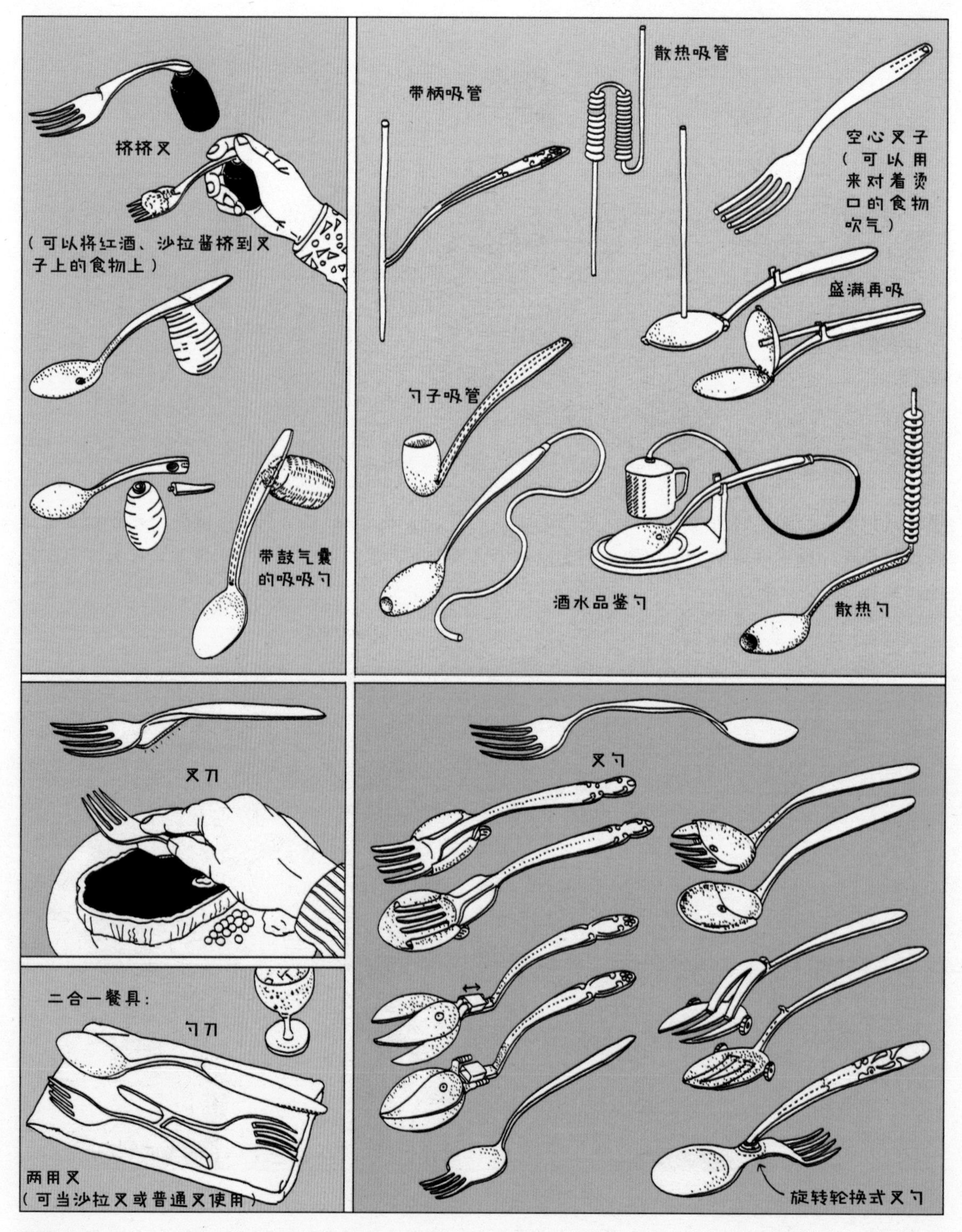

新餐具概念1： 整整一系列常用工具得到革命性升级可不是常见的事！这些餐具是独特、前所未有的。（1984）

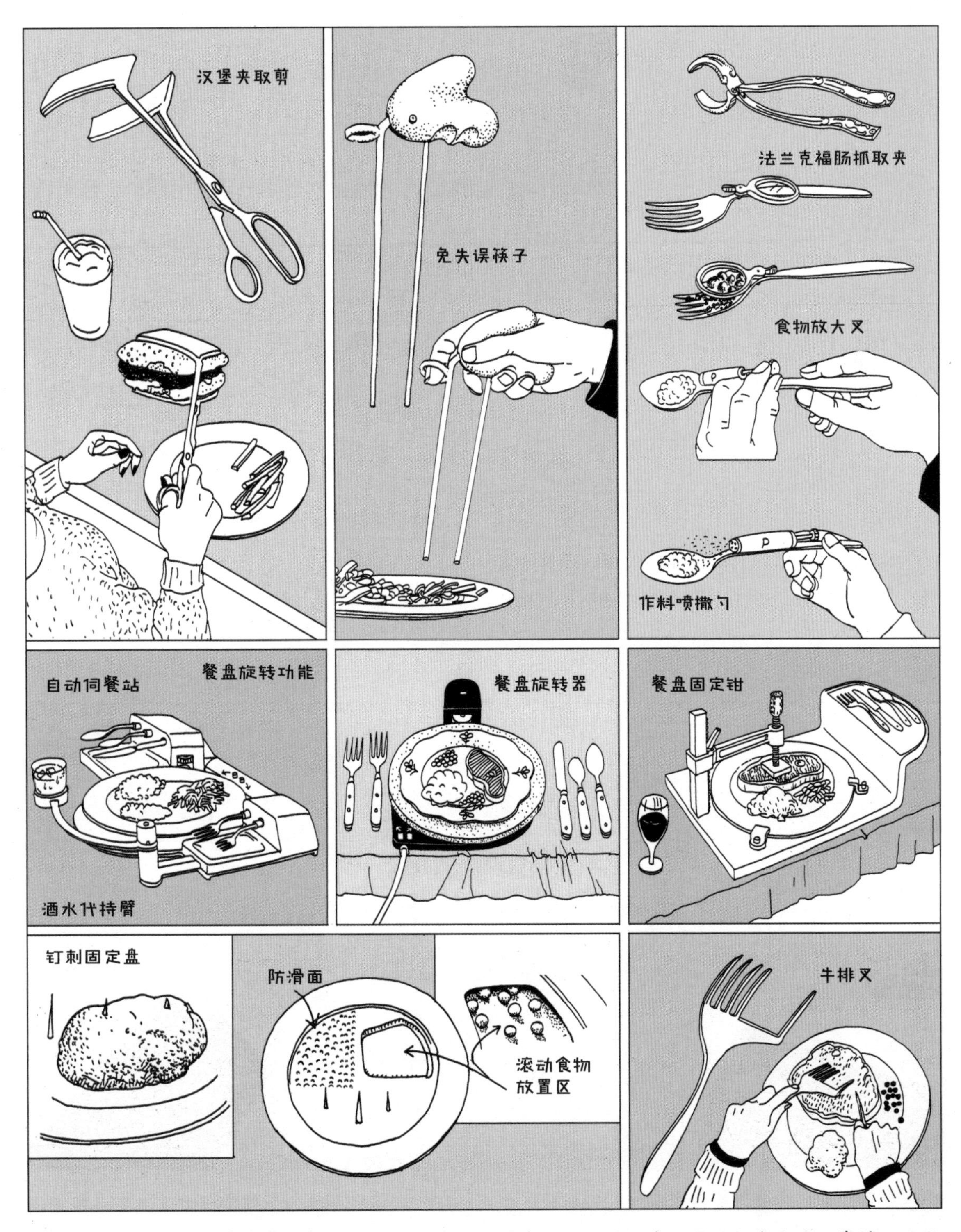

新餐具概念2：对孩子（或成年人）来说，在光滑的盘子上固定住食物是件颇有难度的事情。这些工具可以缓解人们做这种事时的焦虑。（1984）

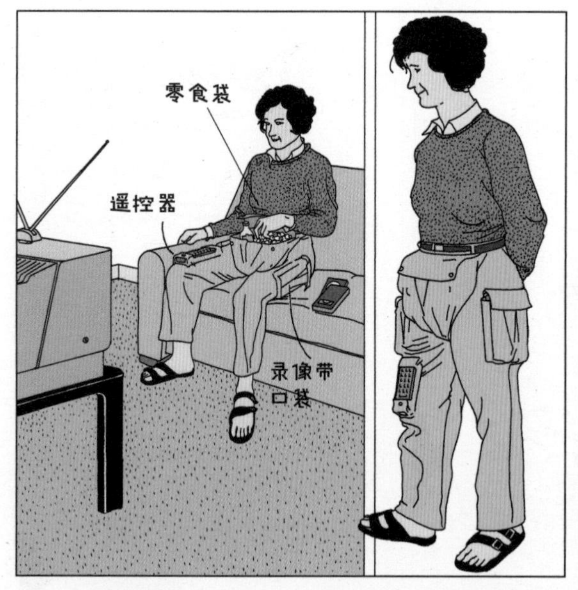

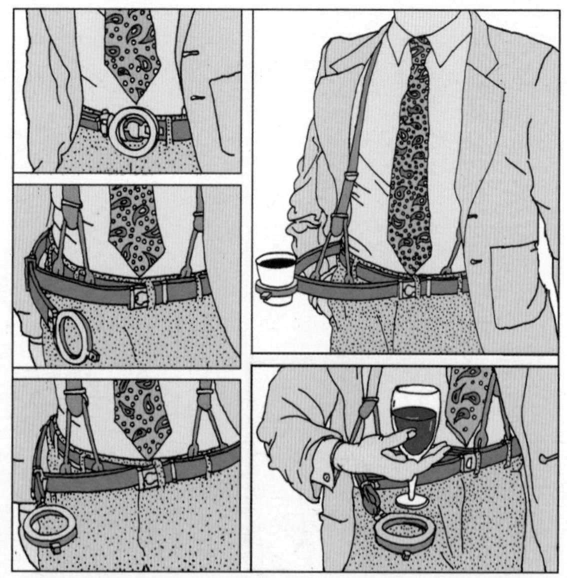

看电视便利裤：这类裤子具有宽大的口袋，可以用来盛放录像带、DVD光盘或遥控器。零食袋的内衬是可拆除的，方便使用者清洗爆米花或饮料污渍。（1991）

饮品放置方便扣：许多行业为了迎合单独用餐者的需求，积极研发各类产品。饮品放置方便扣就可以解放使用者的双手，方便其在派对上手舞足蹈地聊天。（1984）

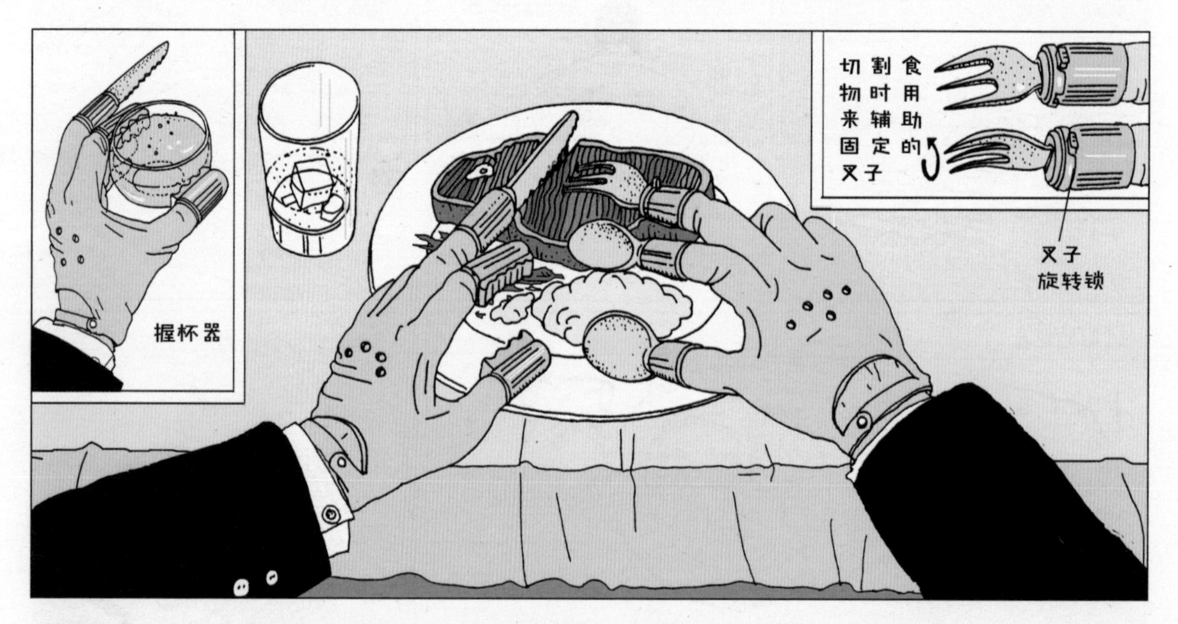

银器就餐手套：就餐手套在考究的人家和餐厅都可以找到。这种手套为就餐者提供了卫生且科学的食物接触方式。如果所有就餐者都戴上这种手套，大家拿起和放下餐具时通常会发出的稀里哗啦的声音就能从此消失了。不过，使用这种手套需要多加练习。（1984）

关怀老人

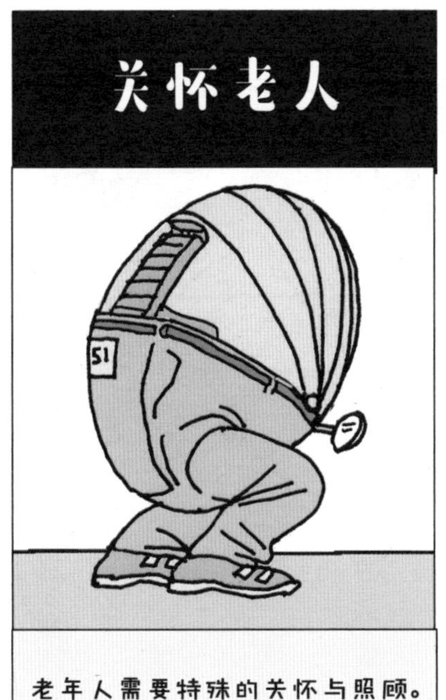

老年人需要特殊的关怀与照顾。他们与我们其他人不同。

移居海外和离经叛道的老年人：一个人如何度过人生的最后阶段，差别巨大。离经叛道的老年人有的极为贫困，有的却极为富有。图中这名老者在他非常简朴的海滨窝棚前展示出了他的耶鲁大学学位证书。（2009）

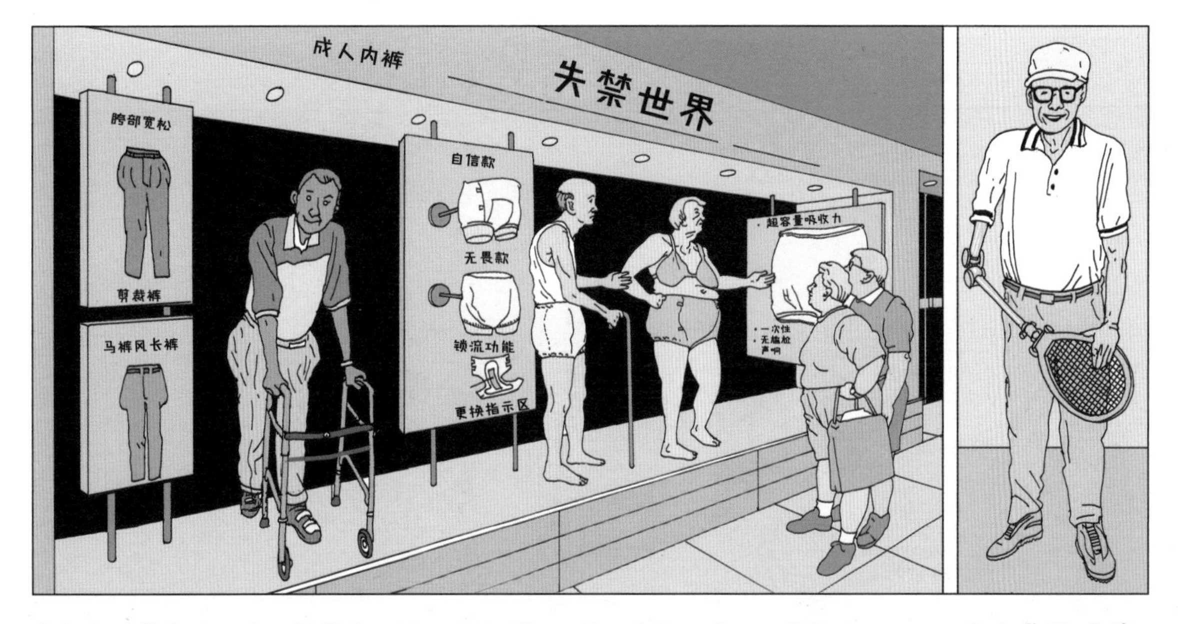

老年人百货商场：没人愿意谈论下一个大流行趋势。老年人专用百货商场正在填补以前门可罗雀的购物中心的购物空间。这类商场的特点是每隔50英尺（约15米）就设有休息室，此外还为老年顾客提供了长凳、栏杆、氧吧、呼吸休闲室和昏厥休憩站。（2005）

仿生学网球臂：老年人也要有追求！（2009）

老年人就餐与睡眠桌：一个非常疲惫的、刚刚吃完饭的老年人可能会直接在餐桌上睡着！有了老年人就餐与睡眠桌，老年人在餐毕后可以和其他人打个招呼，找个借口然后就溜到桌子底下去打盹儿了。图中展示了两款产品。（2009）

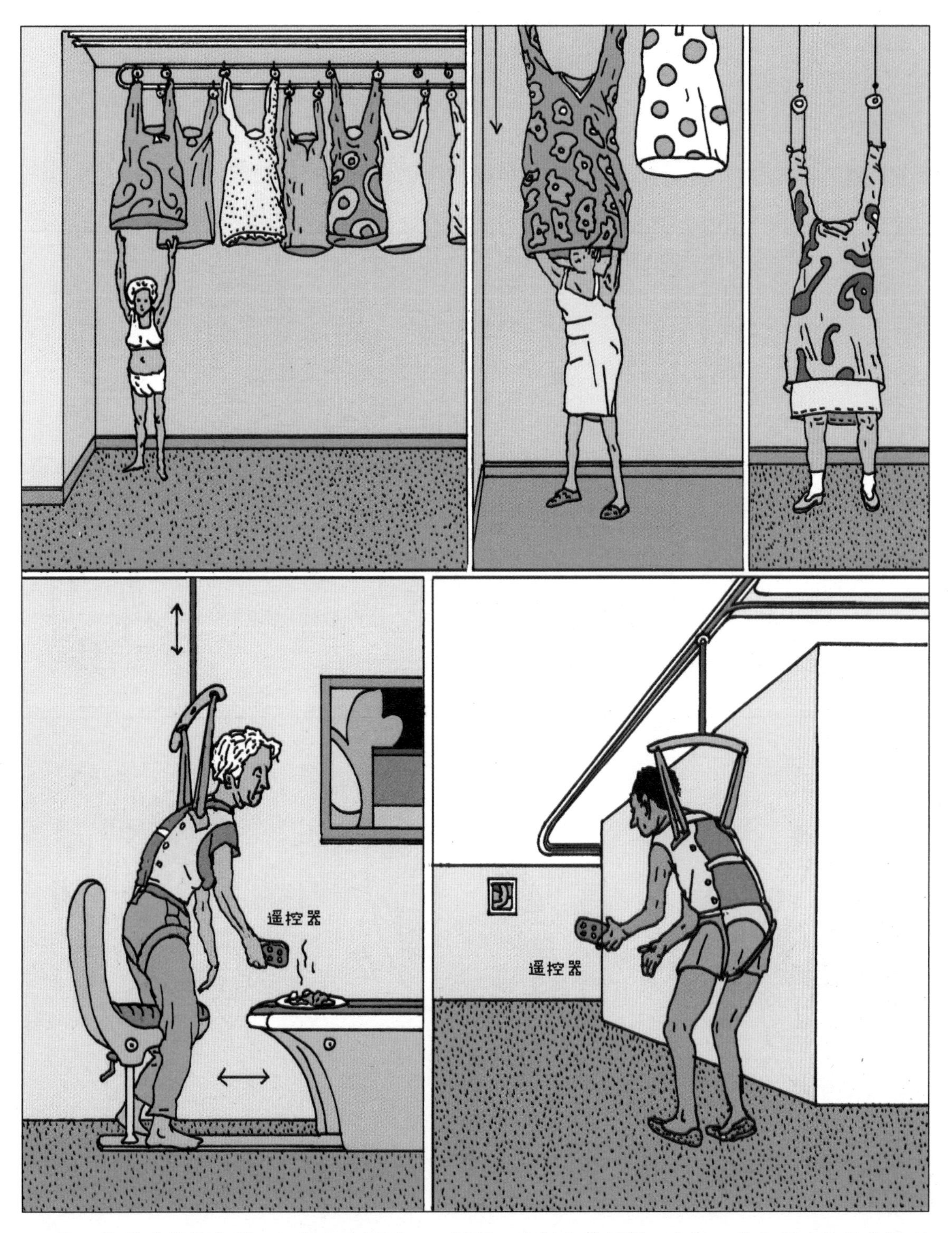

（上图）**坠落式长袍衣柜：**如果你在室内只穿一件长袍，你只需要走进长袍衣柜，举起双臂，当天的衣服就会落在你身上。（2019）

（下图）**老年人悬行架：**老年人悬行系统包括连接到每个房间的天花板轨道、背带服、一个遥控器和一个家具近距离引导系统。该产品的一则广告中说："有了悬行架，腿脚轻飘飘。"（2019）

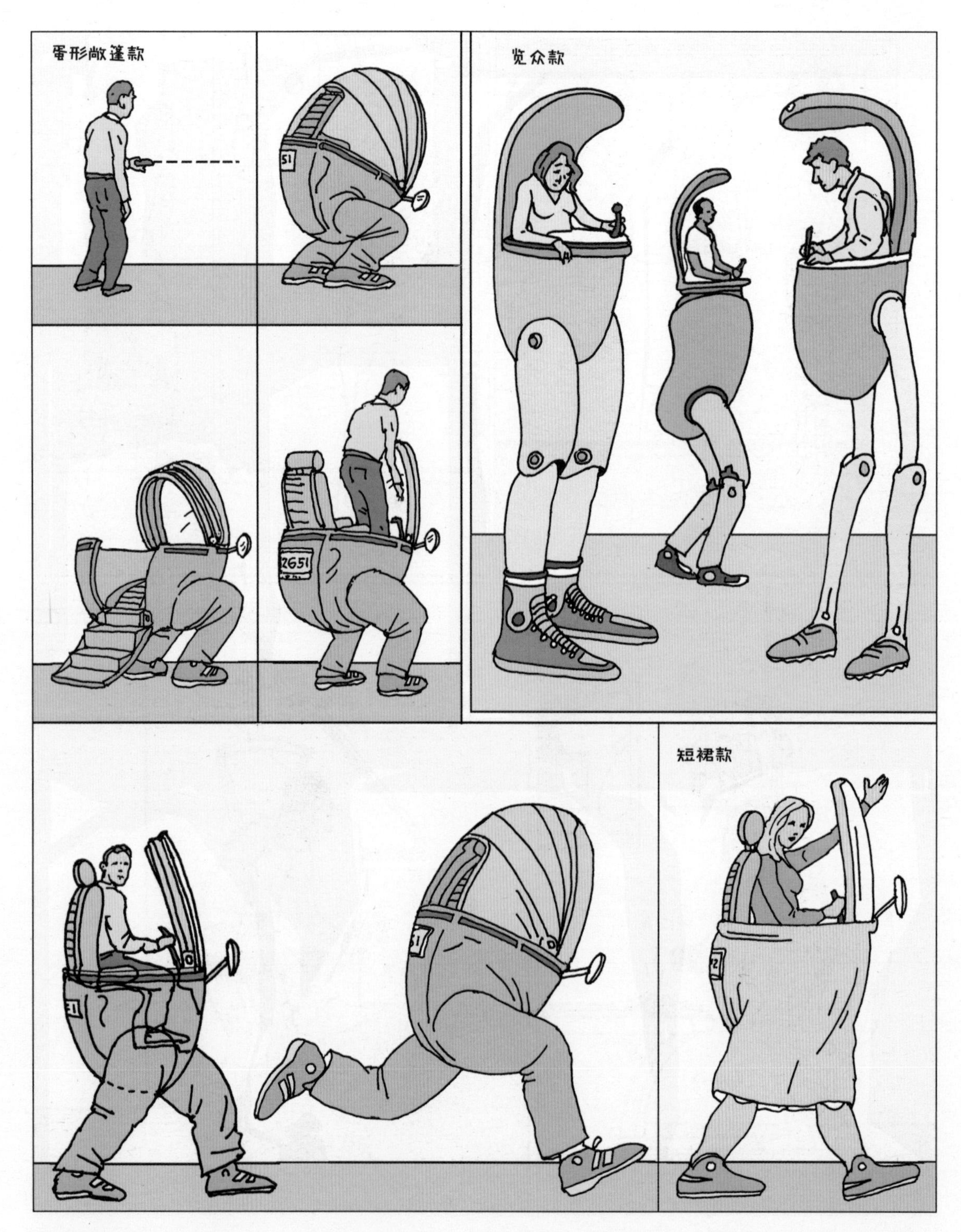

助行机甲：助行机甲可以让人们彻底摆脱累人的长途跋涉，通常会使令人筋疲力尽的旅行和团体徒步因此变得令人愉悦。蛋形敞篷款助行机甲（蓝色长裤款）设有下拉式登机步梯。短裙款助行机甲则有一双修长的机械腿，方便使用者大步流星地前行。短裙款助行机甲不仅魅力十足，使用者遇到袭击时还能借此轻松脱身。（2009/2018）

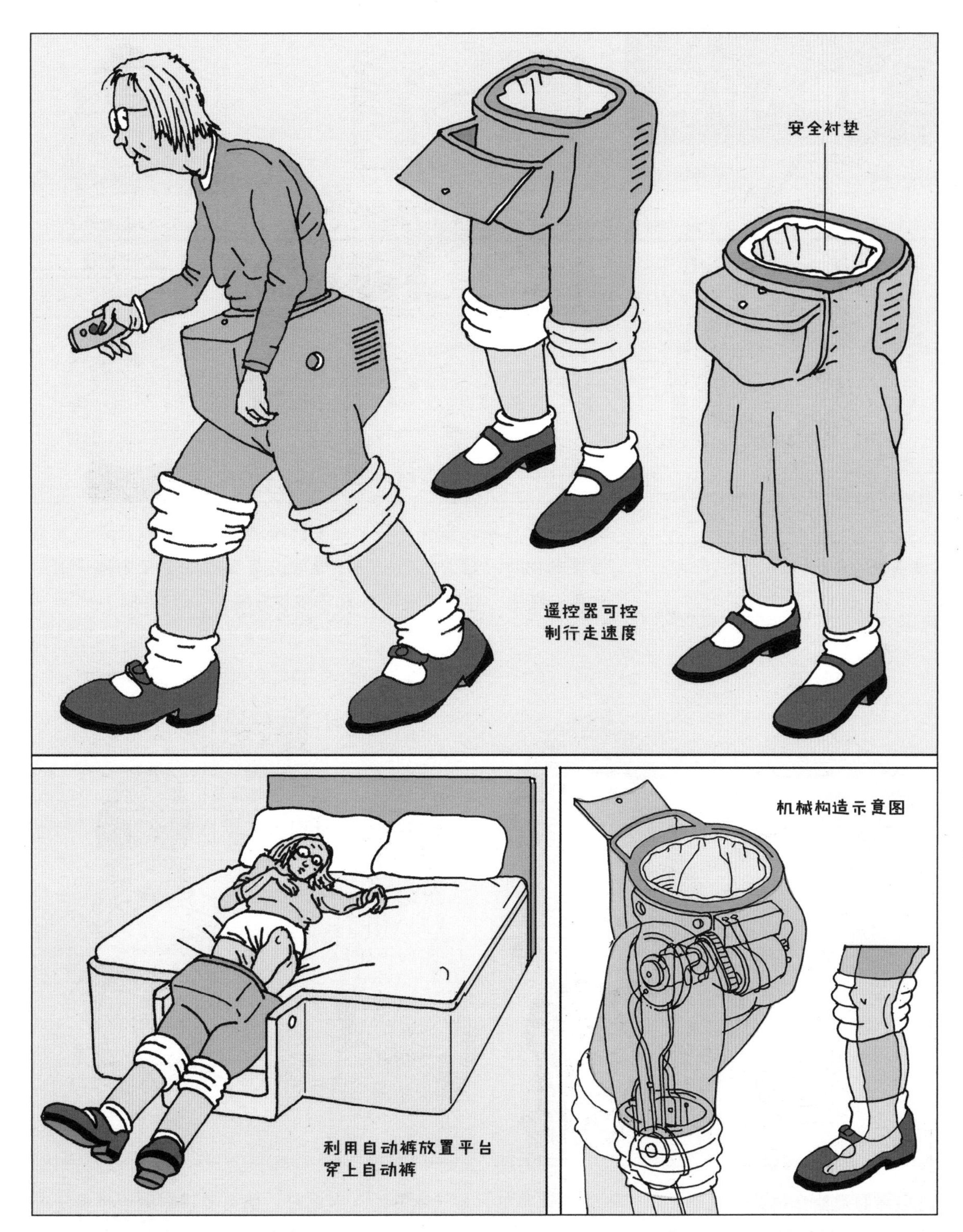

半机械自动裤：自动裤可以解决老年人遇到的严重肌肉无力问题。这条裤子可轻巧地代你行走！使用者可学着放轻松，不再使用自身（力量较弱）的肌肉。只要将裤子正确地放在自动裤放置平台上，使用者就可将其穿上。（2005）

拥抱大自然

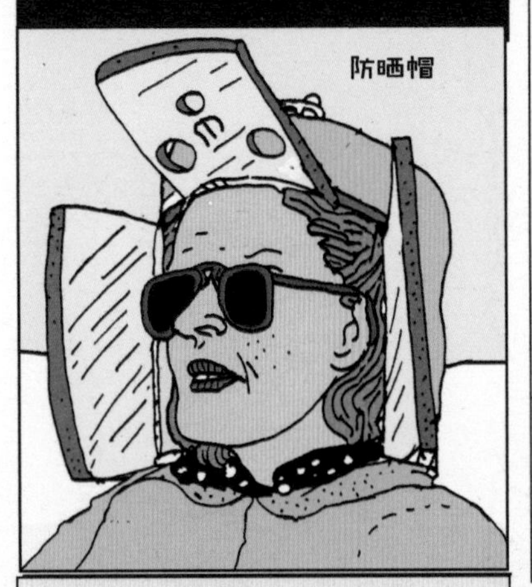

只要装备得当，户外运动的体验通常是令人耳目一新的。

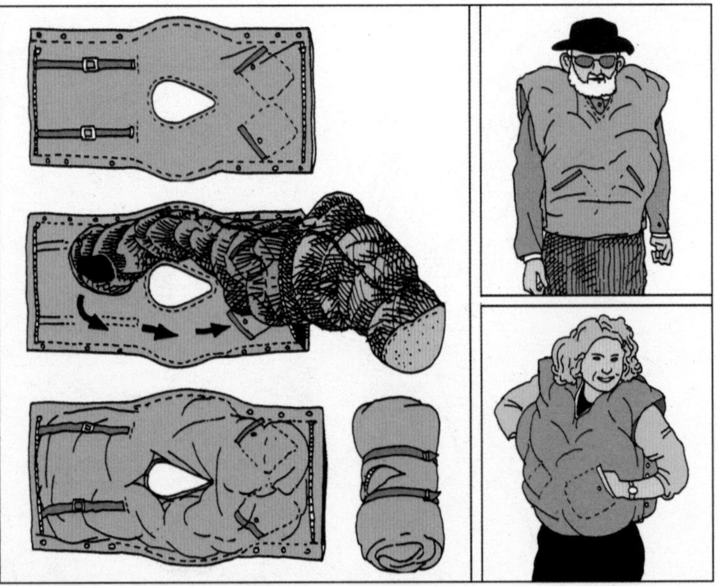

睡袋填充马甲：当填充马甲能发挥睡袋的作用，而且还能充当保暖衣物时，露营时为什么还要带上需要收纳包装的睡袋呢？只要一降温，你就不会再介意马甲有多臃肿了。（1984）

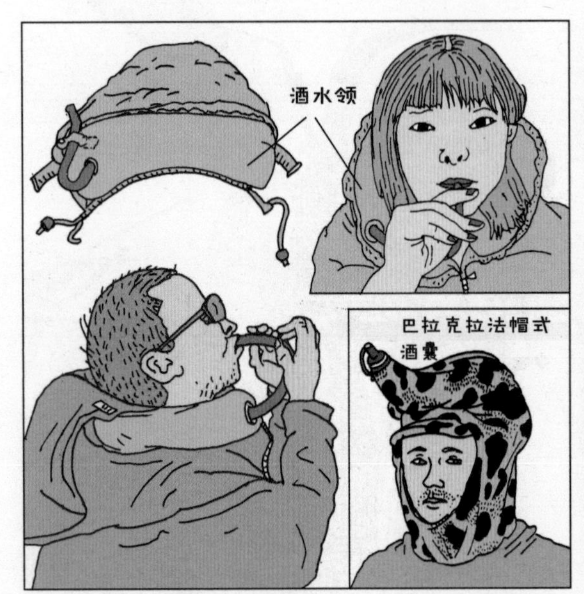

酒水领和巴拉克拉法帽式酒囊：酒水领的使用非常简单，只要在你的风雪大衣衣领中注入你最喜欢的饮品就可以了。如果在长途跋涉之后你最渴望喝到的是葡萄酒，那巴拉克拉法帽式酒囊很适合你。（1984/2019）

充气泳装：入水之前，使用者得耐心地用管子把这身可爱的泳装吹起来才行。其中有一个可以配合二氧化碳储气瓶使用的适配器。（1983）

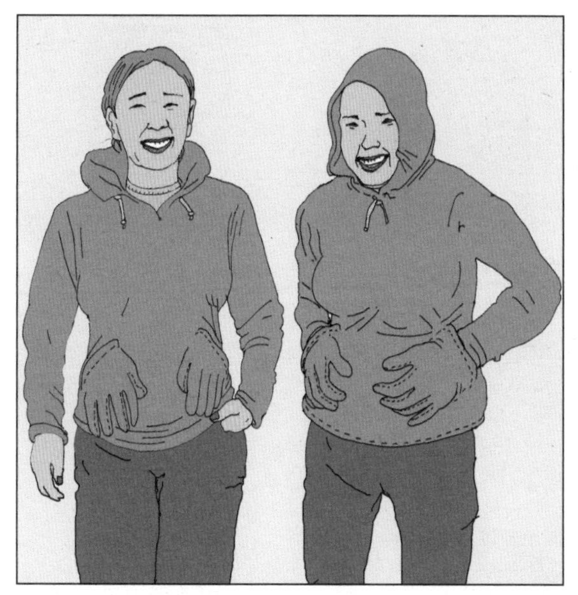

手套兜： 有人说把手套附着在帽衫上原本放口袋的位置没什么用，可至少这会让你觉得踏实，因为穿这样的衣服永远不会把手套弄丢！（2005）

大象人风雪大衣： 这件大衣可以帮助穿着者预热他们在严寒、零下环境中吸入的空气。穿着者的脸由大大的按扣式耳罩保护。（1984）

管状冬帽： 这款帽子的帽檐内衬可以形成管道似的形状，有效遮挡冰冷的风雪向面部扑来。（2019）

为严寒环境准备的头部装备： 将防晒帽的反射表面向外折叠可以露出面部。三向冬帽可以根据不同的天气情况（晴朗、寒冷或有暴风雨）轻松调整。（1984）

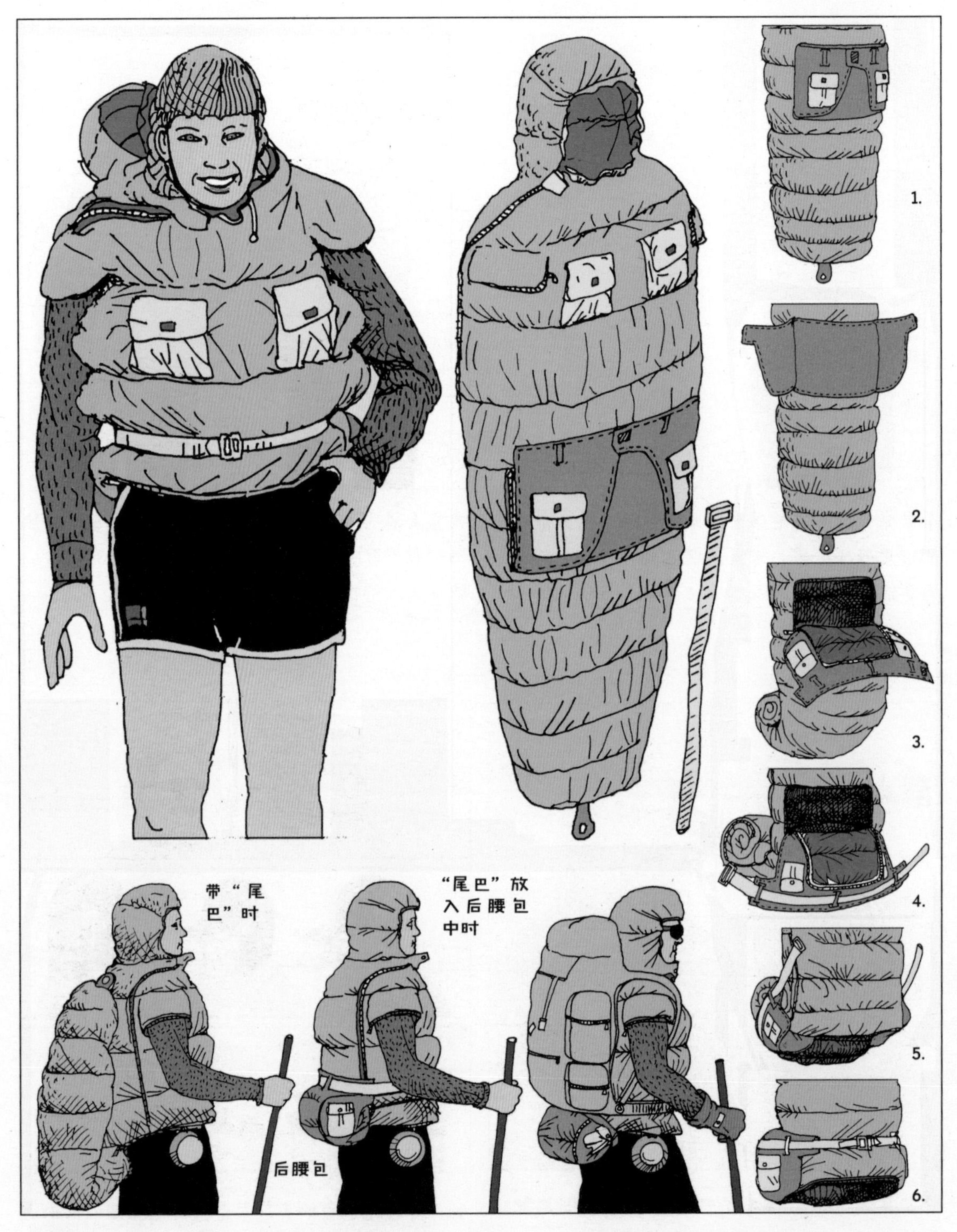

睡袋防寒马甲三用装备：穿上睡袋防寒马甲三用装备，背包客就可以在极端寒冷的天气中少带一样东西。图中展示了将睡袋变为防寒马甲的过程。早期款式（左上图）有一条暴露在外的“尾巴”，可以把它卷起来放到后腰包内。（1984）

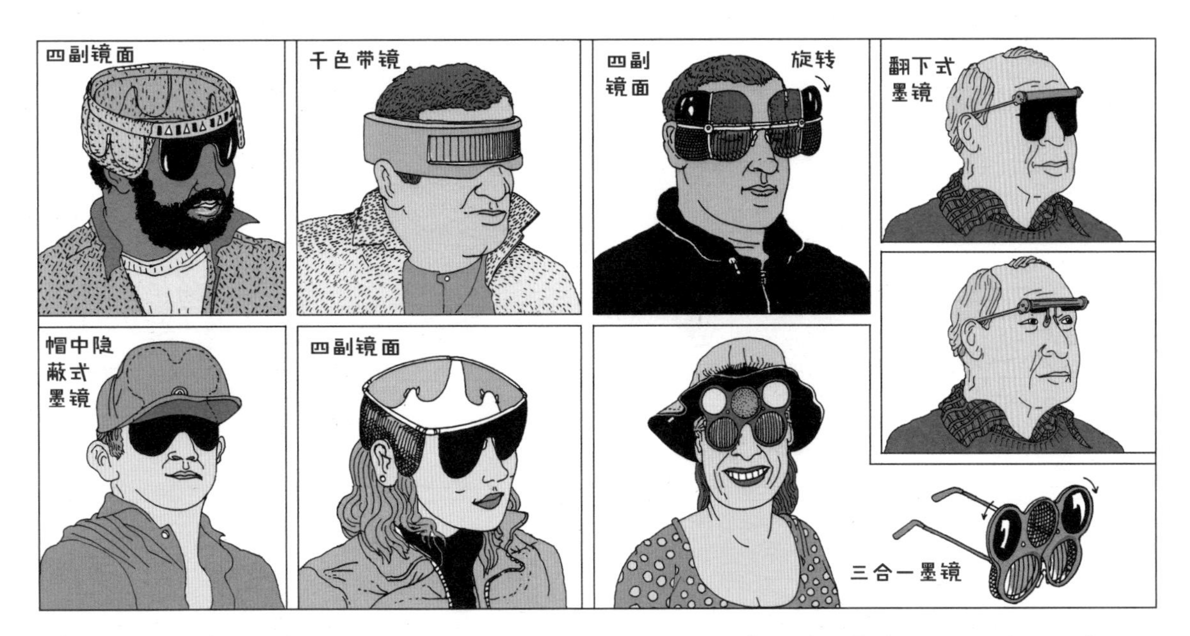

多项选择太阳镜：在高纬度的旷野中活动时，你可以戴上一副多项选择墨镜，以应对变化迅速的天气条件。这些墨镜可以帮助你的眼睛很好地适应光滑花岗岩或冰川的反光，也能使你在暴风雪中、黑暗环境里或天色阴沉时行动自如。（1984）

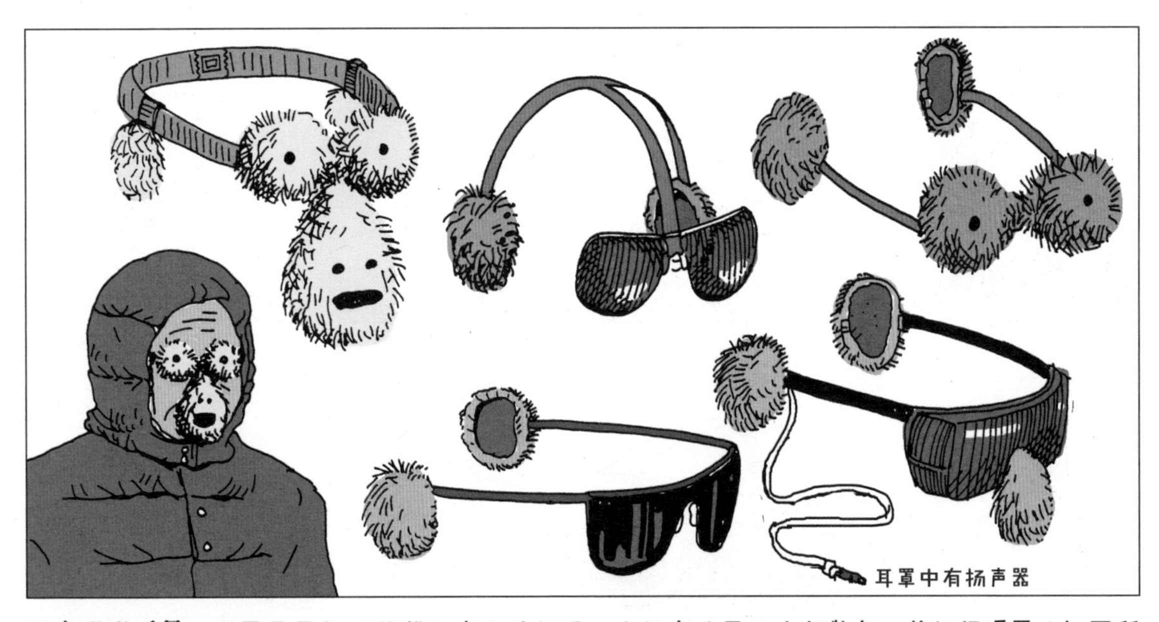

耳鼻眼保暖罩：耳罩是严冬时节戴起来十分舒适，也很有必要的头部装备。其他保暖罩（如图所示）是用来保护眼睛、鼻子和嘴的。（1984）

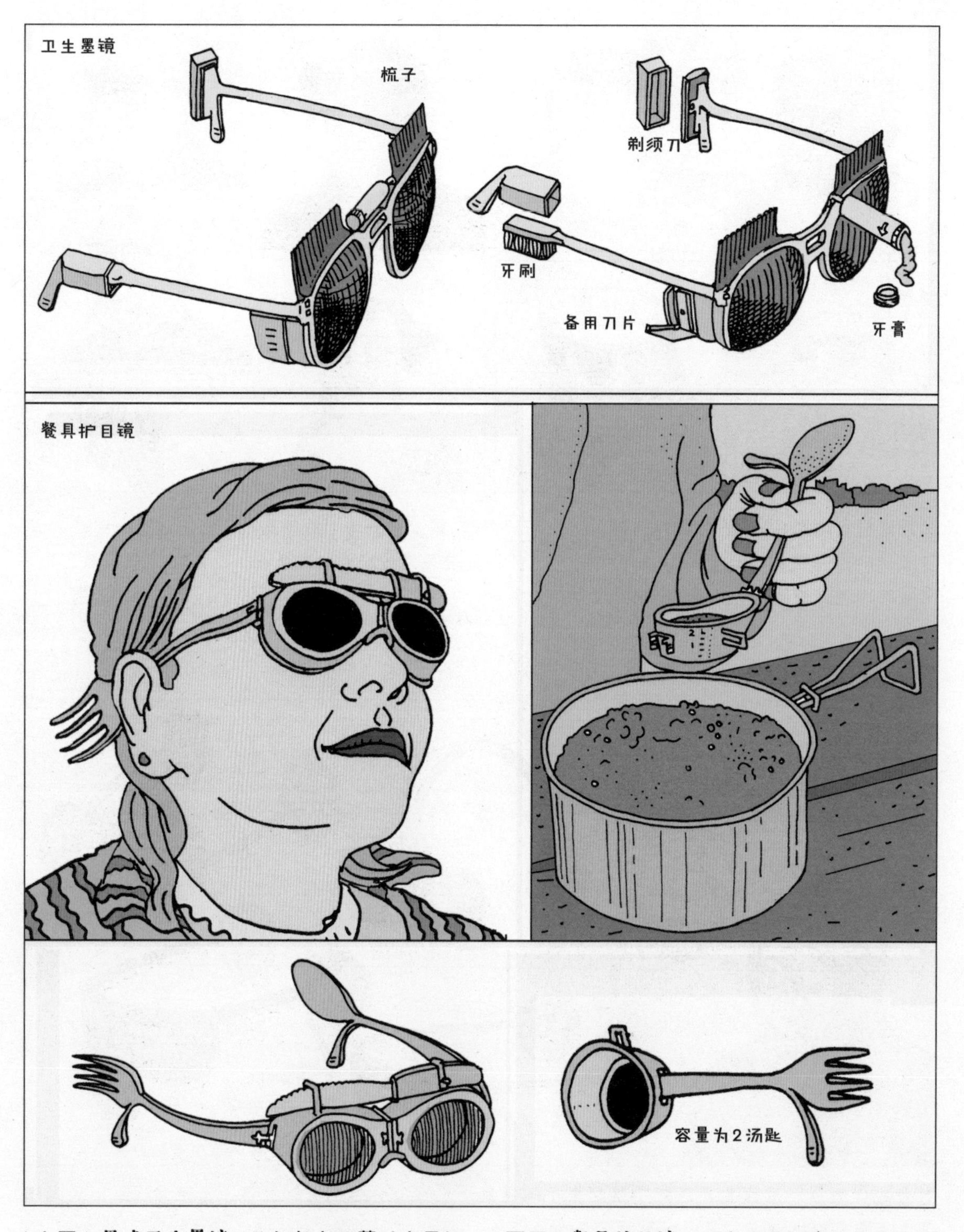

（上图）**男式卫生墨镜：**此物旨在野营时为男性提供面部护理：包括梳子、牙刷、牙膏、剃须刀、刀片和用来查看剃须效果的镜面。（1984）

（下图）**餐具护目镜：**这完全是一套为独自行动的野营者准备的餐具。其中的长柄勺可以作为2汤匙的量具，在制作野餐时提供帮助。（1984）

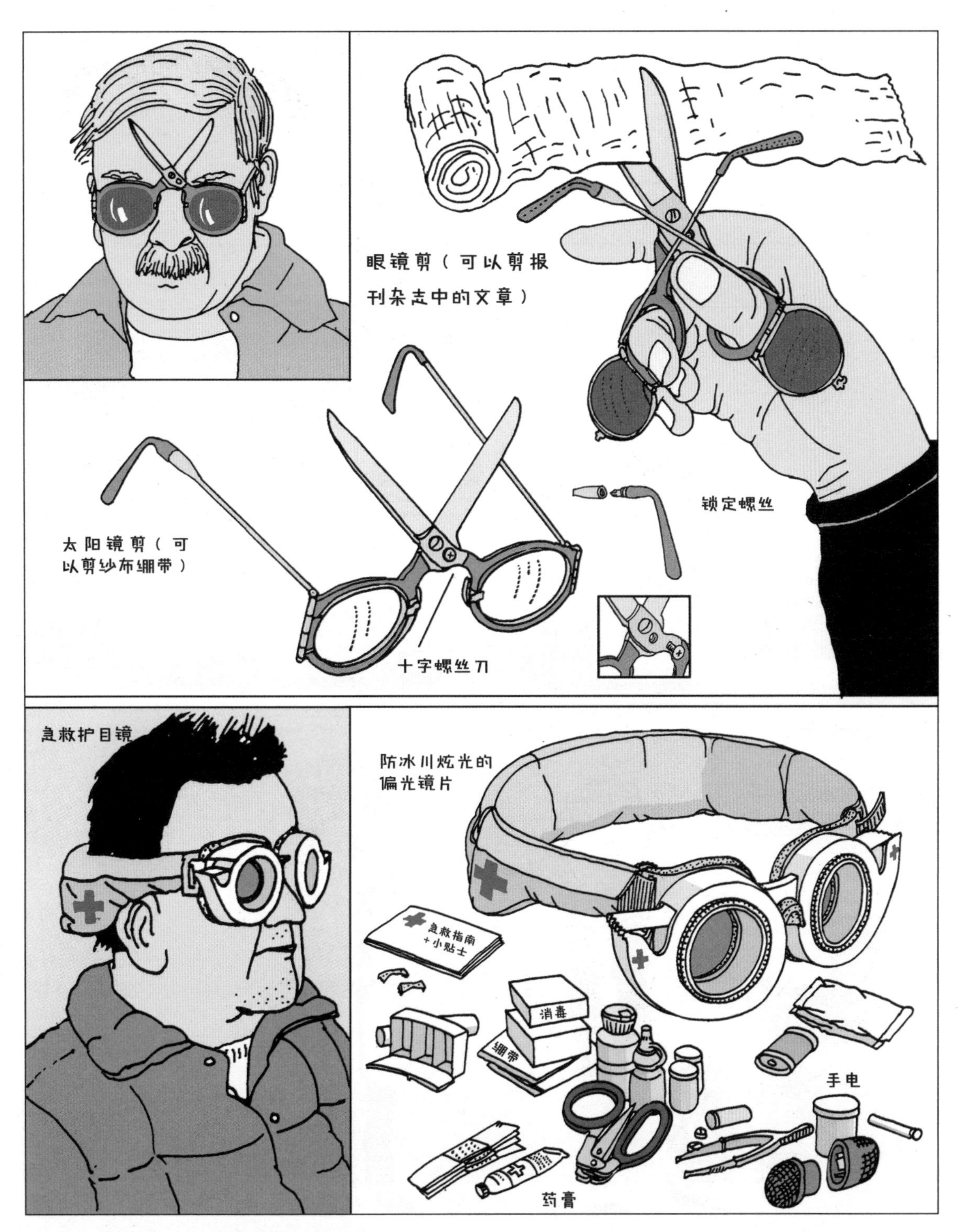

（上图）**眼镜剪：**这类眼镜是在环境光线十分刺目时戴的。当你需要剪刀时，可以取下镜片，用十字螺丝刀卸下锁定螺丝。（1984）

（下图）**急救护目镜：**当你暴露在雪原和冰川的眩光之下，走在容易滑倒、结冰的水面时，被松散的石头砸到，遇到蚊虫叮咬、响尾蛇攻击或喝下被污染的水时，这类护目镜是非常棒的装备。（1984）

特别冬帽：（A）这种手套帽可兼作保暖的无檐便帽；（B）雪橇斗笠是一种四季皆宜的帽子；（C）充气帽平时可以串在腰带上，充气非常简单；（D）雪鞋帽既是一双实用的雪鞋，也可以当一顶帽子戴；（E）飞盘帽隐藏在一顶色彩丰富的圆顶便帽下面，可以随时取出开始游戏。（1983—1991）

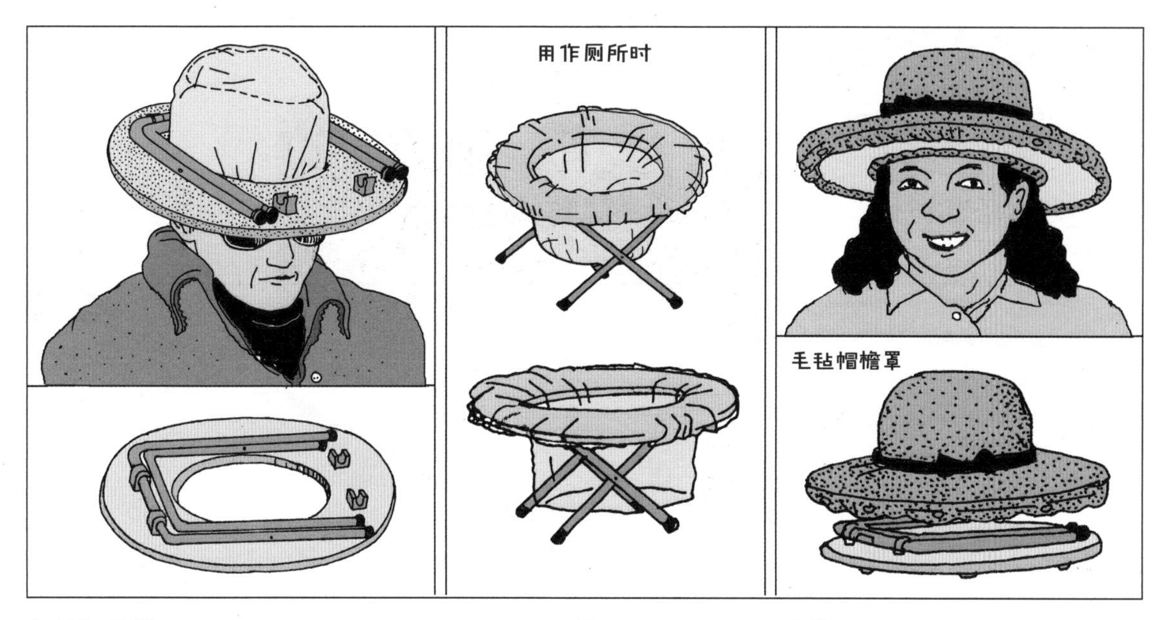

方便软呢帽：这款帽子可以满足你在野外的个人需求。软呢帽里隐藏着一个带铝制支架的全功能野营厕所，帽檐中藏着一定量的塑料袋和厕纸。（2012）

计算机化捕鱼机：该机器可以帮助钓鱼者“科学地”钓鱼。它可以扫描水面下的鱼，计算出需要何种饵料，以及钓竿的力量。（1985）

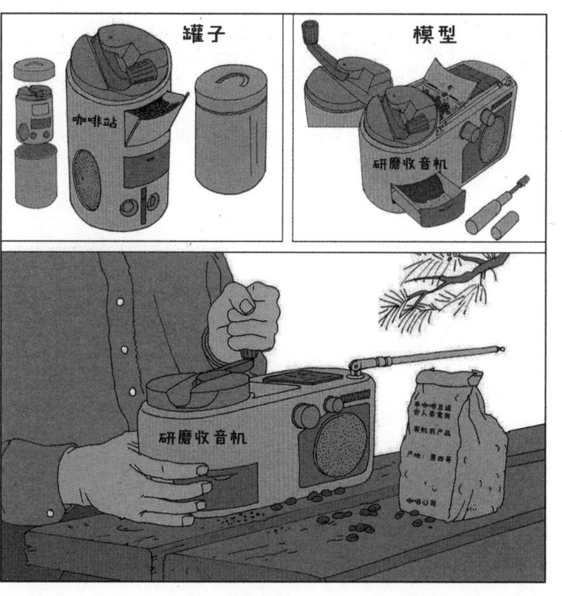

研磨收音机：这件产品结合了发条收音机和咖啡豆研磨机，对喜欢在森林中一边享受现磨咖啡一边听收音机的野营者来说，不失为完美的选择。（2005）

伞帐篷：世界上再没有比这更容易支起来的帐篷了。如果你可以撑开一把雨伞，你就一定可以支起这顶帐篷。在强风中，标准的雨伞可能会被吹翻，而这款帐篷正是这样打开的！（1984）

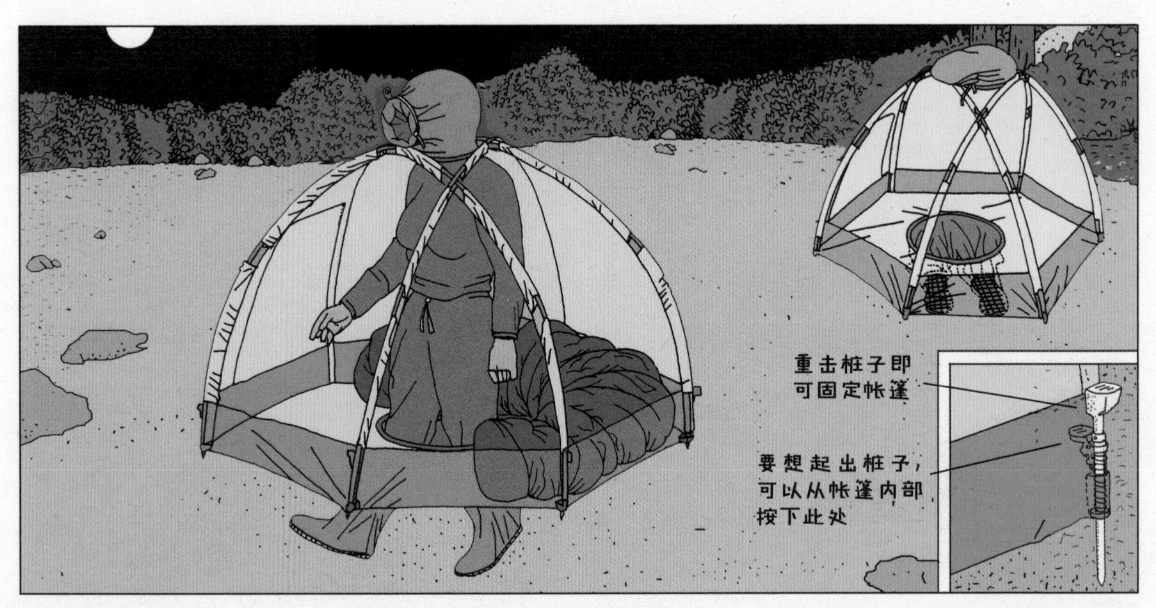

四季失眠者帐篷：夜间，如果露营者有内急，可能需要爬出睡袋、爬出帐篷，然后走到附近的灌木丛或营地的厕所里才能解决。但是有了四季失眠者帐篷，这些步骤都可以省了。这款帐篷包括一个兜帽和一双防水步行靴！（1984）

大衣帐篷：为了减轻负重，野营装备中可以使用多合一的产品。大衣帐篷既是一件厚重的大衣外套，又是一顶单人帐篷。（1984）

巨石帐篷：虽说背包客在野营途中极少遇到装备被盗的情况，但出门在外，怎么小心都不为过。这种巨石帐篷有燧石、花岗岩或砂岩材质的，可以与周遭环境融为一体。（1984）

双层帐篷：野营者选择双层帐篷上铺的原因或许是他们害怕蛇之类的爬行动物。（1984）

背包帐篷：背包帐篷将帐篷与背包的功能合二为一。使用者只需几分钟就能支起一顶帐篷。这款产品的设计为野营者提供了进入“卧室梳妆台抽屉”（背包）独一无二的机会。（1984）

帆船帐篷：如果一个人决定在定期涨水的溪谷或河流的下游支起一顶帐篷，那么他需要一顶帆船帐篷。这样一来，涨水的时候他就不必担心了！（1984）

充气式帐篷：这种帐篷用可充气支柱替代了铝撑杆。使用配备的脚踏气筒便可以在几分钟之内将帐篷支起来。（2016）

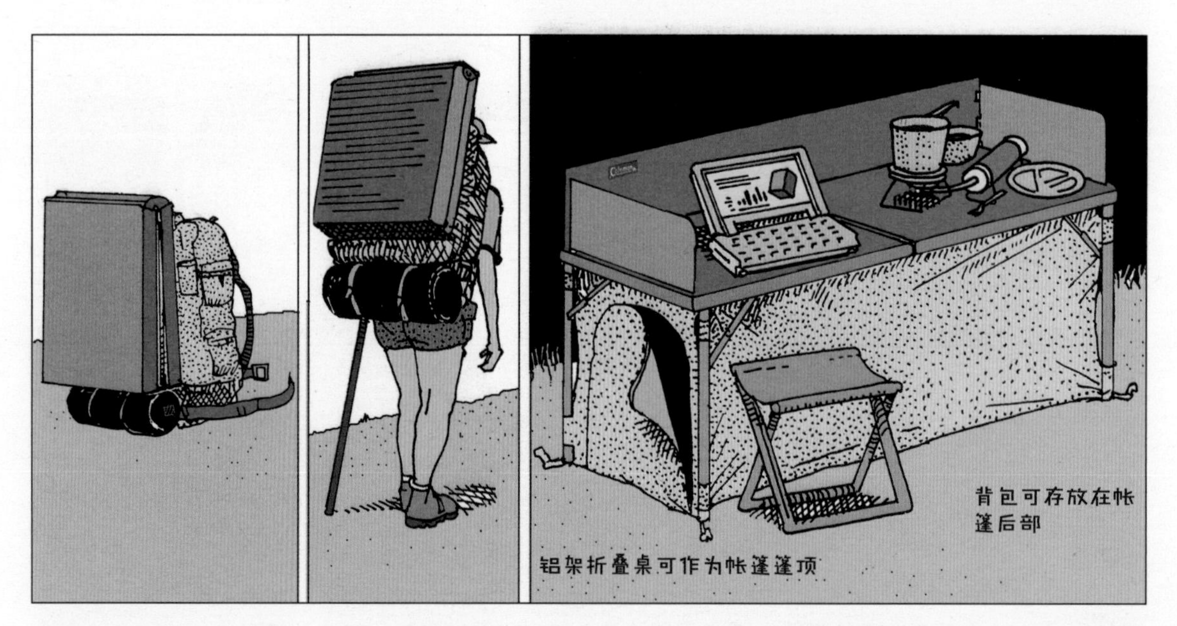

便携式办公室：近年来，毕业于美国军队“一技之长”项目的电子教育毕业生和社区大学计算机系毕业生可能会像无家可归的流浪者一样在街上游荡。他们虽然掌握着一些谋生技能，却找不到工作，也没有落脚的地方，只好随身携带可为之提供住处的工作站。（1991）

空中露营：新一代的露营者不仅对新鲜的露营体验有要求，对娱乐性的要求也更高了。于是，持有空中露营特许经营执照的公司为此建起了专门的场地和设施。只要交了留宿费，露营者就可以使用其中一个平台，在1000英尺（约305米）高的峡谷中升升降降。（1991）

露营公寓：这些建筑旨在让敏感的森林地区免受土壤被轧实和地被植物遭破坏的影响。直接睡在裸露的地面上在这里是禁止的。（1991）

露营金字塔：有了这些塔型建筑，露营者既能享受户外生活的乐趣，又能舒适地住在像洞穴一样的房间里。塔的每一层都有水泥地面、火炉和围栏。（1991）

小狗帐篷：最初的小狗帐篷是19世纪初为行军打仗而设计的，后来该设计为童子军所用。图中这款新型小狗帐篷以它的口鼻入口、眼睛和斑点形成了一种视觉上的双关语。不过一旦孩子们长大了，他们往往会拒绝爬进这种看起来有些幼稚的小狗帐篷和睡袋里！（1983—2012）

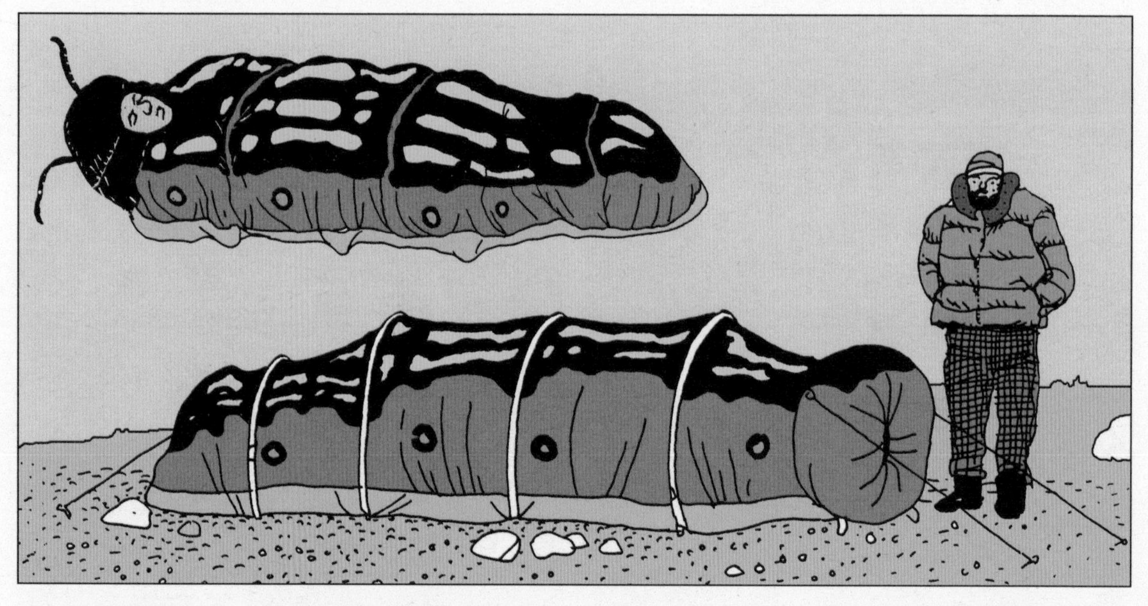

毛毛虫山野帐篷：当你在高海拔的露营地感觉自己快要冻死的时候，你会失去你的幽默感吗？毛毛虫山野帐篷就是为那些能够欣赏奇思妙想的成熟登山者设计的。（1984）

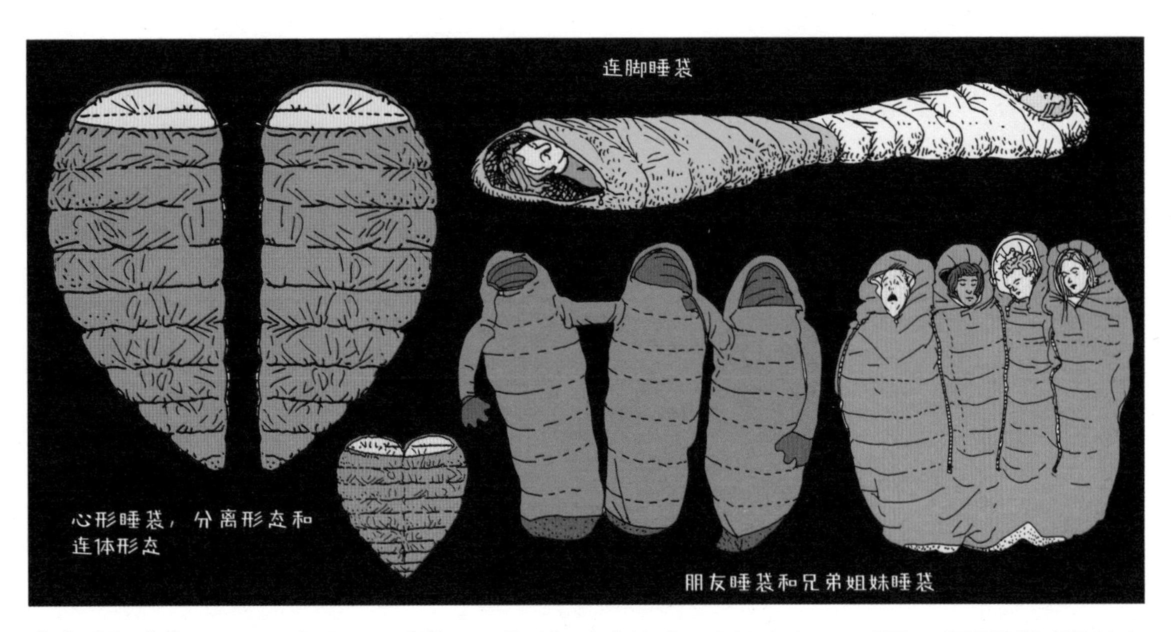

亲密无间睡袋：目前，有些矩形睡袋可以通过拉链连接成一个较大的双人睡袋。亲密无间睡袋旨在供两人及多人使用。心形睡袋适合尚未考虑分手或离婚、依然你侬我侬的情侣或夫妻。（1984）

冥想者山野睡袋：此款睡袋是为了那些喜欢在夜间冥想，却难以在寒冷的天气中裹着标准的木乃伊式睡袋保持莲花坐姿势的露营者而设计的。（1984）

幼童睡袋：鼻涕虫、臭虫和小丑睡袋都是为年纪非常小的露营者设计的。不过随着孩子一天天成长，他们很快就睡不下这些睡袋了。（2010）

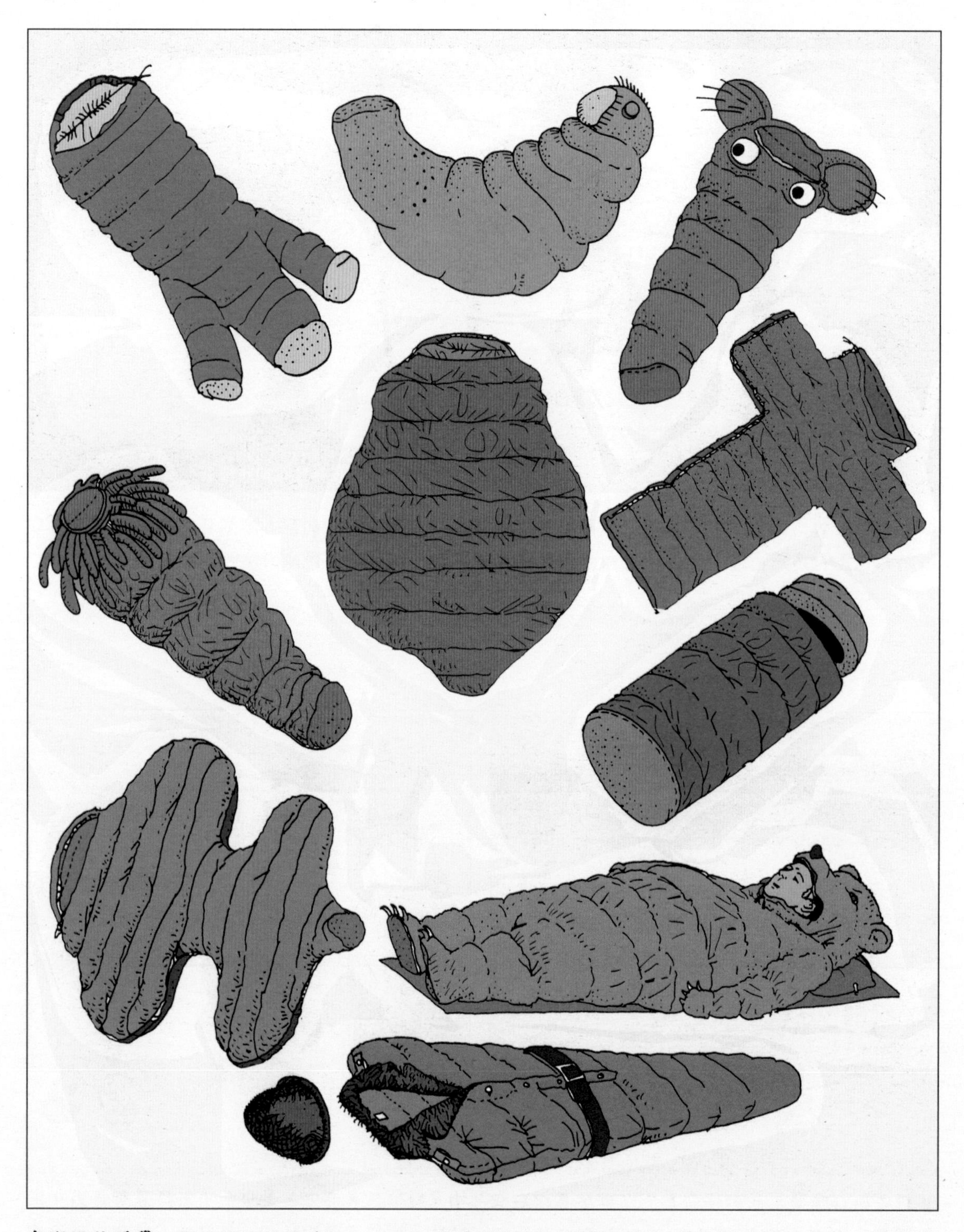

奇形怪状睡袋：图中这些外观有趣、功能性却有所欠缺的睡袋对正经背包客来说并非一个好的选择。木乃伊式睡袋应该能够提供温暖、舒适的睡眠环境，而且质量非常轻。腿部空间、压缩率和透气性也是大家挑选合适睡袋时应该考虑的因素。（1984）

让人联想到爬行动物和海怪的睡袋： 从来没有人研究过，睡在鳄鱼或者章鱼木乃伊式睡袋中会对孩子的精神世界造成什么样的影响。我们也不清楚孩子会觉得这样是有趣或好玩儿的，还是正相反，他们会觉得很可怕？（1984/2015）

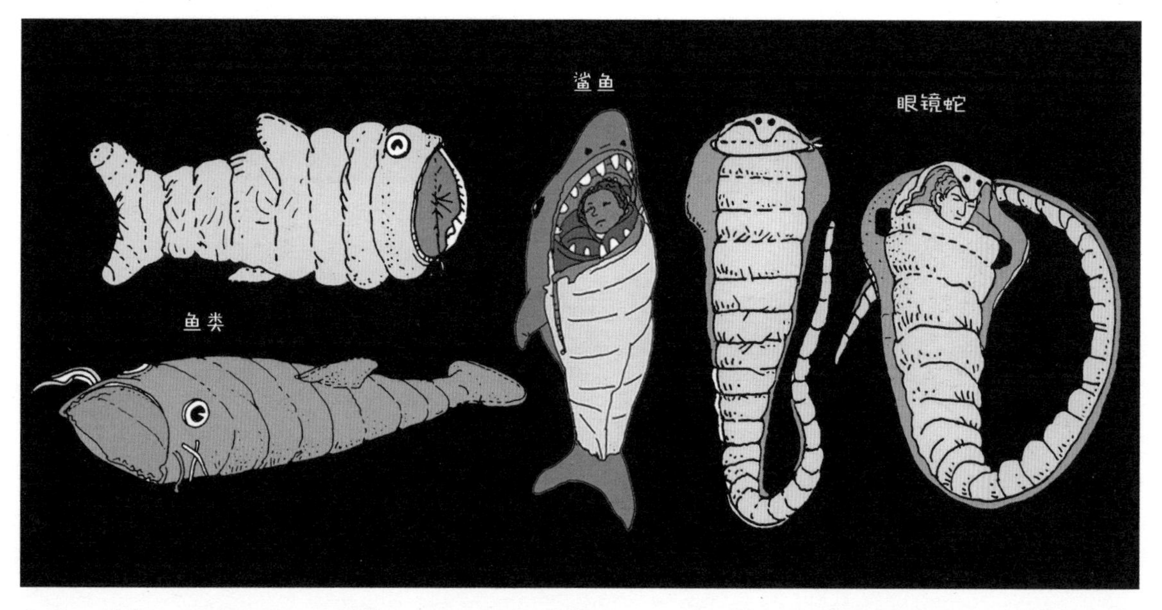

鱼类、鲨鱼和眼镜蛇木乃伊睡袋： 谁得到的乐趣最多——是为孩子设计这些滑稽搞笑的玩具和衣物的设计师，还是使用这些产品的孩子？孩子看到这些东西时欢乐的尖叫与设计师创造出它们时的喜悦完全一致吗？（1984/2010）

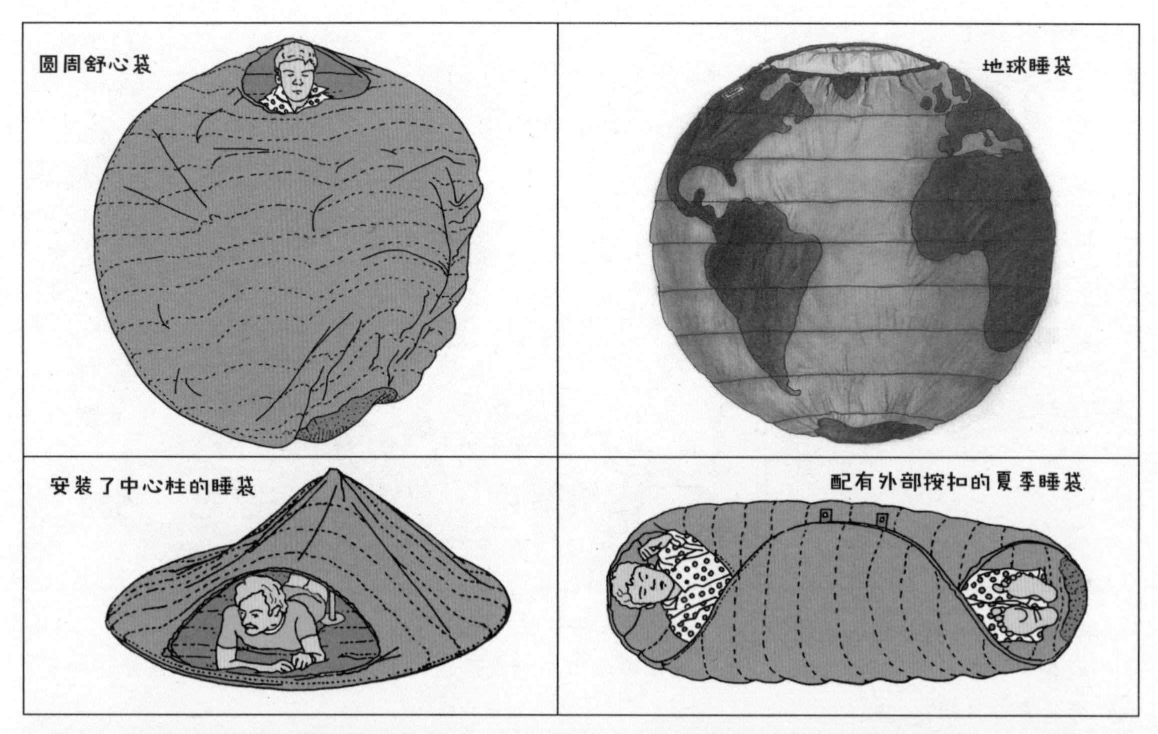

圆周舒心袋/帐篷：设计师偶尔会故意设计出他们明知很愚蠢或毫无价值的产品。而这些傻傻的设计终会找到它们的使用者和客户群。那么图中这些产品可能会是哪些客户的心头好呢？（1983）

午夜木乃伊睡袋：背包客和专业露营者都喜欢热效率高的木乃伊式睡袋，可是他们发现，一旦在那样的睡袋里拉上拉链，他们的行动就不方便了，也不容易坐起身来。这款午夜木乃伊睡袋有着退化状的鳍一样的手脚，可以让使用者笨拙而缓慢地小步移动。（1984）

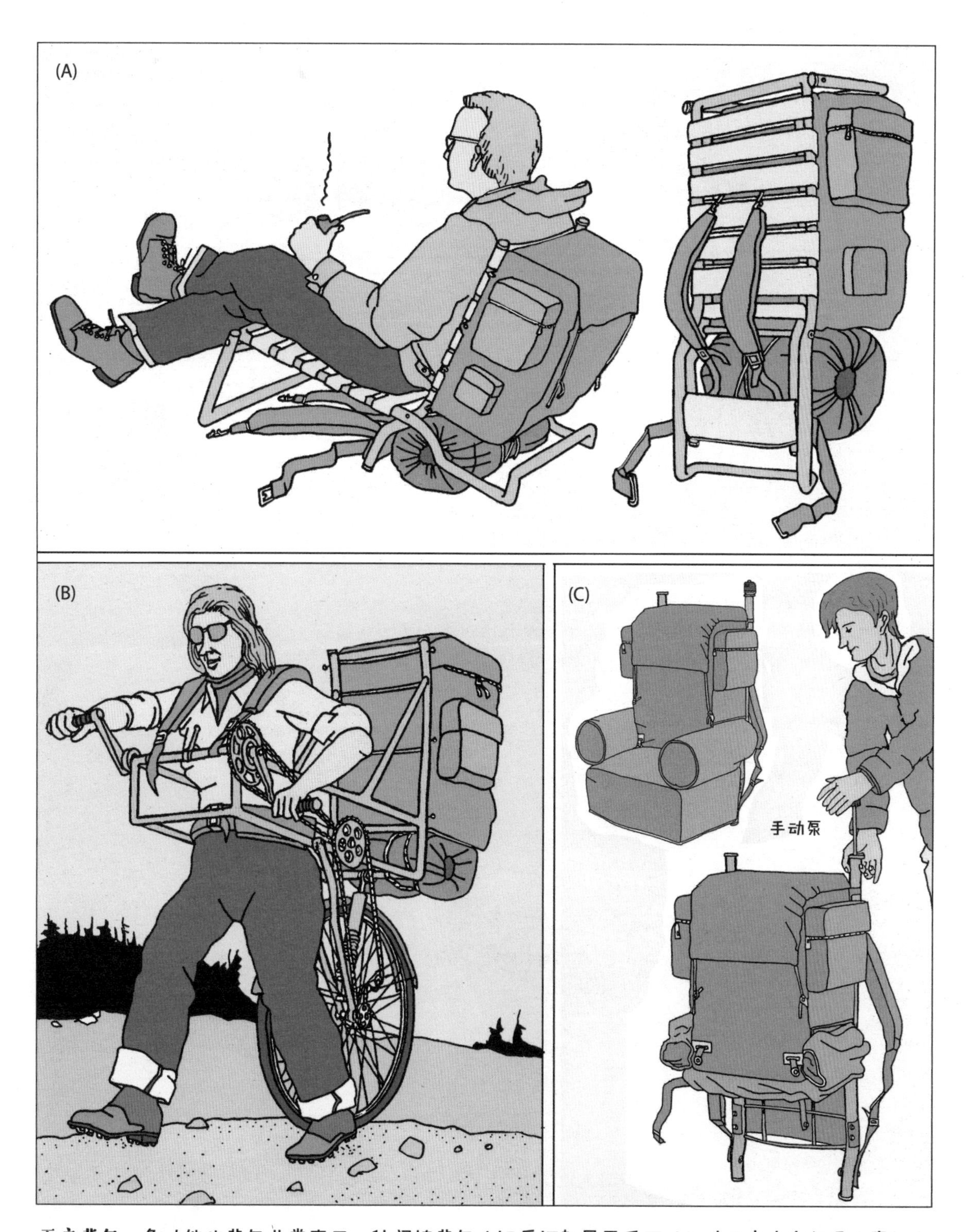

百变背包：多功能的背包非常实用。休闲椅背包的铝质框架展开后可以让使用者坐在舒适的座位上（A）；人们若使用自行车式背包，再重的行李都可以轻松携带（B）；充气椅背包将中空的铝框架改造成了一个气泵（C）。（1980）

背包旅馆：如果没有帐篷，无计可施的露营者可能只好以坐姿在背包旅馆中度过一整夜。这款背包的反光内衬可以帮助使用者保持体温。（1984）

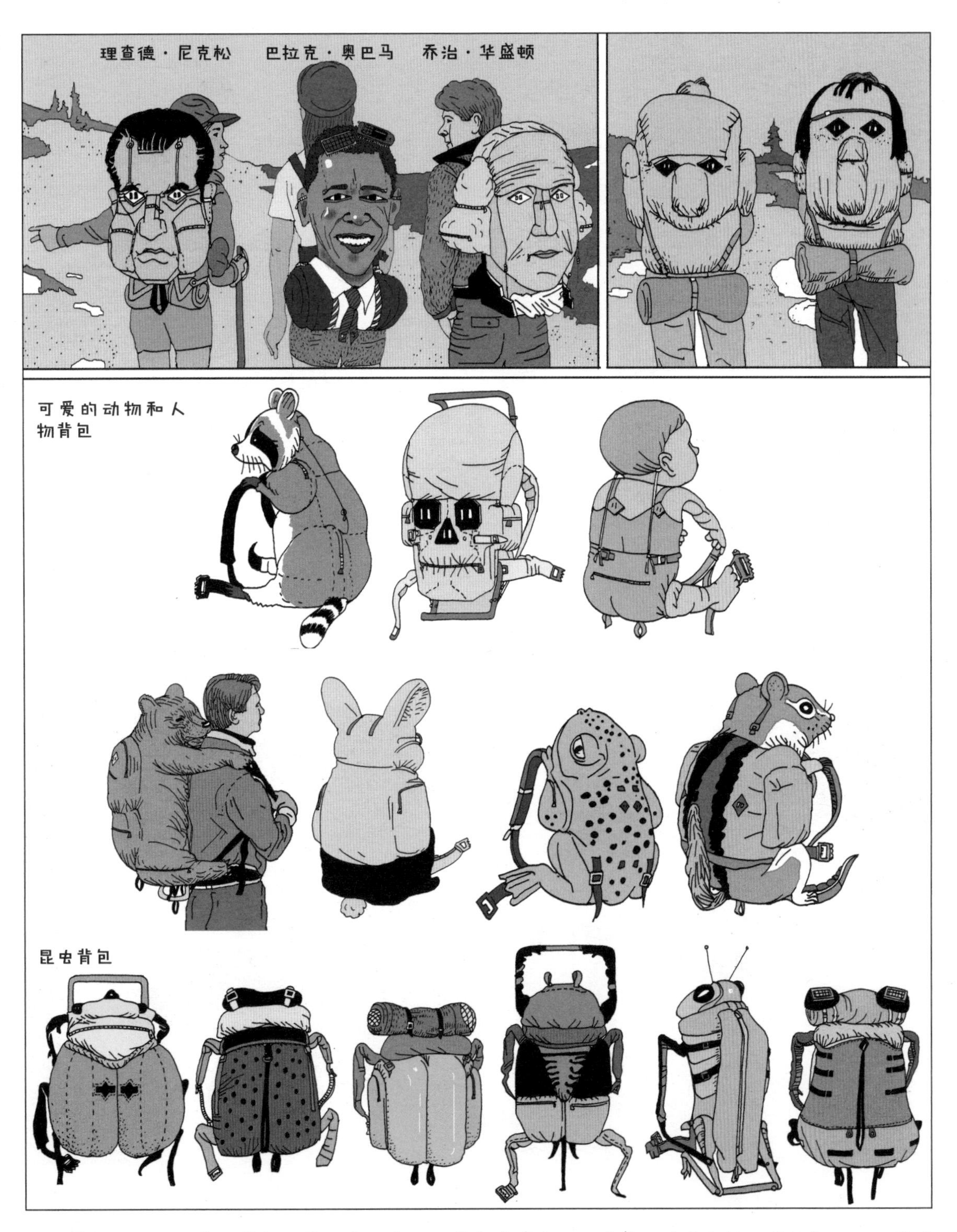

怪诞背包：不是所有的背包都看起来一本正经或者特别实用，也有一些背包被做成了名人、可爱动物和昆虫的样子。大学里的昆虫学家就很喜爱昆虫背包。（1984—2012）

运动与娱乐

为新一代而设计的新的体育运动或现有运动的变体。

半自动高尔夫球车的早期模型： 在电脑被纳入高尔夫球机之前，人们使用的是带有传送带和手杆的电力高尔夫球车，这类车还有调节力度、电力和高尔夫挥杆方向的功能。（1989）

慢跑高尔夫： 慢跑和高尔夫的一种结合。高尔夫玩家因此有机会将传统的运动服换成更轻便的跑步服；跑步的人也因此有机会一边在高尔夫球场上呼吸新鲜空气，一边增加上肢力量。高尔夫俱乐部球包由与跑道平行的自动迷你电车运送。（1991）

半自动高尔夫球机： 即使感觉不适或者提不起精神，高尔夫球手也会将半自动高尔夫机带上球场。瞄准、角度和挥杆力度都可以通过这款机器来设定。屏幕上的球童还会为球手提建议！（1989）

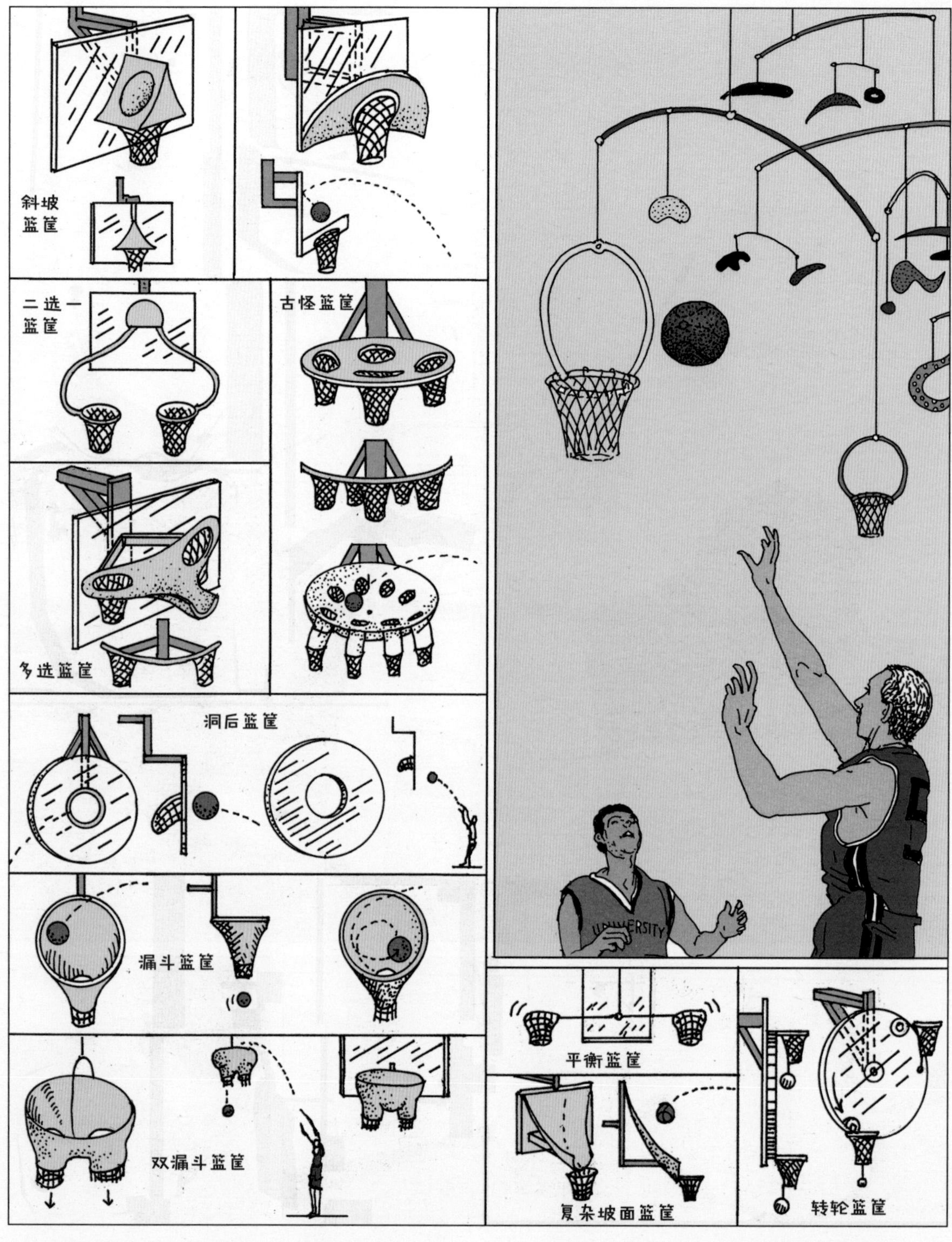

替代标准化篮筐的异形篮筐：与反常的或者复杂的篮板相连的篮筐可以缓缓交替出现在比赛过程中，这也为篮球赛带来了新挑战。（2007）

（右上图）**考尔德式动态篮筐：**这类篮筐会不断轻轻摇摆、上下晃动。这些篮筐被悬挂起来，作为艺术家亚历山大·考尔德风格动态装置的一部分。（2007）

（上图）**移动篮筐**：四个篮筐缓缓旋转，这让球员很难预测移动篮筐在空间中的实际位置。（2007）

（下图）**九头蛇超级篮筐**：一旦把篮球投入九头蛇超级篮筐中，球会落到场地上的什么位置对球员和观众来说就是未知的了。（2007）

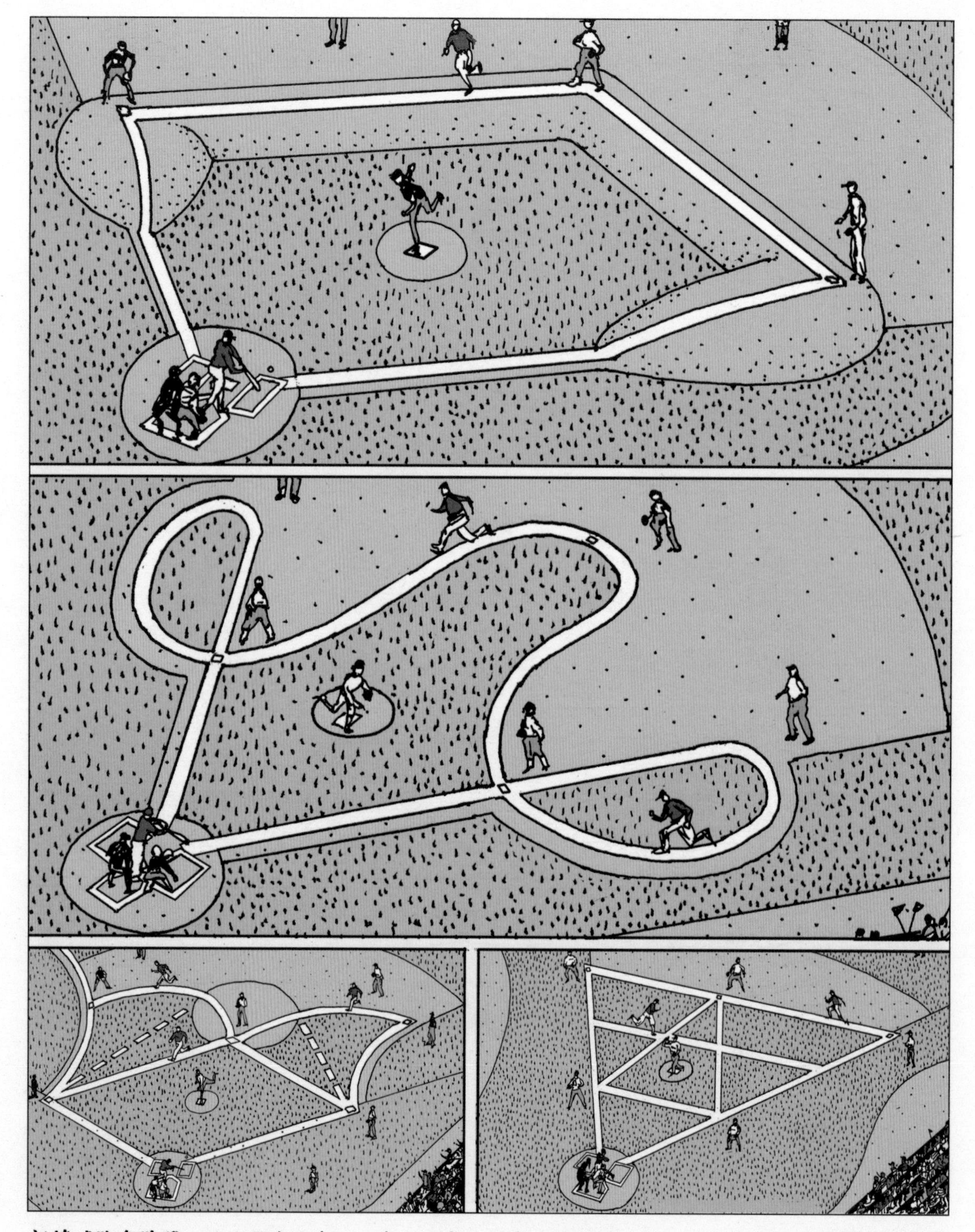

新棒球跑垒路线：这个带有本垒、一垒、二垒和三垒的棒球场的设计比一个世纪前的更标准。不过，因为我们今天繁忙的生活，大家更希望看到多样的决策路线和快速变化的赛场规则。这些各不相同的棒球场正是我们所处的这个复杂世界的真实写照。（1991）

奖分棒球：这种比赛结合了弹珠游戏和棒球运动的特点。当球员将球击入圆环或坑洞、隧道中时，他们就能得到额外的分数，比赛的分数就会疯涨。跑垒的球员如果藏在一垒或者三垒的隧道中，他们就不会被触杀出局。（1989）

摩天大楼慢跑坡道： 市中心的这种摩天大楼设有外部斜坡，它为在楼内工作的人提供了一个徒步、慢跑、抽烟或观景的户外空间。（1991）

爬楼大师： 爬楼大师是一种安全但会令人头晕目眩的运动器械，可供人在写字楼外墙上爬上爬下，在这些“眩晕笼”中锻炼身体。（1991）

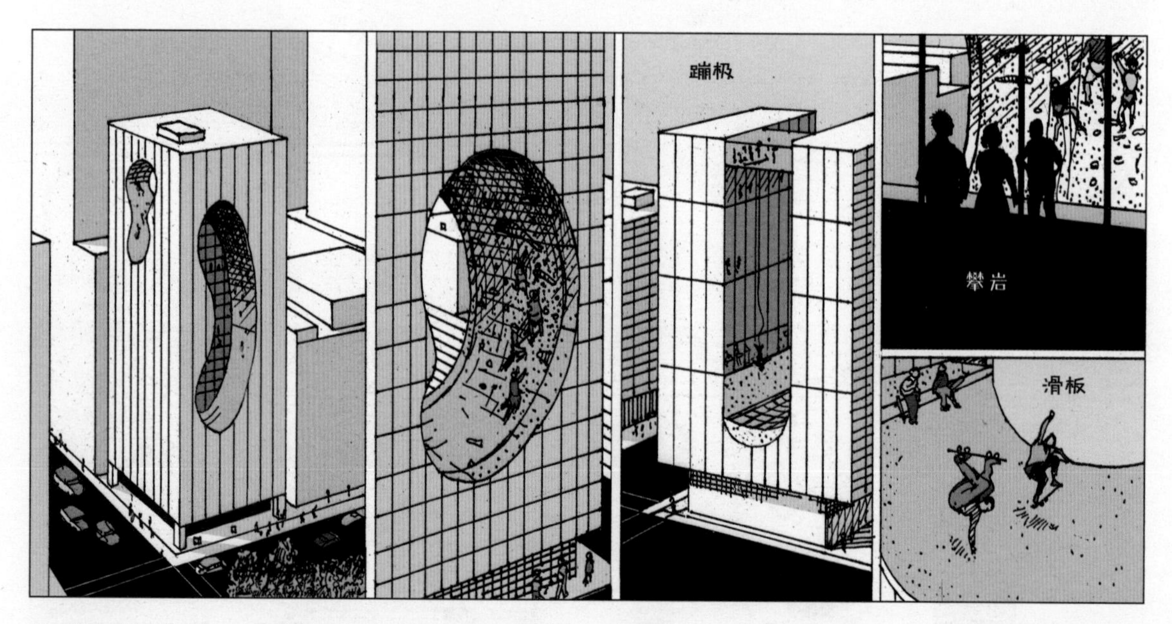

极限运动写字楼： 娱乐活动逐渐变成了一种商品，渗透到文化的方方面面。人人都希望有乐可寻！在中央商务区，一些特别的写字楼被建造出来以鼓励大家参与到如攀岩、蹦极和表演性滑板这样的极限运动中。（1991）

半自动网球机：和半自动高尔夫球机一样，这种省力的设备消除了所有与比赛相关的体力消耗，只剩下球手在球场上来回移动必须进行的心算。（2009）

电力崇拜：这是一座崇尚健康的教堂，为大家提供了一个在欢乐奋进、大汗淋漓的狂热氛围中锻炼的机会。在电力崇拜教堂的集会上，信众会在一名身材健美的祷告领袖的带领下，一边高声祈祷，一边跟着踏步机的惯常节奏做运动。（1991）

穷人与富人的住宅

美国的贫富差距日益增大，穷人发现他们根本不可能追赶上富人的生活水平。

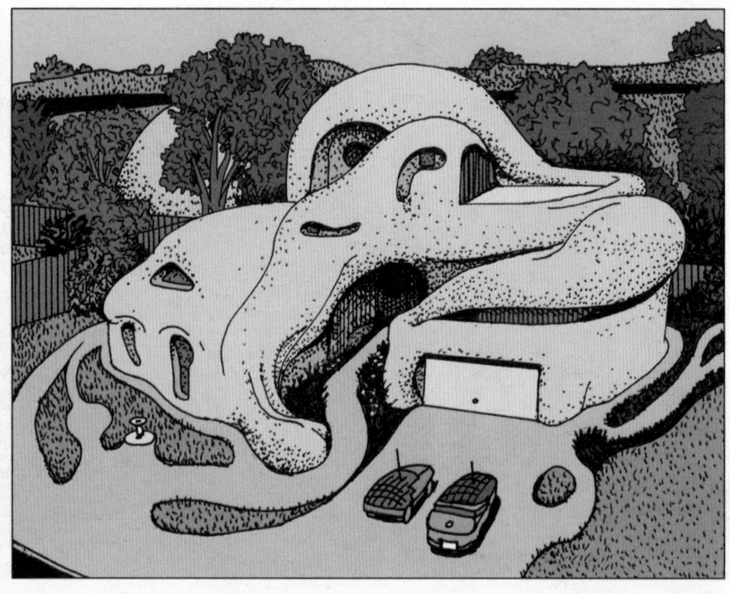

“无骨”居所：顶级富豪有钱建造独一无二的个性住宅。这栋房子没有标准的门，也几乎没有直角。住户可以通过跳或爬的方式进入房间，还可以滚落入门厅。（2007）

超大购物手推车居所：极度困窘的人也会设法勉强度日。这是一个人的移动居所——一辆特别制造的重型购物车，安装有一个小小的电动马达和一块可充电电池。（2019）

带婴儿车的购物车：购物车俨然成了美国穷人最喜欢的交通工具。人们也发明了一些功能更多的新款手推车。（2016）

杀气顶别墅：十几岁的孩子喜欢炫耀他们的鼻环、橘黄色头发和令人侧目的发型，富裕的成年人也是如此，他们通过打造在审美上令人不安甚至害怕的房顶进行社会竞争。这些奇形怪状的房顶的建造和维护成本都十分高昂，而且没有值得称道的隔热或保护功能。（1991）

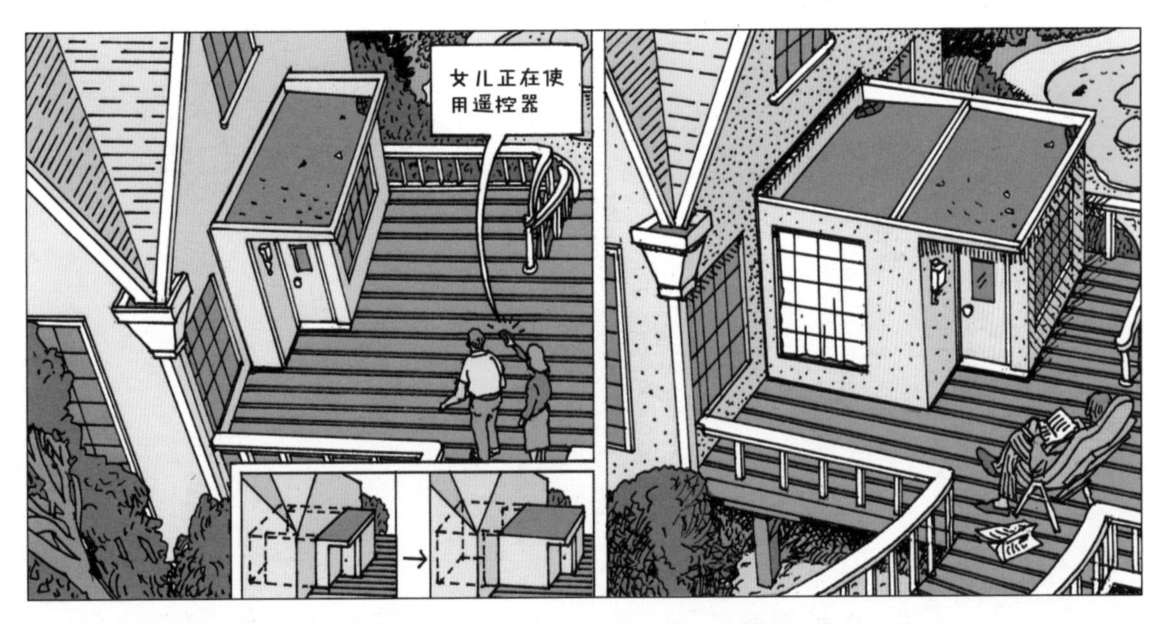

滑出式乡村小屋：房车通常会有一部分可以展开，为使用者就餐或一般生活需求提供额外的空间。滑出式乡村小屋与其类似，是装修完整、设施完备的公寓。它能通过轮子从主屋中滑出，滚动到一个经过特殊加固的露台区。这样一来，乡村的宾客和亲友无须牺牲隐私便可以享受窗外的花园美景了。（2009）

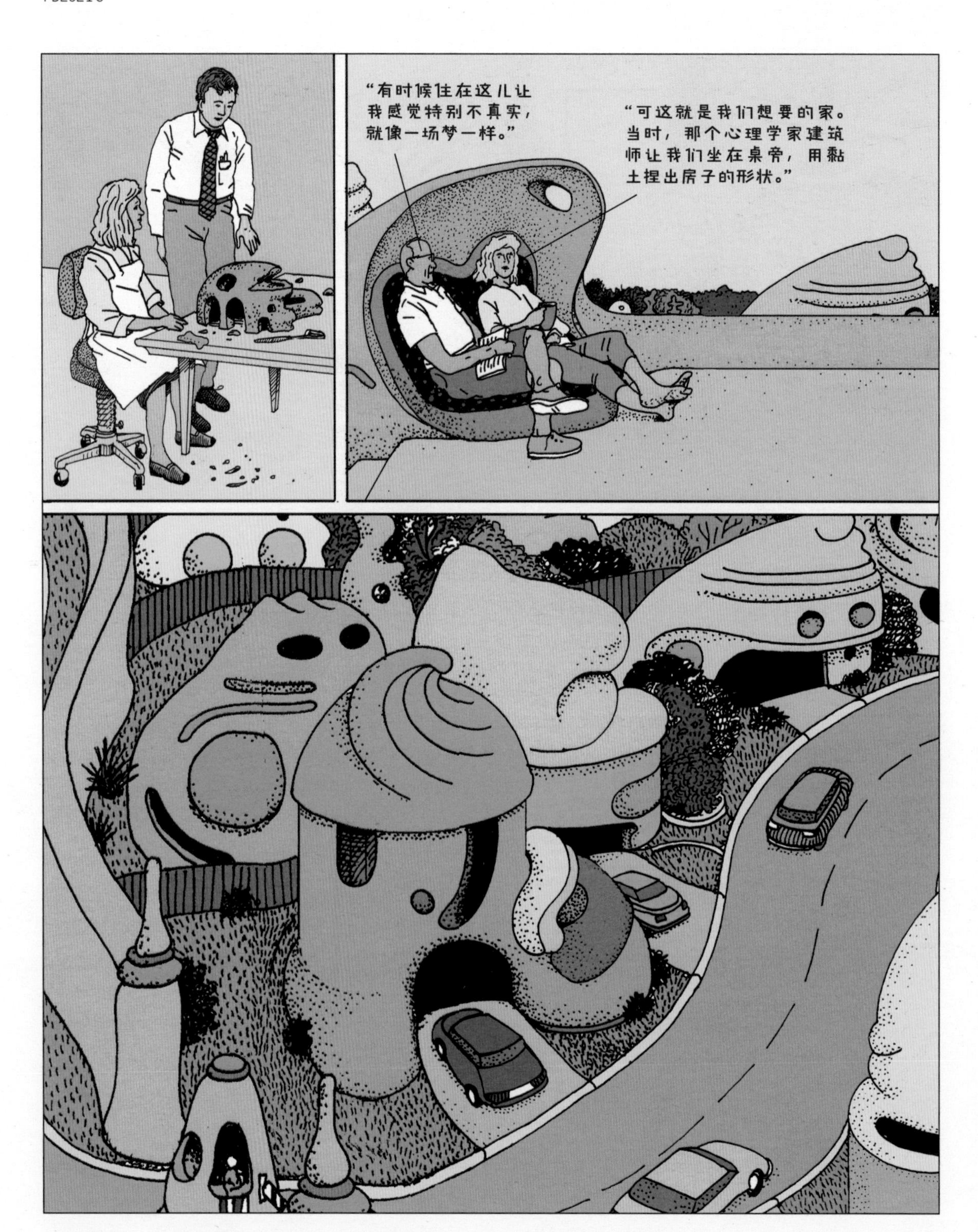

奇想之家：在建造新住宅小区时，人们通常不会利用新建筑材料的塑性。要建成这类独一无二、极富个性的建筑，设计和建造的人工成本都太高了。无论如何，天马行空之家都是一个实验性的社区；在这里，购房者的幻想可以转变为现实中的住宅。（1991）

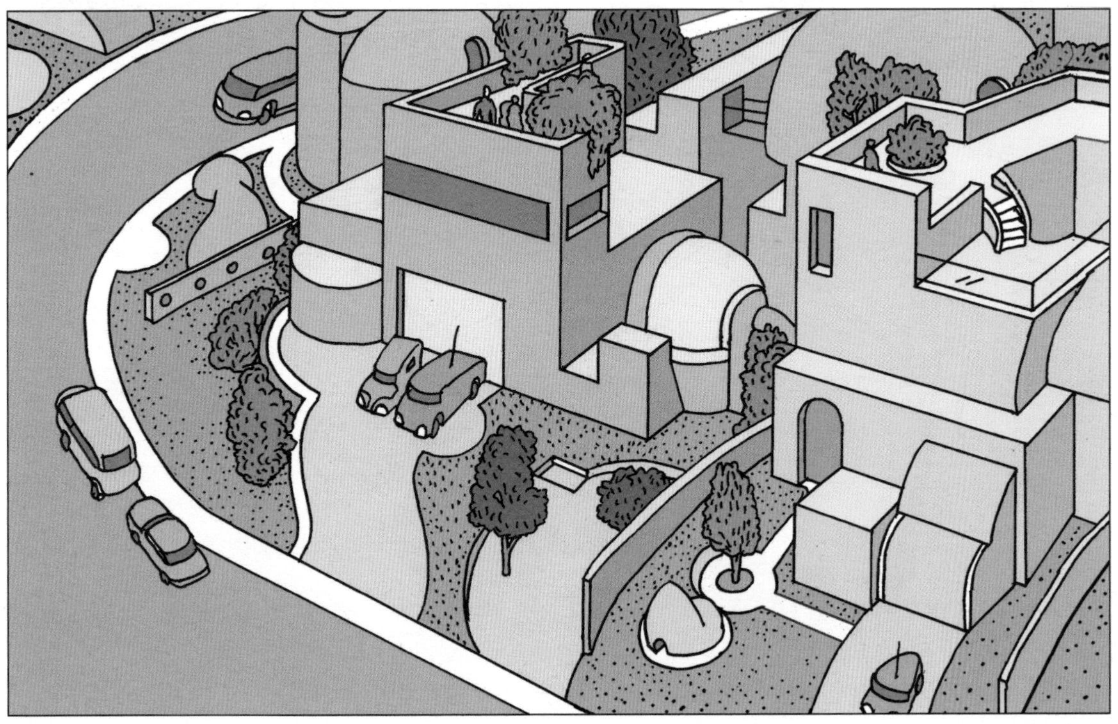

超然住宅的新概念：房屋建筑业中的人开始接受一种叫作“疯狂设计”的新潮流。这种新型的“超然”住宅被大家称为“脱离现实”的房子。在这类设计中，模块化、一致性，还有常识，统统被抛到了一边。（2020）

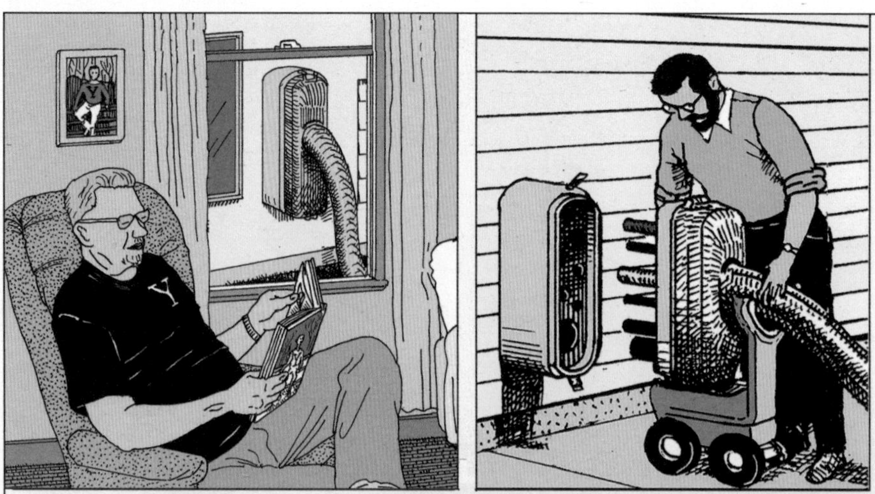

将附加屋的公共设施插头插入一种特殊住宅连接器，屋子就能实现通电、通水和排污，同时也能接通电话、连接Wi-Fi和收看电视。

附加屋：房主将附加屋与自己的房子连接上之后，只需要半个小时，一座小小的开间公寓就诞生了；它与原住宅相接，稳稳地立于地上，随时可以住人。这种屋子既可以用来收租，也可以在祖母来做客时作为招待她的屋子。（1991）

地下社区：有些美国人腼腆羞涩、神神秘秘、鬼鬼祟祟，或是担心受到法律的制裁，或是的的确确惹上了官司；因此，他们可能会选择改名换姓，在地下生活。这些单层或多层的住所不仅凉爽、安静，而且私密性极佳。（2009）

可生物降解建筑：出国旅行渐渐使人们培养出一种品味——他们开始推崇当地建筑拥有但在现代美国人的风格选择中缺失的建筑特色。“可生物降解”住宅以精心设计的茅草屋顶、树干做的梁和泥墙为特色。胶水和钉子被麻绳取代，地板则是夯实的土地。（1991）

打零工者专用假岩石屋：公园会为建造假岩石屋提供场地，方便打零工者（通常是非法移民）聚集和找工作。（2010）

克鲁马努人连锁酒店：负担不起去巴厘岛度假的美国上班族，可以选择住“克鲁马努人”这种超级原生态的连锁酒店。这里的房间中没有电器插座、没有电灯，也没有淋浴设施。住在这儿的时候要想填饱肚子，你只能磨橡子粉、生火、吃野草或捕捉一些较小的猎物。（2016）

打零工者专用假岩石屋：公园会为建造假岩石屋提供场地，方便打零工者（通常是非法移民）聚集和找工作。（2010）

门脸上下铺：法律要求大型公共建筑的业主委托建筑师对建筑正门进行改造，使其能够提供容纳人们过夜的空间。（1991）

迷你人仓库：在迷你人仓库过夜可不是什么有意思的事，因为那里的空间极为有限，只够容纳一个或两个人及他们的购物车。（1991）

地下旅馆：公园与娱乐部门和社会福利部门联手为流浪人员打造了他们需要的住宅。图中的地下宿舍又被称为“坟墓房”，建在公园地下。自动停车场也被重新设计成了免租金公寓。（1991）

安心公寓楼群：为安全起见，拘留所环境之家允许守法公民暂时或永久地在这里居住。这些小区的外观和功能都很像最高安全级别的监狱，只不过里面的“囚犯”可以自由进出，被挡在大门之外的反倒是“犯罪分子”。（1991）

县政府所在地长椅：在美国，“县政府所在地”指的是县政府总部所处的位置。每个月，你只需要花一点点钱就可以租到安全、附带邮箱的县政府所在地长椅，宣布那里是你的住宅和办公地点。生活在大自然中益处多多，不仅空气新鲜，而且来去自由。（2009）

导盲童：穷人的孩子被雇为富有盲人的向导。从这件事可以看出，美国的贫富差距有逐渐增大的趋势。（2005）

单间蜗居：美国的年轻夫妇或许有资格申请单间蜗居。这些住所占地面积非常小，由工地厕所的制造商建设。（1991）

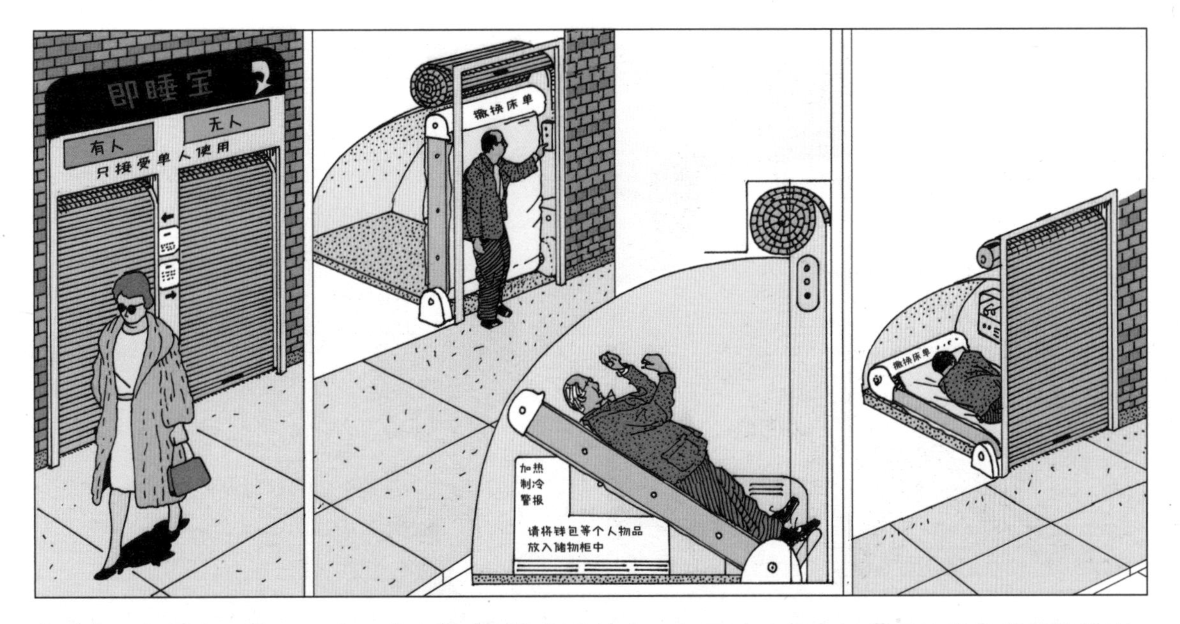

即睡宝：如果有人累了、醉了或嗑药嗑到恍惚的状态，他可以以每晚20美元的价格使用即睡宝。里面有滚动撤换式床单，只要有人躺上床，大门就会关闭。（1991）

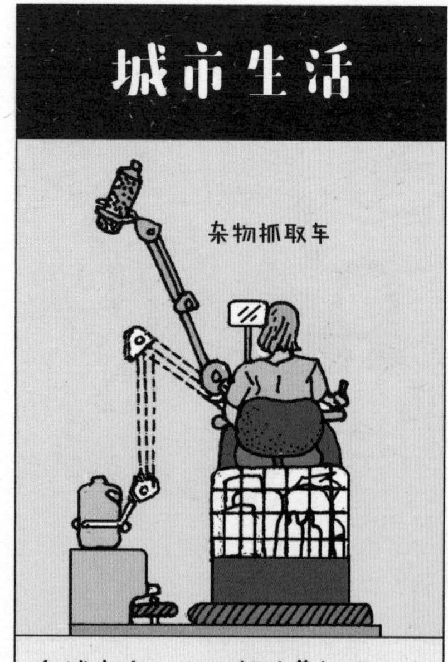

在城市中，人人都过着忙碌的生活。有的人连食物都买不起，有的人却物资过剩。

垃圾餐车：超市和餐厅后面开始出现可供人用餐的垃圾箱。这些垃圾箱有十分简易的折叠桌和座位，以“寻食觅餐”或“垃圾食品”为品牌进行销售。（2016）

购物碰碰车：娱乐型超市鼓励顾客在购物时享受健康向上的乐趣。购物碰碰车就是要让购物者尽情嬉戏、拥抱友谊。（1991）

分类垃圾桶：公共垃圾箱以政府坦然承认国家存在全国性饥饿问题的方式被重新设计。市民开始学着将可食用的垃圾放入特别的垃圾箱中。（1991）

太阳能自助烹饪店：太阳能自助烹饪店中贴出了应该如何做好烹饪后清洁工作的种种规定。店方要求使用者能用办公室提供的钥匙锁上玻璃盖。这条规定可有效避免食物失窃。(1991)

封闭系统社区：在“封闭系统”社区的入口检查站，有人会检查是否存在偷偷带入建筑壁板和贵金属的情况，还会清点可循环使用的材料。（1991）

垃圾分类之家：高消费阶层的家庭在修建住宅时也考虑到了为不同类型可回收利用的垃圾准备垃圾箱。这些垃圾箱会定期自动来到街上。（1991）

公共值勤机：在一个特别设计的住宅小区里，无人操纵的公共值勤机会沿着一条轨道一天到晚地移动。它会在每个人家的门口停下，拾起并投送邮件和包裹。它还会捡起可回收的物品、垃圾和后院的废品。（1991）

与艺术品同笼的动物：当缺少人类艺术敏感性的动物生活在到处都是艺术品的环境中时，艺术品便获得了新的意义。此外，艺术家们免除了动物园承担艺术品破损的责任。（1991）

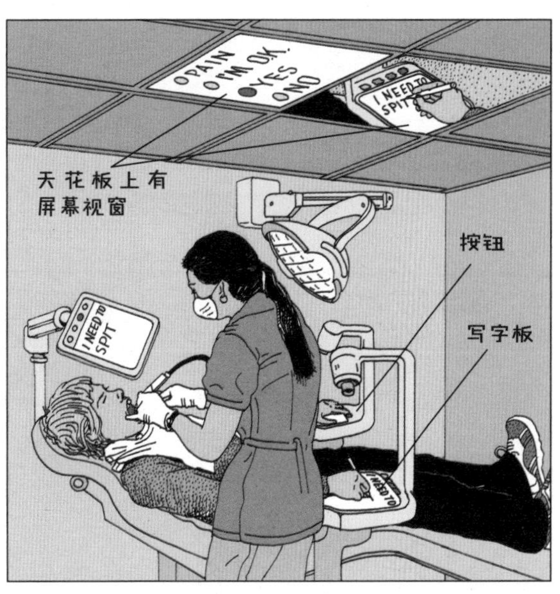

张口器会话机：有了张口器会话机，患者可以一边看牙一边"说话"。患者能在平板上写字，或者摁按钮回答问题、表达他的紧急需要。（2012）

待售垃圾：垃圾场中有越来越多的物件被人们分拣出来，循环再利用。另外，回收可修复商品，对其进行清洁并在特殊商店中售卖的生意也出现了。（1991）

虚拟购物：在视频购物超市中，顾客可以在代表真实食物和杂货的图片中挑选，然后按下虚拟现实手套上的几个按钮进行购买。（1991）

恐惧与不安

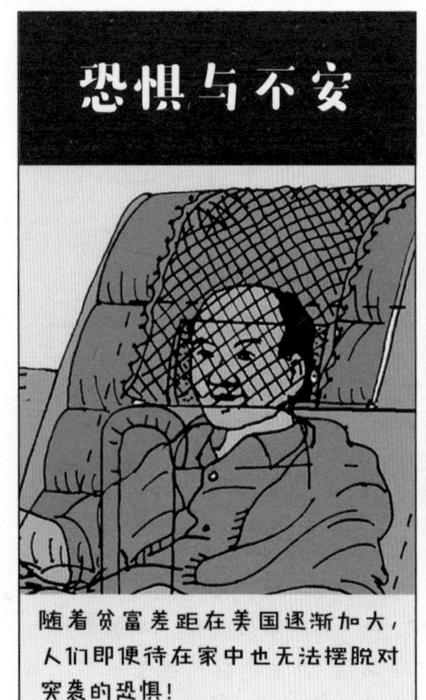

随着贫富差距在美国逐渐加大，人们即便待在家中也无法摆脱对突袭的恐惧！

门廊牢房：门廊牢房会给入侵者或推销员带来狠狠的惊吓。当门外的人试图闯进住宅时，该装置就会让假门旋转并自动倒在入侵者身上。除非警察赶来，否则牢房中的人绝对没办法逃出来。（1991）

护城河泳池：在美国西部和南部的干旱地区，因为用水限制，住宅附带的游泳池成本越来越高，也越来越不受欢迎。尽管建设新泳池的行情渐衰，但很多新住宅都设有护城河泳池。（1991）

家庭防弹：枪声会在一些居民区内引发恐慌。家庭防弹服务可以保证人们的窗玻璃和墙内填充产品起到防弹的作用。（1991）

地下卧室：要进入秘密卧室得先爬入一台假的前开门烘干机，然后沿着一条坡道滑下去。要想离开，你还要沿着那条坡道爬上去。（1991）

颠倒公寓：颠倒公寓的外观像一座倒转的金字塔。住在里面的人可以俯瞰前来敲门的推销员、传教者或罪犯。入侵者要攀上这类建筑的外墙是绝不可能的。（1991）

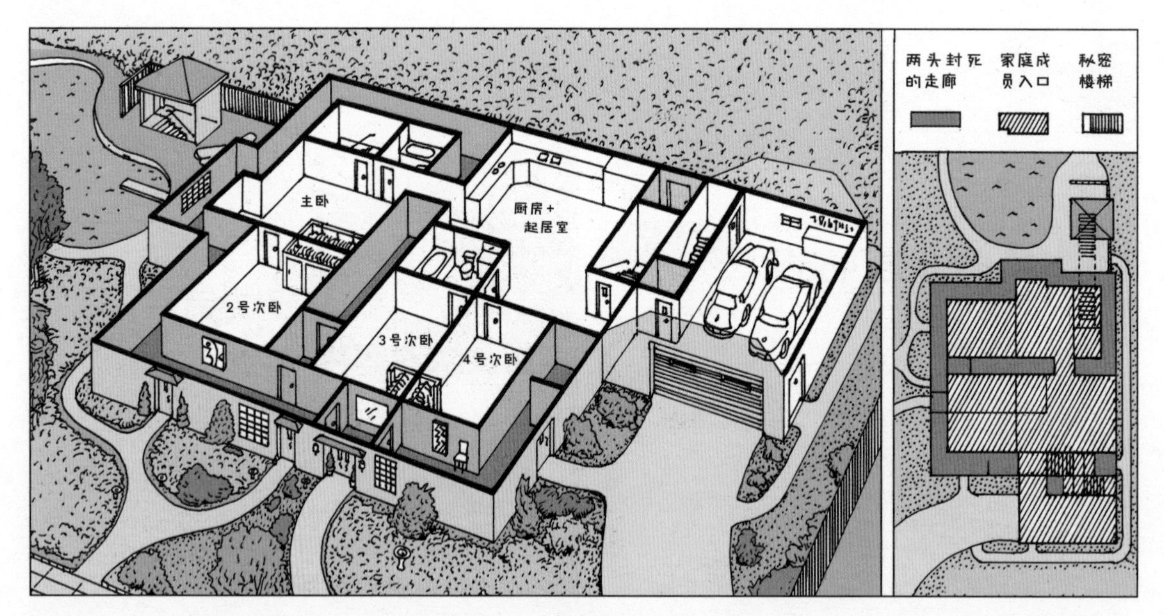

强盗劝退式宅邸：极其富有的人可能会碰上家宅遭到洗劫的麻烦。图中这类宅邸的平面图像迷宫一样，其设计旨在迷惑和劝退强盗。进入红色过道的人将无法进入真正的宅邸。（1991）

景观子宫房：如果你感觉自己与周围格格不入、状态不佳或者正处于离婚、失恋之类的阶段，你可能不想受到亲友的打扰。这时你或许可以租下这种叫作“景观子宫房”的房子，开始独居生活。你可以随意地蜷成一团，放任自己难过，然后厘清思绪。（2011）

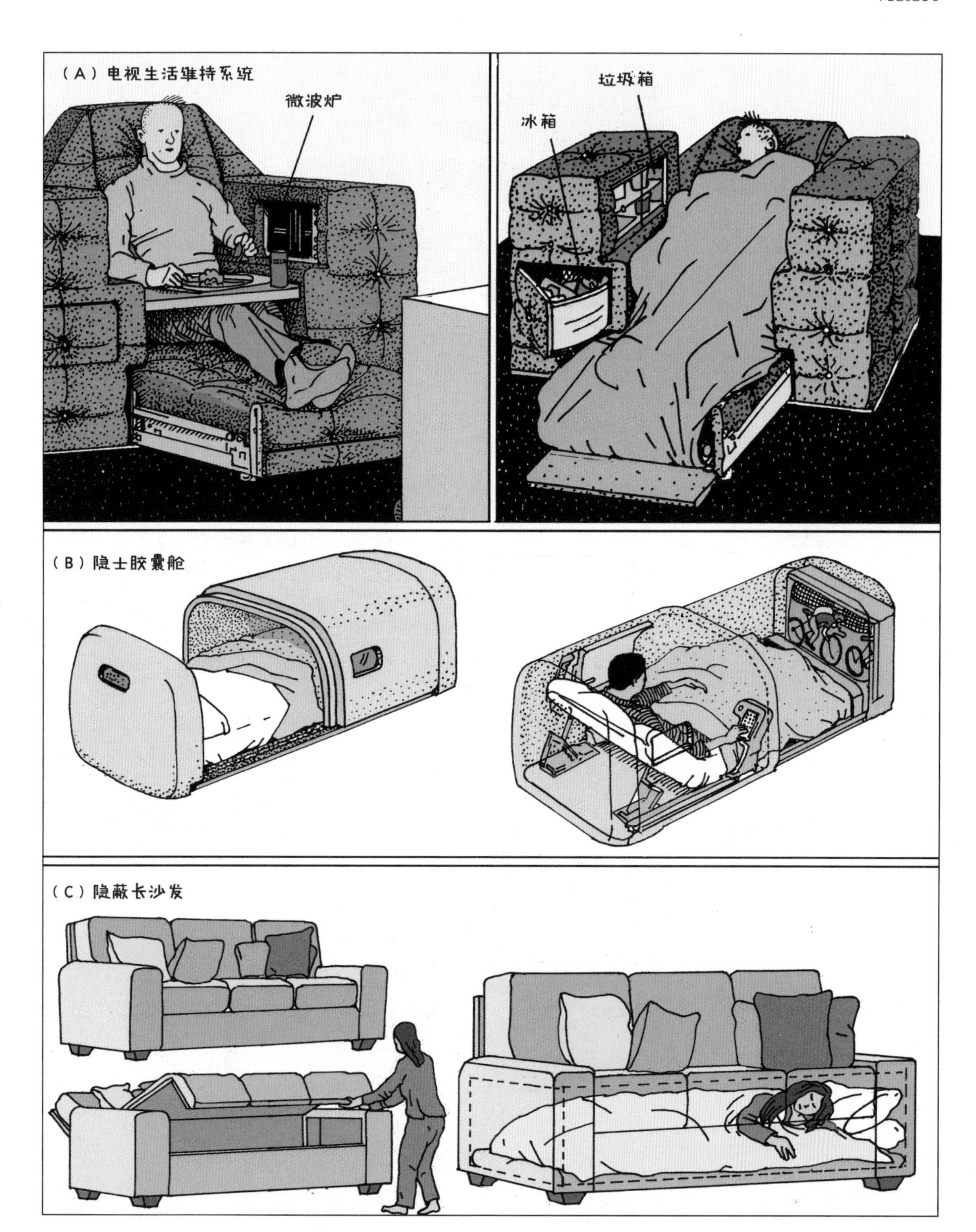

懒人/隐士家具： 你不用非得找份工作，甚至不必离开带有电视生活维持系统的房子。你完全可以在这张椅子（A）上睡到生命的尽头。隐士胶囊舱（B）与那张椅子的功能类似，此外，使用者还能在床上看电视或DVD碟片。如果你住在犯罪高发区，那么隐蔽长沙发可以让你睡得更安稳。（A）（1991）、（B）（1991）、（C）（2019）

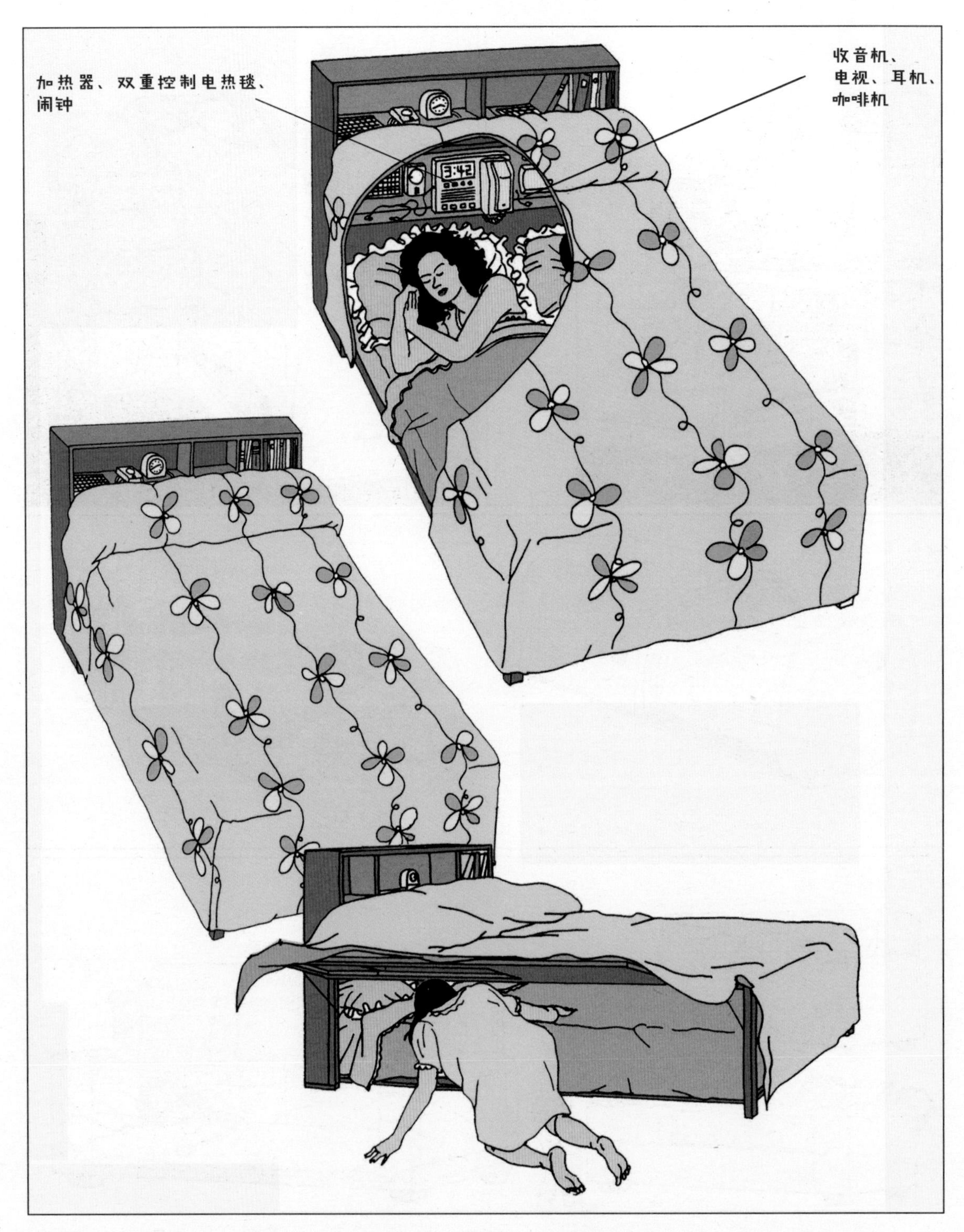

卧室床： 这张高脚床下藏着一个小小的私密“房间”。打开侧板，爬上床，没人知道你在那儿！只要你不呼吸过重、不打鼾、不说梦话、不猛地动弹身体或者翻来覆去，那么就算有人闯进你家，他也不会怀疑这张“空”床中藏着人。使用者可以通过床下的按钮或者电话报警。（1984）

内躺沙发：只要坐进内躺沙发中，你就可以松口气了，闯空门的团伙不会知道你在家的（不过警犬倒是可以发现你）。（1991）

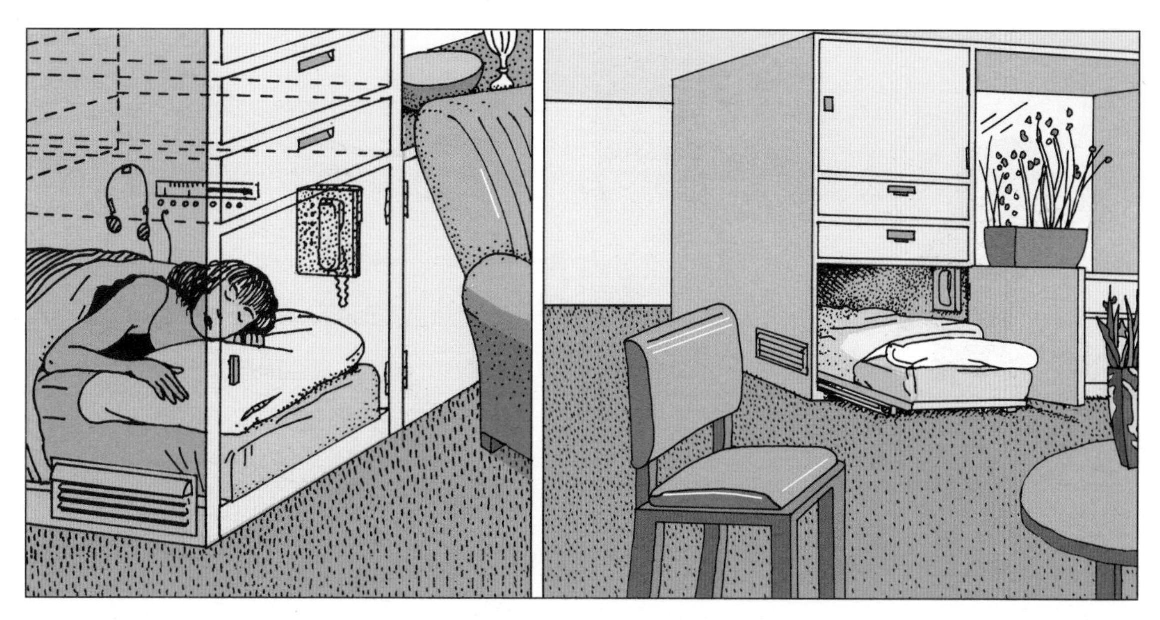

藏身八眠柜：这张密封的床置于一个起居室的斗柜中，不仅防弹，还能隔音。因此，睡在里面的人的呼吸声不会暴露其位置。此外，柜子里还隐藏着一台具备传音入密功能的电话。（1991）

手提便当盒头盔：傍晚，你从市中心的办公室走向停车场，这一路上你本该心情愉快，但由于担心突如其来的抢劫，这份好心情可能会变得像噩梦一样糟糕。若是戴上了这项手提便当盒头盔，你的安全感就会更强。（1984）

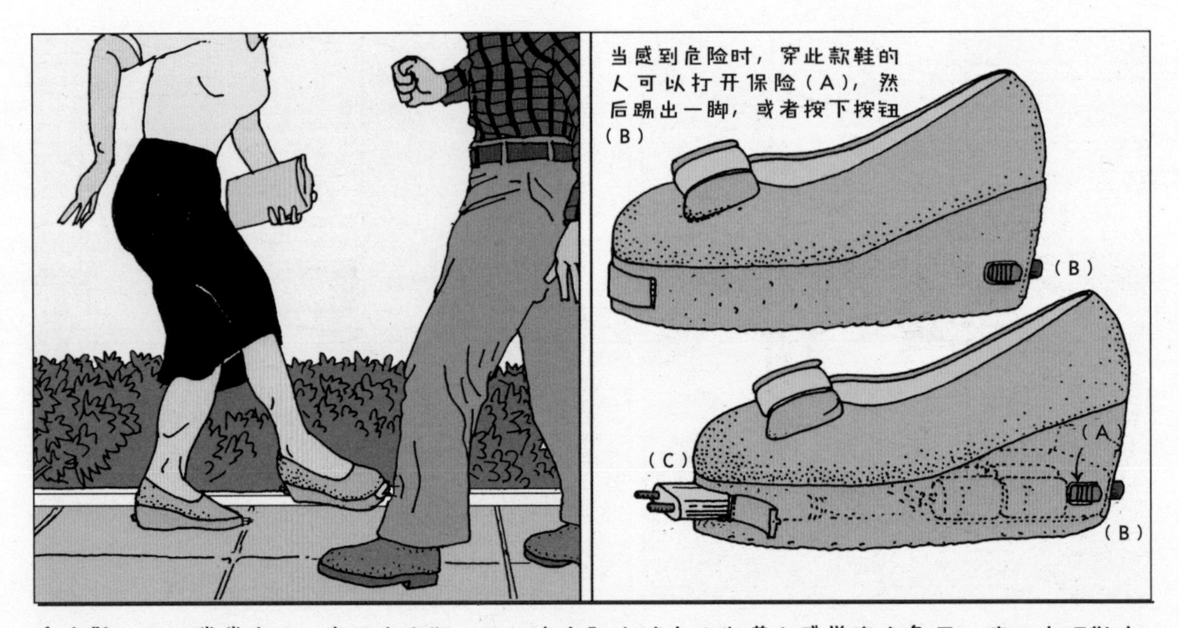

电击鞋：女性常常表示，有了电击鞋，她们走在陌生城市的街道上感觉安全多了。这双中跟鞋中埋有像电击枪一样的弹簧尖端，穿着它的人一脚踢出去，就能向潜在的袭击者放出4000伏的电流。每次使用后都需要更换鞋中的电池。（1984）

巴士盔甲：虽然夏天巴士盔甲会让人感觉闷热、汗流浃背，但它能增加穿戴者的安全感。（1991/2009）

树脂玻璃防护罩：下拉式防冲击树脂玻璃防护罩成为交通工具上的标准设施后，大家再也不怕在乘公交时被打劫了。乘客甚至可以在车上打盹儿。（1991）

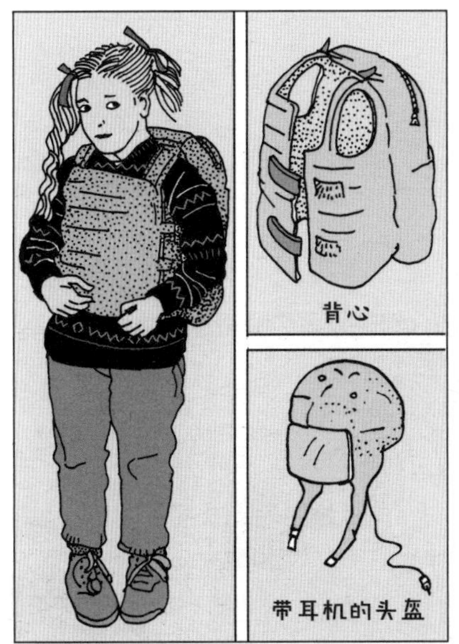

返校盔甲：学生们开始穿戴背心式书包盔甲和防弹帽返校了。（1991）

行人装备：愤怒而害怕的市民站在便道上，身着警盾和防弹衣混搭的奇怪装束。时装设计师敏锐地捕捉到了一种潮流，于是制作出了图案多样、五颜六色的盔甲。（1991）

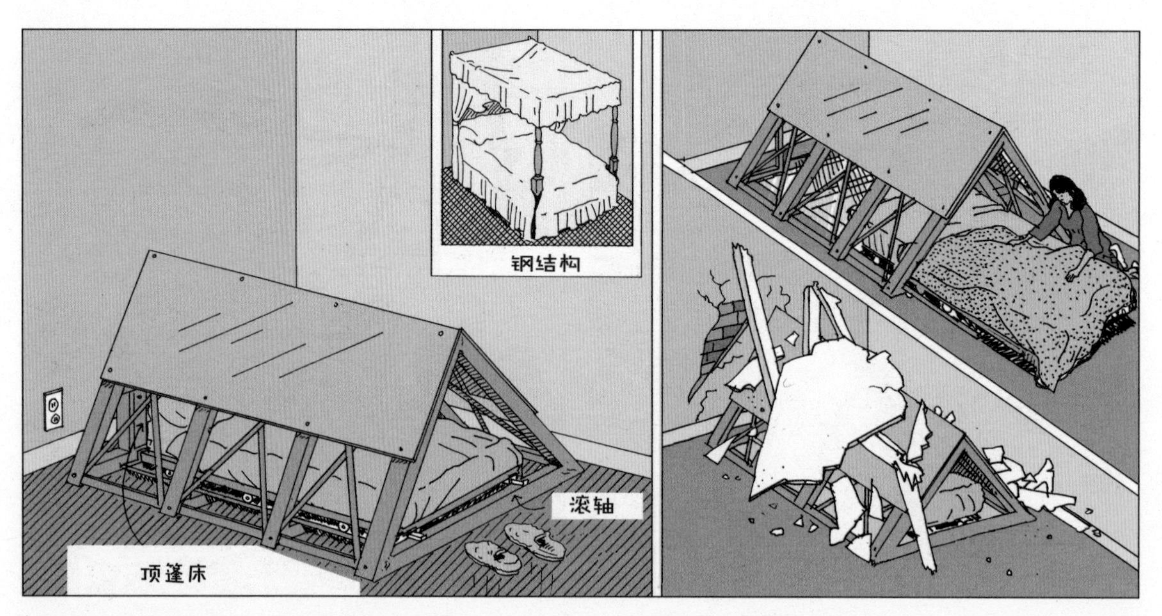

加州风格地震顶篷床： 如果你会因为担心地震导致天花板掉下来而整夜失眠，那么图中这种全钢地震顶篷床可以消除你的恐惧。（1994）

解忧家具促销： 解忧家具变得越来越流行。在展厅中，有前瞻性的买家可以看到伪嵌板、逃生舱口、隐秘走廊和秘密入口。有的家具是防弹且隔音的。终极解忧展厅中展出了极端个人隔离系统。（1992）

国土木屋：美国国土安全部在美国与加拿大和墨西哥的边界上展开了一个项目——为期两周的守望国界线无薪假期。（2006）

气候变化导致像火灾和洪水之类的自然灾害暴发越来越频繁。

浮蛋：浮蛋以锚固定在水面上。在洪水中，它的设计可以让它随着水位抬升而上浮。住在这里的人如果要去购物或者到周围转转，可以乘坐浮蛋所配的小船。（2006）

丘宅：丘宅建在土丘顶部的平地上。在严重的洪水中，车道和当地街道都会被淹没，直到洪水退去才能重见天日。这里的居民可以一览开阔水面的美景。（2006）

好景宅：为了防水，这片沿海住宅的车库门和窗户都是紧闭的。洪水退去后，居民们首先会查看地上是否留下了蛇、鳄鱼和水中各种腐败的尸体，然后便会回归他们的正常生活。（2009）

固若金汤的沼泽别墅：尽管这栋多层别墅的住户生活在海边的一片潮湿沼泽中，但他们大可放心，因为这座建筑即便被淹没，它的窗户也禁受得住水压。（2006）

温室效应塔楼：在沿海地区，购房者会选择购买温室效应塔楼。这种楼共有四层，三层的谷仓里存有一艘救生艇。在温室效应塔楼中，住户可以安全地观潮。改进版的塔楼包含一间可以在洪水暴发时在楼边升起的多功能室/车库。（1991）

防飓风宅邸：最早一大批地下住宅是在龙卷风频发的美国诸州开发出来的。这类别墅的入口是一座引人注目的、外观时尚的“可牺牲的观景台式建筑”。就算这个入口在暴风雨中倒塌，人们也可以用较低的成本重建。（1991）

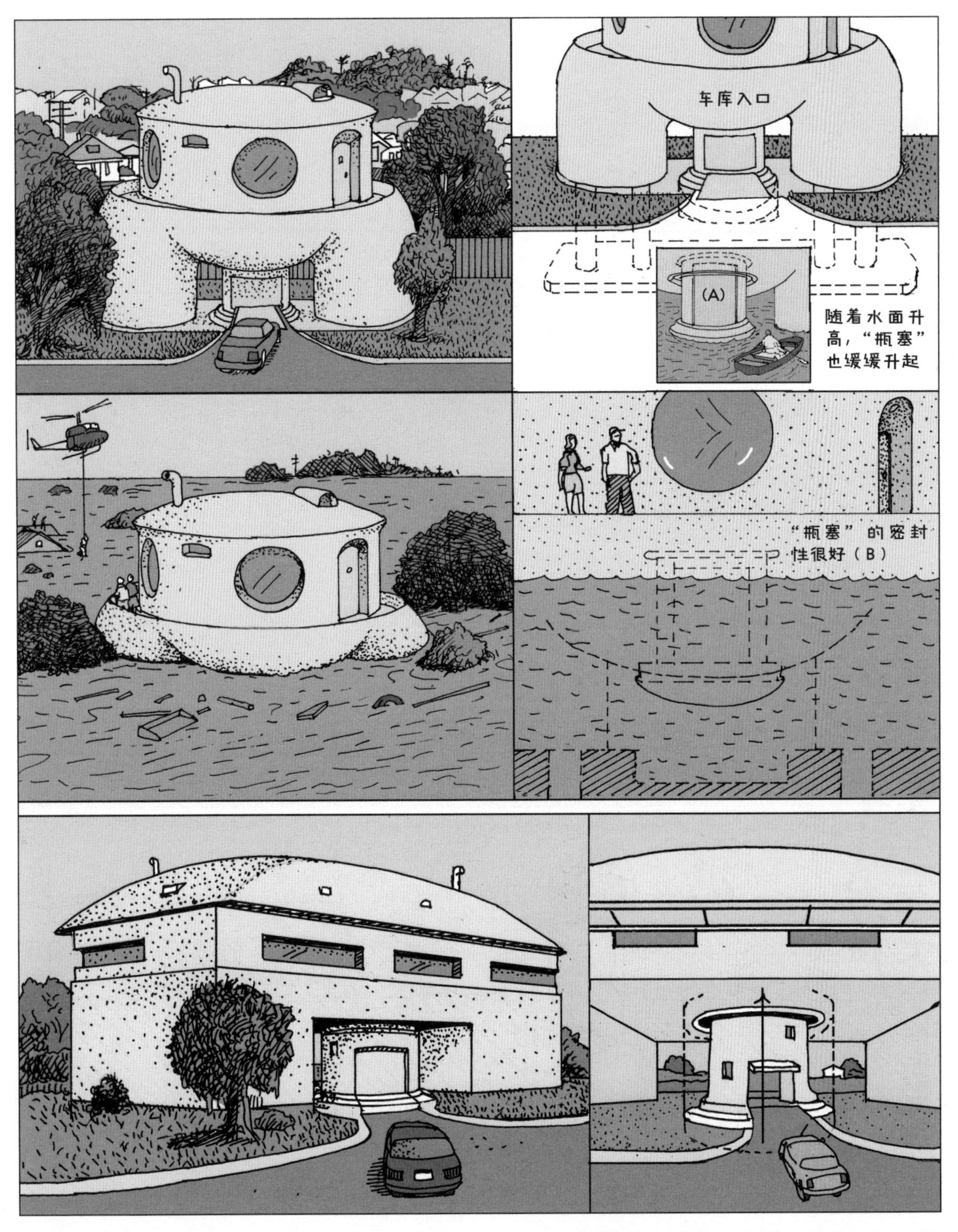

（上图）**瓶塞式自调节住宅**：洪水水位升高时，入口车库（A）便会升起，塞入住宅内部（B）。（2006）

（下图）**瓶塞式自调节写字楼**：这座建筑在洪水中的运作方式和瓶塞式自调节住宅一样。（2006）

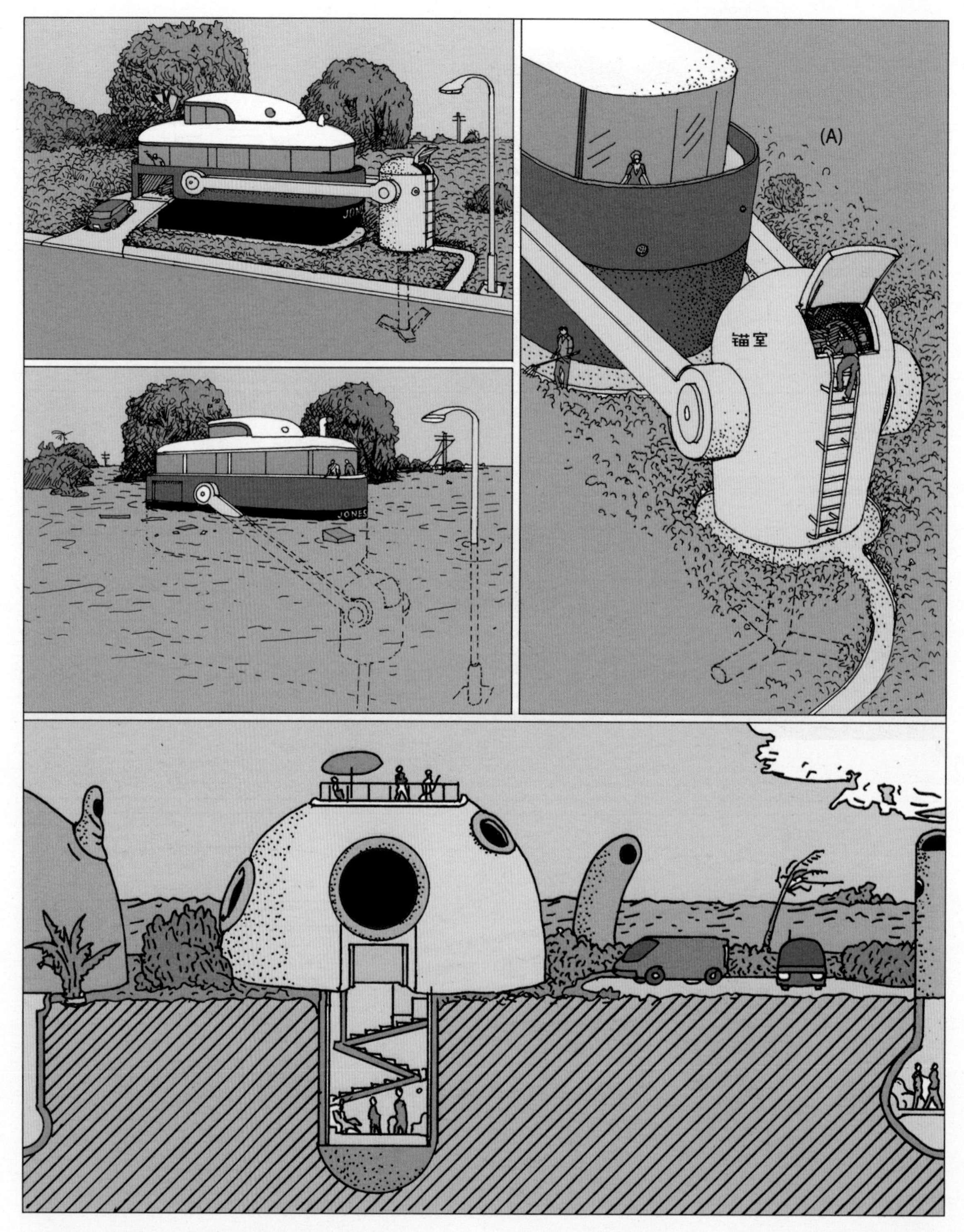

（上图）**锚楼**：锚之家把锚抛到了地基土之下。业主必须不定期地检查锚室内的齿轮。（2009）

（下图）**欢乐飓风之家**：这些设计有趣且异想天开，它们无视由飓风和潮汐引发的即将到来的洪水的危险。（2019）

套圈别墅：在洪水暴发时，套圈别墅依靠一根中央支柱浮起，同时保留通往核心设施的入口。住在这里的人可以无所畏惧地坐在露台上喝酒、赏景，等待洪水退去。（2006）

交通运输的未来正在改变

从引人莞尔的产品预测到对未来趋势富于想象力的猜测，这本书中的图画涵盖内容十分广泛。这些画创作于1972年至2020年，具体时间见句末括号内。

2019年，我从来没有想过就在几个月后，未来会一下子变得面目全非，与我曾为之想象出一幅幅场景、创造出一件件产品的那个未来大相径庭！我没有预见到一场来势汹汹的疫情会即刻引发全世界的焦虑，带来大量的死亡和严重的金融危机。

疫情暴发之前，我对汽车工业未来的推想主要集中在以下几个趋势：（a）气候变化是实实在在的，这意味着电动汽车行业会蓬勃发展；（b）年轻人，尤其是美国的年轻人，不再痴迷于汽车，不再将其视为生活的中心。尤其是现如今旅行在总体上变得越来越不重要，人们开始从拥有汽车转向依赖汽车租赁。工作和社会上的联系越来越依靠网络上的机会；（c）交通工具的款式会自然而然地演变；（d）因为（c），交通工具的使用率可能会降低；（e）“慢城”和“慢餐”潮流的兴起可能会导致一种新的趋势——人们开始喜欢上慢生活或者出现一些鼓励或迫使人们在城市地区放慢速度的城市设计。

2020年初，新冠肺炎疫情席卷全球，人们的生活模式全都变了样。因此，汽车作为人们主要出行方式的局面也正在改变。对个人而言，骑自行车或踩滑板在室内转转是可以的。于是，人们发明了电动的新型滑板式设备，还有电动自行车和摩托车。新冠肺炎病毒的蔓延加剧了交通工具总使用量的减少。关于如何隔离乘客与司机，这个问题解决起来并不容易。现在人们又多了更加频繁地为车内通风换气的需求。随着无人驾驶汽车变得越来越可靠，大家可以对无人驾驶汽车有所期待，不过这类汽车只能在高速公路和城市干道上行驶。

史蒂文·M. 约翰逊

2021年写于加利福尼亚州卡麦喀尔

汽车掌控了美国

当汽车在19世纪晚期被发明出来后，它逐渐变成了第一世界的（尤其是美国的）农民、技术人员和普通公民生活中不可或缺的工具。人人都需要拥有一辆汽车。

围绕汽车而设计的郊区：情况发生了剧变。客运汽车因其对街道、车道和车库的特殊要求而成了影响城市和郊区设计各个方面的主导因素。（1973）

高速公路扼杀了市区： 许多美国老城被分隔成一小片一小片可怜兮兮的无用街区。这些老城有时候就像被高高架起的嘈杂高速公路扼杀了一样，而高速公路正是由公路委员会带到城区中来“服务”城市的。（1972）

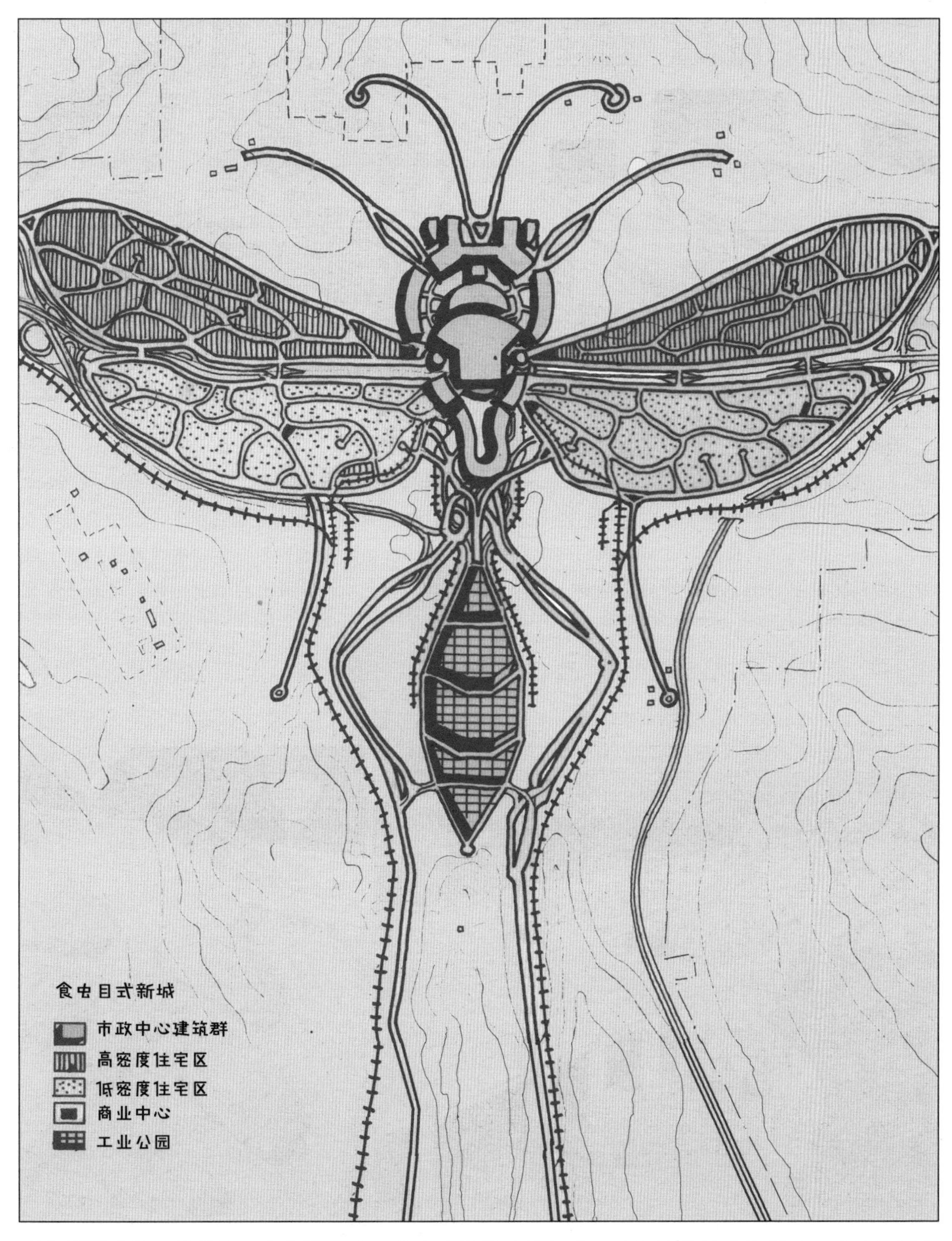

城市规划成为一种特色：大多数美国的县和市都是按照专家做的总体规划来建设的。城市规划者规划出一块块具有用地兼容性的土地，并将这些土地与当地街道、主干道和高速公路连接起来。（1973）

汽车遗弃区：越来越多的司机在堵得水泄不通的高速公路上失去了继续前进的意愿。这些遗弃区正是为了满足他们的需求而准备的。司机可以将车停下，把车钥匙交给弃车专员，有时候甚至会干脆瘫倒在人行道上。他们可能会登上一列火车，或许打电话给亲人，再或者会喝上一杯，以此来平复心情。（1991）

遗弃坡道：人们为了让高速公路上停滞的车流改道而行或转换方向做出了许多成本昂贵，有时甚至是荒唐可笑的尝试，比如说交通“遗弃坡道”。只要信号灯开始闪烁，司机就必须将车速降到5英里/时（约8千米/时），并准备沿着高速公路上一条很陡的坡道下行，回到当地的主干道上。（1991）

攀越车： 有些司机喜欢慢悠悠地开车，在车上“梦游”、唱歌或者想事情；而大多数司机是真的着急去某地！只要路上所有车都换成攀越车，那么高速公路上就是一派适者生存的景象了！（2012）

刺激出口： 作为增加收入的一种方式，州高速公路部门设计了“刺激出口”，对使用该出口的冒险爱好者收取额外费用。走该出口的司机必须通过“刺激”考核，驾照上有“刺激”字样。出口旁为观众准备了露天看台。观赏者须购票入席。

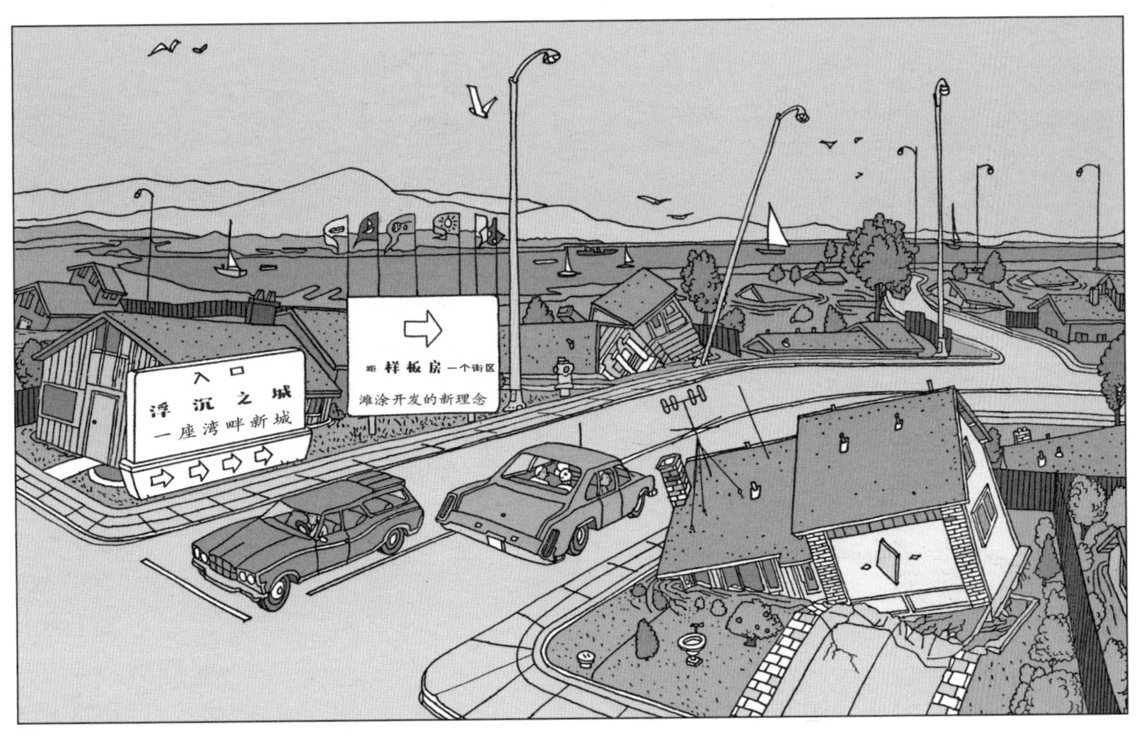

浮沉之城：人们尝试在像旧金山海湾这样的地震频发区的填海滩涂之上建造住宅林立的“睡城”。这样做简直是在赌博！（1975）

创意街道装置：美国城市开展了城区美化项目，其中包括独特的路标建筑。不过这个试验失败了，因为这些路标容易让人摸不清方向。（1990）

自然爱好者安慰式公共建筑：大自然中罕有直线。这些建筑弥补了许许多多渴望与大自然产生联系的人的失落感。（2020）

公共娱乐建筑：热心公益的交通工程师设计了外观有趣的道路和桥梁，旨在让它们在视觉上为疲惫或焦虑的旅行者分散注意力。有调查显示，大多数旅行者乘车驶上这类桥时都会感到很开心。（1989）

极度艺术化的桥梁设计：有些公共建筑的设计让人们很难不注意到它们。有的设计可能做得毫无节制，似乎想让大家将过多的关注放到艺术家的聪明才智上。（2020）

雕塑桥梁：一个邀请当地雕塑家为旧金山湾设计新桥梁的计划得到了意想不到的结果。旅行者非常喜爱这些设计，可桥梁的维护人员和油漆人员却并不喜欢它们。（2020）

“设计新金门大桥大赛”二等奖得主的作品：一位评论家写道，这是“一个脑子极不清楚的艺术家”的设计作品。一位桥梁维护经理惊呼，这座桥将“无法做涂刷，也无法做清洁”。该设计方案一直未被采纳。（2006）

“设计新金门大桥大赛”决赛入围作品：这些桥梁概念方案最终被筛掉的原因是，考虑到它们与旧金山这座世界级城市联系之紧密，它们的外观还不够“严肃”。（2006）

机动车的支持设施

机动车的发明带来了为机动车服务的需求。只要有路，使用路的欲望和机会就会随之而来。美国第一条主要高速公路刚在纽约市开通就导致了全美首次大堵车！在这些崭新缎带般的道路两侧还设有满足车辆和人们需求的用地。

被遮蔽的太浩湖美景：行驶在内华达州和加利福尼亚州之间的州道上时，可以看到成片的赌场，它们像是在告诉旅行者——你们已经来到了内华达州，这里允许赌博。（1977）

太浩湖杂乱建筑群与野性之美的鲜明对比：哪里的自然景色都不如太浩湖惊艳，因为太浩湖有着深不见底的蓝莹莹的湖水。但美丽的湖泊隐藏在了多种多样、拔地而起的商铺后面。（1977）

太浩湖附近不难找到商业用地：美丽的太浩湖海拔6000英尺（约1800米），坐落在美国加利福尼亚州和内华达州边界。在这里，你总能看到指引你去购物的路标。（1977）

坡道出口洗车：破产的州交通部为了筹集高速公路维护与建设的资金，想出了在高速坡道出口处提供洗车服务与“娱乐”的点子。（1991）

健康收费站：尽管矿石燃料已渐渐被淘汰，不再用于轿车和卡车，但收费站的工作人员在工作期间依然要呼吸汽车尾气。而在健康收费站，风扇会将废气抽走，让工作人员在满眼绿植的美丽温室中健身。（2020）

汽车污化服务站：在2020年新冠病毒的暴发夺走人们的生活乐趣之前，吉普、斯巴鲁等越野车的车主都喜欢在周末自驾到乡下，因为在那里可以驾车开过岩石、溪流或者开进沟渠。而现在，他们觉得有必要伪造越野经历，并且必须将车子开到汽车污化站去处理。（2020）

太阳能汽车（上图）： 人们可以在阳光明媚的日子里开太阳能汽车出行，再将它停在露天停车场充电，这个过程几乎没有成本。所以说这类车是短途出行的理想选择。（2020）

太阳能城市（下图）： 这座风景如画的山城对外称，这里的人均家庭及车辆安装太阳能板数是全美国最多的。（1991）

全方位服务： 几十年前，当司机把车开进一家加油站，就会有服务人员来检查引擎盖下面的液位，查看皮带是否松弛，检查胎压并为轮胎充气，然后给油箱加满油。现在，在一切都要靠自己动手的美国，这些只存在于回忆中了。（1979）

未来电动车充电站： 未来充电站是一个巨大的充电站点，旨在为靠电池驱动的电动车、高尔夫球车、割草机、电动摩托车和电动自行车服务。在这里，硕大的弧形太阳能板可以旋转着追踪太阳，为人们提供阴凉。大风天气里，这些太阳能板可以折叠成平板。（2012）

复古加油站：尚且合法且仍可驾驶的汽油动力车的车主最好去找复古加油站，因为这种加油站还可以提供老式的产品与服务。（2012）

生物燃料加油站：经改造，汽车可以靠所谓的天然燃料上路了。这些天然燃料包括麻风树、藻类、酒精和炸薯条的油脂。根据车主所选的燃料不同，车辆表现各异。（2012）

搭车客对接处：虽说几十年来搭便车都被视为不太安全的行为，但在“全美搭车客与司机委员会”成立之后，搭便车又一次在美国流行起来。委员会在签发证件之前会先查验指纹和逮捕记录。在身份核查机前，人们经过一番讨价还价，付了款，便可以得到身份核查结果。（1991）

环球汽车公司：针对汽车设计的淘汰计划受到许多消费者组织的批评。作为回应，环球汽车公司提出了“五年无须换”的保证。环球汽车站在广告中宣称他们可提供“24小时技师服务和零件替换”，而且设有“紧急候修室”。（1991）

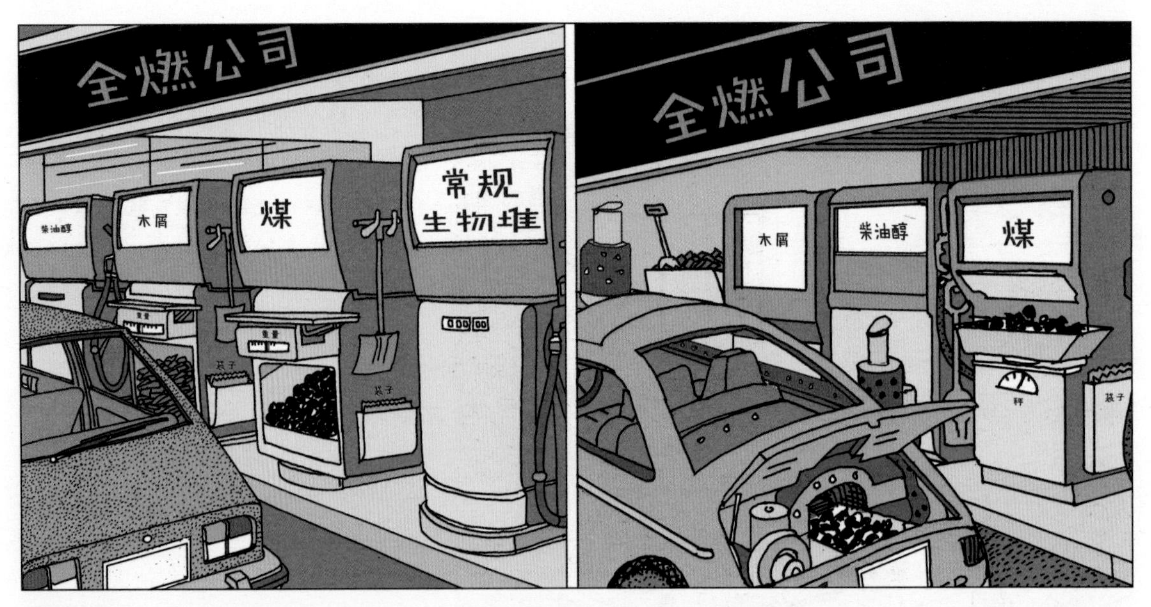

燃料天堂： 服务站开始为车主提供更多的燃料选择。汽车公司生产出了可以以木屑、煤、炸薯条的油以及其他奇怪燃料为动力的车。

上门加油服务： 虽然持续时间不长，但美国确实有这样一段时期，每个家庭都有私人的汽油管道或柴油泵。但油箱漏油、火灾和爆炸事故频发导致这个实验性服务匆匆终止。（1973）

快捷电池更换：电动车因为续航里程短而常常被人诟病。这个缺陷可能导致司机长时间待在充电站里等待蓄电池再次被充满。部分新型电动车使用的是一种模块化、符合统一行业标准的汽车蓄电池，这种电池可以在一分钟之内换好。（1991）

快餐&慢餐充能站：在美国，占总人口1%的那些富人有充足的时间吃营养食品，而且可以细嚼慢咽，有时候甚至在天黑之后也可以过这样的生活。而另外99%的美国人只能匆匆吞下低质量的食物。对于开廉价电动车的穷人，有快速充电设施；对于富人，有慢速充电设施。（2012）

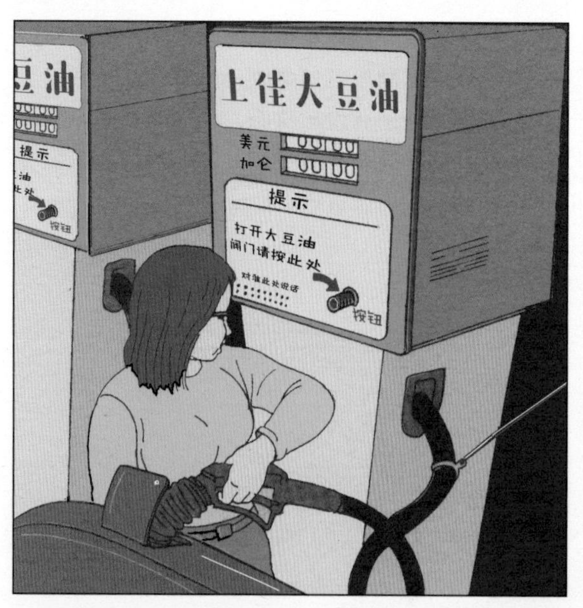

汽车经过改装可以以大豆油为燃料：引擎可以在大豆油的支持下运转起来。可是，是否有足够多的需求能引得企业家修建大豆油加油站呢？（2012）

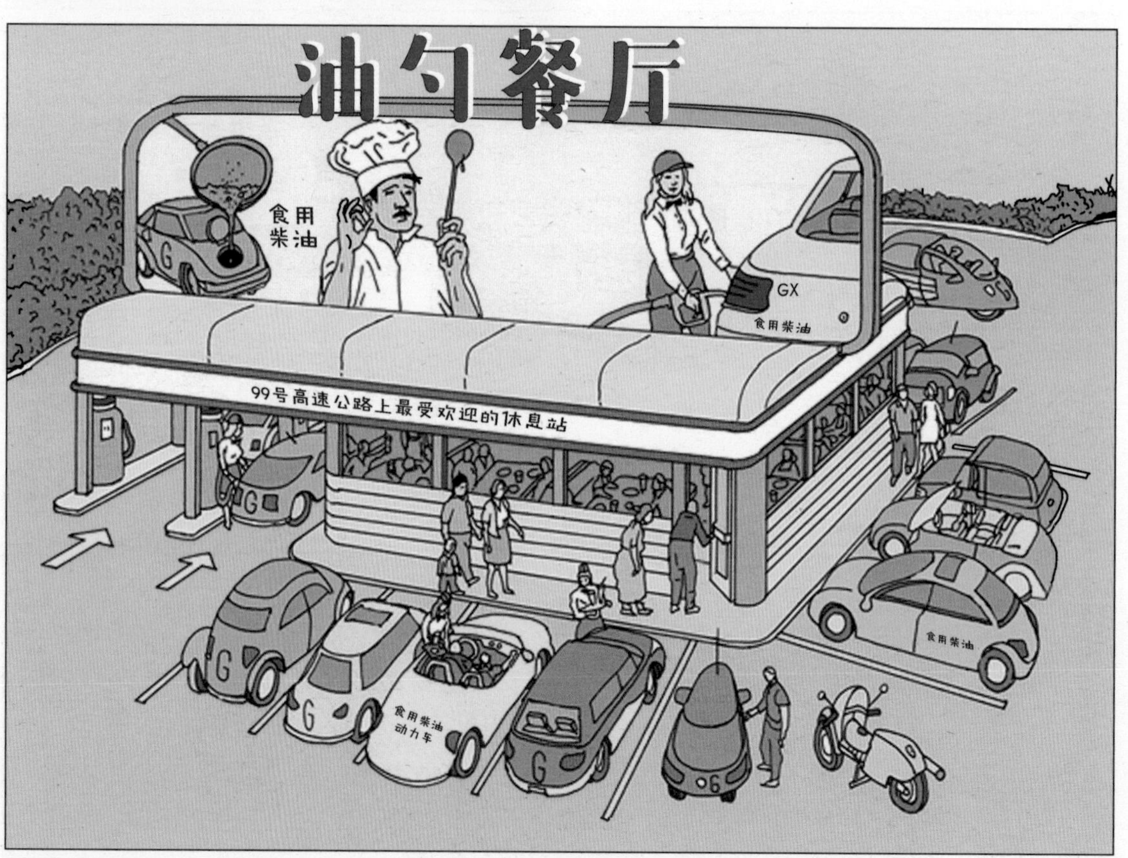

生物柴油餐厅：长期食用高油脂食物容易导致动脉栓塞。不过，对使用生物柴油的车主来说，一家出售炸薯条且能满足他们加油需求的路边快餐厅绝对是一个好去处。（2012）

猪香香连锁充电餐厅：这是颇受电动车车主欢迎的一家餐厅，他们在这里不仅能给车充电，还能享用一顿传统的高脂肪美国餐。猪香香不仅有驻店心血管科医生，还和一家汽车制造商联合设计出了带太阳能皮肤和充电插头的车。（2012）

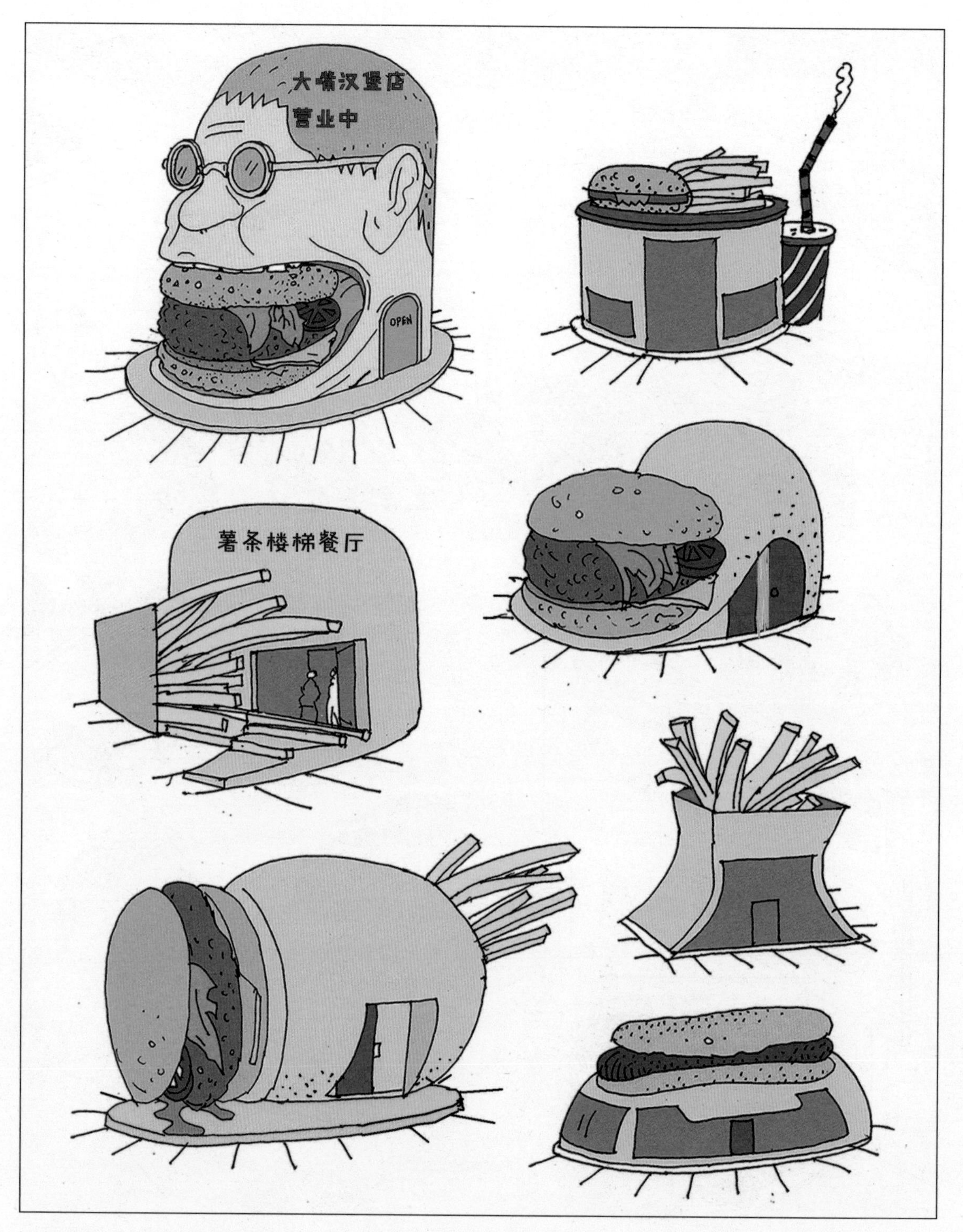

设计得天马行空的汽车快餐厅：油腻腻的汉堡包和炸薯条都是受人欢迎的快餐。只要建筑师遵循当地建设和选址的规章制度，就不会有哪条规定敢说这些汽车餐厅傻里傻气的。（2016）

方便就餐车

有些司机和乘客一上车就觉得饿。当驾驶者一边开车一边吃东西的时候，驾驶就需要一些安全保障技术。能让司机在驾驶过程中心无旁骛吃东西的复杂而有创意的系统已经被开发出来了，如汽车仪表盘上的烤箱、与消音系统相接的烤箱以及位于发动机舱或车顶的烤箱。保障车内人员在汽车行驶期间可以安全传递食物也很重要。

司机喂食器： 市场上有好几类司机喂食器。该产品旨在让司机专心看路，尽量少分心。有的喂食器只适用于液体，有的可配合司机咀嚼。每种喂食器都有其忠实的用户。（2016）

仪表盘小烤箱： 仪表盘小烤箱可以处理百吉饼、三明治和热狗等食物。无论温度高低、时间长短，什么样的烘烤都不在话下！如果食物中油脂较多，司机可以很方便地取得一次性手套。因为烤箱温度很高，待到提示烤制完成的灯亮起，取出食物时一定要小心。（2004）

汽车零食传送带： 零食传送器的型号有若干个。左图展示了第三方生产的零食传送装置。在右图中，传送机则取代了原来的汽车储物箱。传送带可以向前或向后转动。便条、果皮、食物碎屑和皱巴巴的包装纸可以向任一方向传递。（左图：1991；右图：2010）

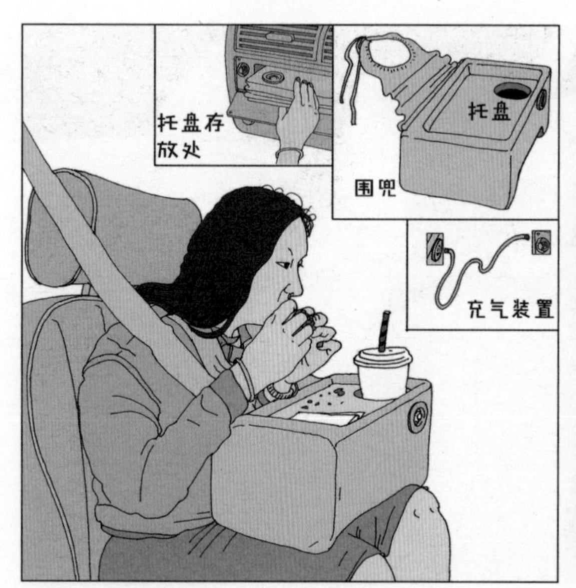

托盘存放处和杯架： 车上的人可以用仪表盘气泵给托盘充气，于是这位乘客就有了一张干净、安全的小餐桌。（2004）

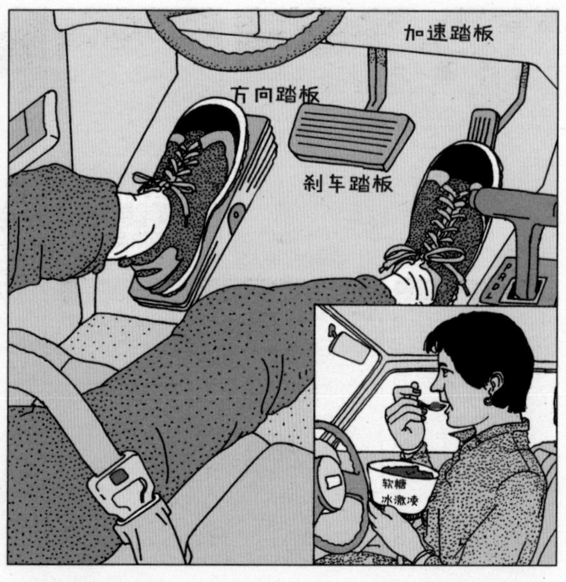

用脚控制方向： 开车时，你可以选择"跷跷板"转向踏板。这样一来，你就可以腾出双手吃冰激凌了！（2015）

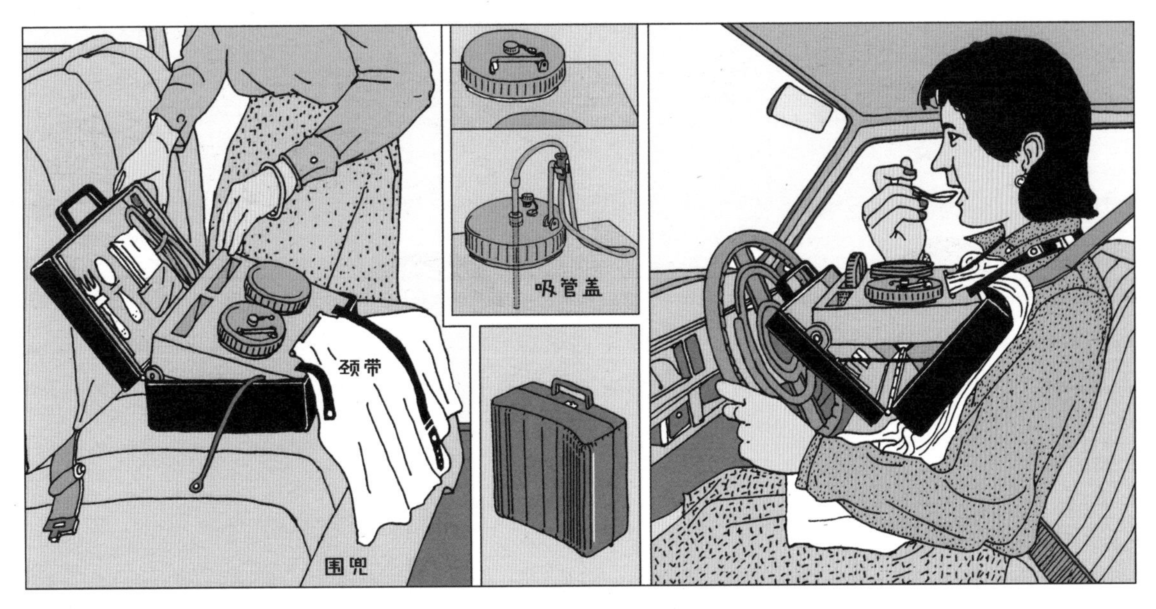

通勤者早餐工具箱：通勤者早餐工具箱是通勤者利用在高速公路上所浪费时间的利器。使用者可以一边盯着路面情况一边安全地进食。该工具箱包括旋盖、吸吮部件、颈带、餐具和餐巾纸。（1984）

饮品门：如果想在手中拿着咖啡杯同时还拎着购物袋和笔记本电脑等东西的情况下打开车门，你首先得把咖啡杯放在车顶上，或是在引擎盖上给它找块平坦的地方。而有了饮品门的存在，你只需轻轻按下遥控器，饮品门就会打开。把咖啡放进去，饮品就可以从车里拿到。（2016）

烘焙男孩：在长途旅行中，没什么比一顿热乎乎的烘焙男孩饭更美味了！司机和乘客可以在仪表盘上看到剩余的烘焙时间和烤炉的即时温度，同时估算距离下一个路边休息区还有多远。（2015）

野餐车：野餐车受到了喜欢在路边野餐的家庭和喜欢参加户外体育活动的人的追捧。能从车外直接打开橱柜门是这种车备受青睐的一个特色。（2004）

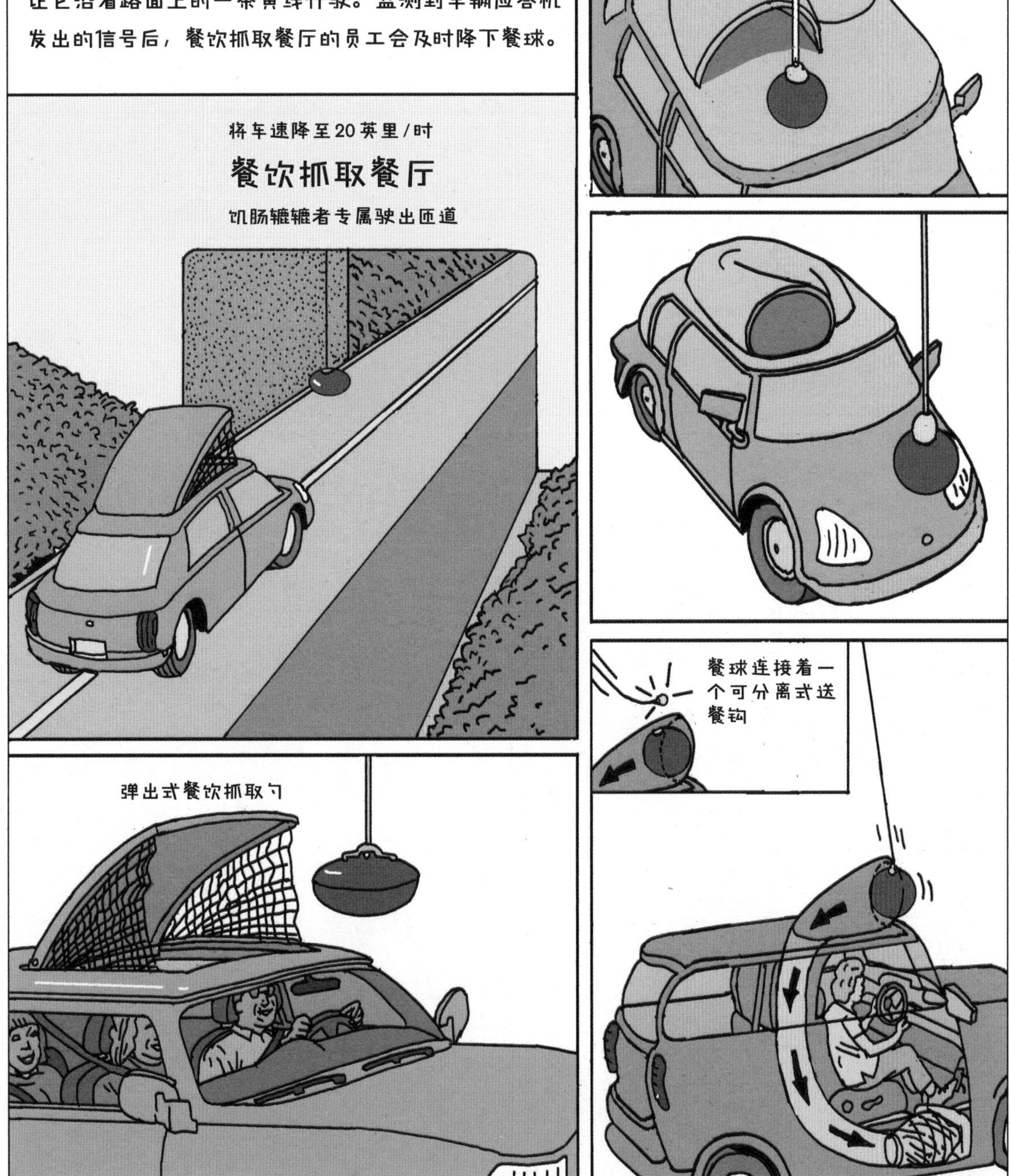

餐饮抓取车：2017年，星巴克宣布顾客可以通过汽车仪表盘提前点好饮品、食物，甚至提前订桌。不久之后，我们就有了餐饮抓取餐厅。这种新型餐厅的主打服务是可以让经过特殊改装的车在行驶过程中抓取“餐球”！每家餐饮抓取餐厅在高速公路上都有其专属的驶出匝道！（2020）

“餐饮抓取”一名的由来：焦点小组接到任务，要给这项服务选个名字。他们就“餐饮抓取”“快餐到手”和“捕获球”等名字展开了讨论。最后，大家认为“餐饮抓取”这个名字最好，“捕获球”则不怎么样，因为在英文中，“捕获（seizure）”一词也有“疾病突然发作”的意思，容易让人把吃快餐和心脏病发作联系在一起。（2020）

饱食旅行车：所有开过或坐过车的人都有过这样的经历——在高速公路上开了数英里，终于看到一个路牌，上面写的却是距离下一个休息站/加油站还有35英里（约56千米）。开饱食旅行车的人，只需要在食物温度计提示车顶上的菜已经煮好时把车停在路边就行！（2015）

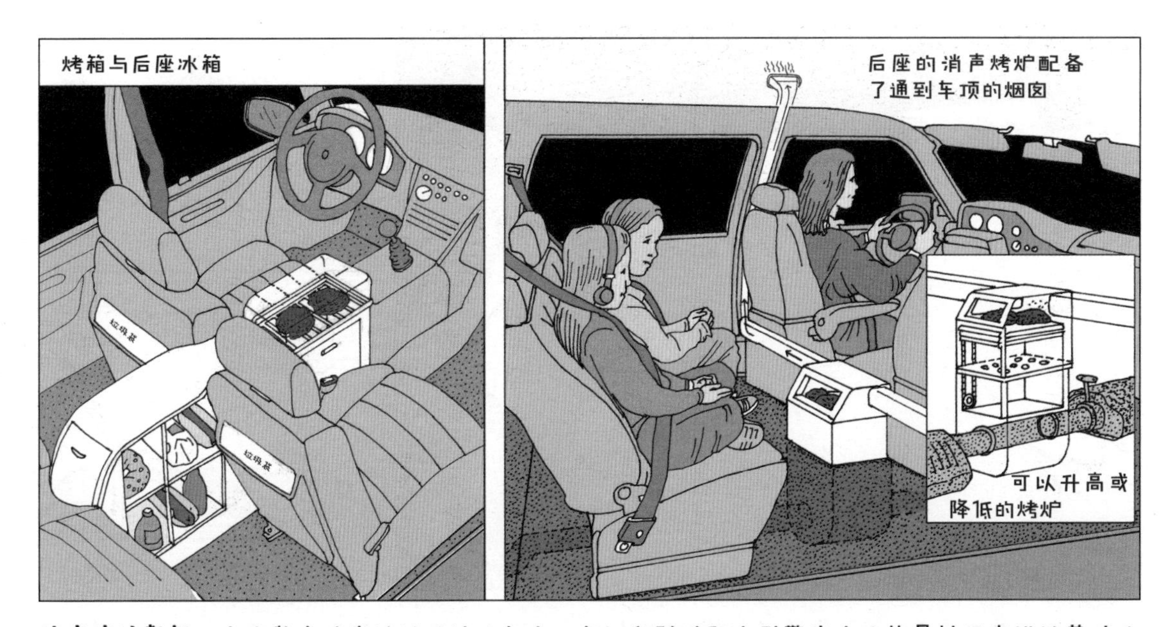

消声烤炉餐架：在安装有消声烤炉配件的车中，车辆行驶过程中引擎产生的热量被用来烘焙美味的餐点。一旦设置好仪表盘上的恒温器，烤架就会随之升高或降低，从而保持适宜的温度。接着你就可以设置烘焙的不同模式了。（2011）

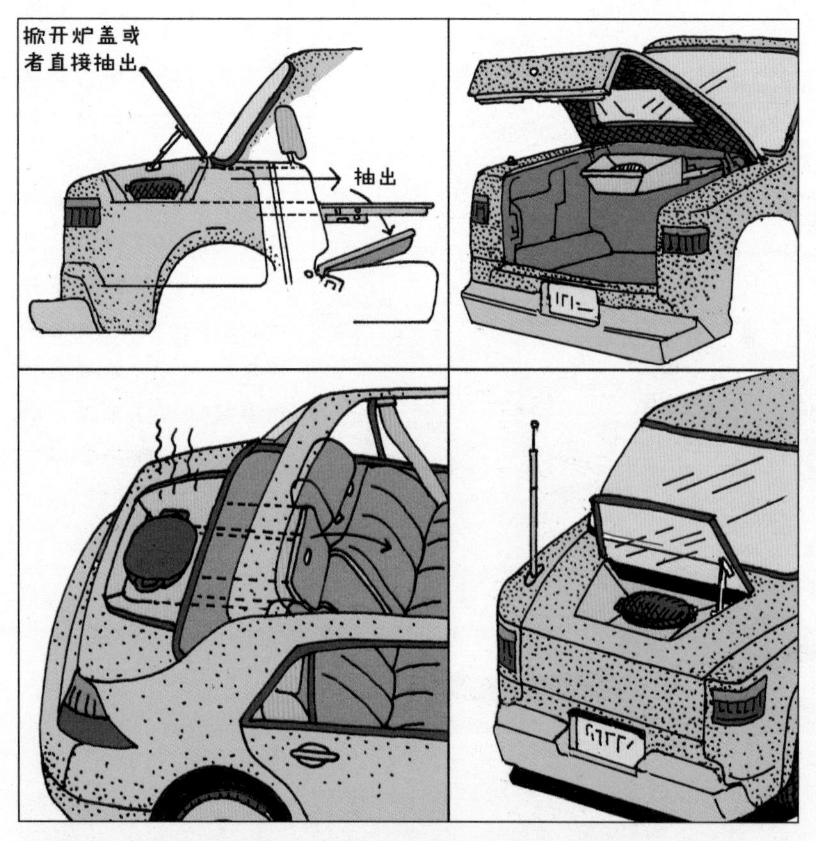

太阳能后备箱炉：如果你的车装了太阳能后备箱炉，那你到哪儿都能热乎乎美餐一顿。该产品的使用手册中包含了以下几项说明：（A）在停车场烹饪；（B）向北或向南行驶时烹饪；（C）提醒设置；（D）仪表盘组件；（E）iPad提醒设置；（F）急转弯或急刹车时的注意事项。（2015）

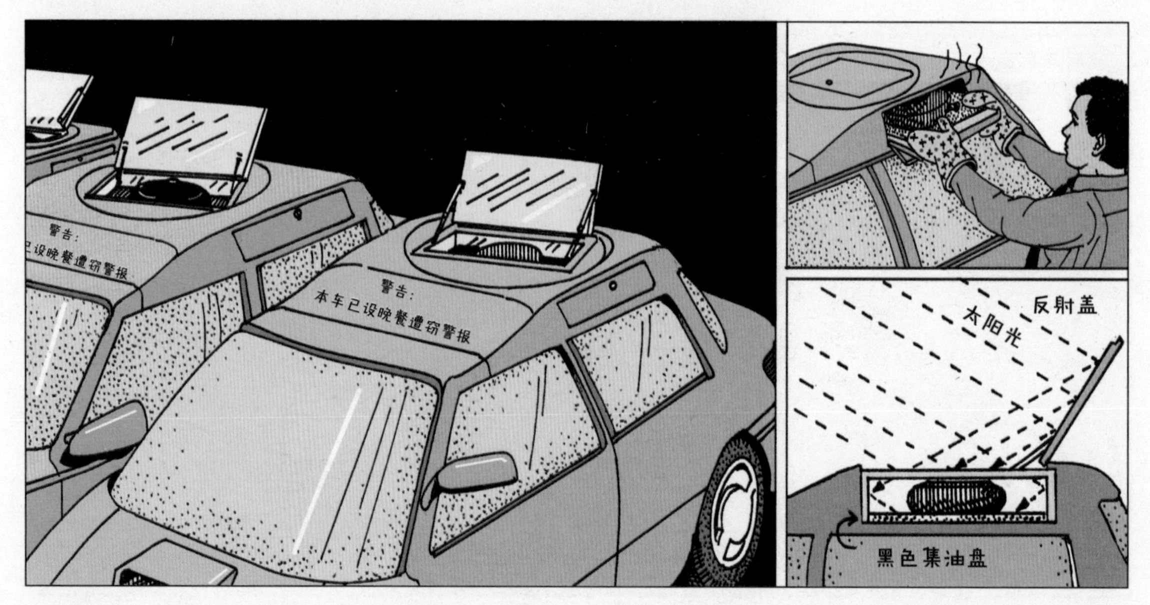

汽车烧烤：夏天，当太阳能烹调小轿车的车主在有空调的写字楼中工作时，他们车上的太阳能炉灶可能正忙着炖土豆和胡萝卜。（1991）

汽车造型新趋势

机器人、准时快速装配、新材料、3D设计工具和新的设计思路，极大地改变了汽车设计。现在的市场适应了以买家为导向的独特设计。原本线条流畅、符合空气动力学的汽车外观经过再次设计，增添了不符合空气动力学但能表现出车主独特个性的元素，可以满足车主慢悠悠地开着它在市内一展风采的需求。社会上甚至出现了一场开慢车的运动！

多模式车： 当车辆主要用于高速公路旅行时，线条流畅、高空气动力学效率的汽车外形才是合理的选择；不过这些特点对想开车去练球或者购物的车主来说并不是必要的。行驶在城市中时，多模式车可以向大家展示其迷人的装饰性羽毛。（上图：2019；下图：2015）

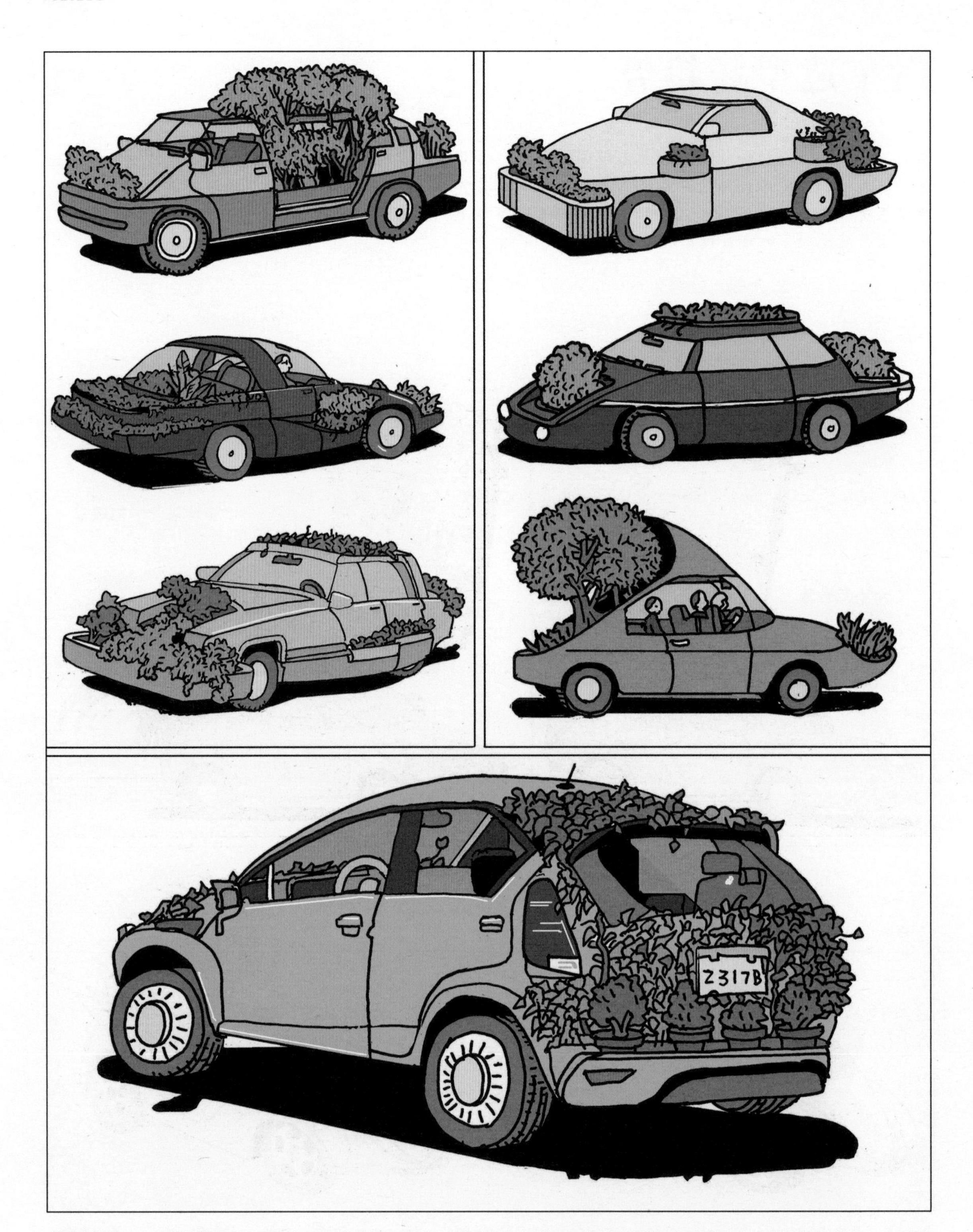

苗圃汽车：拥护慢车运动的人群中有一部分人将他们的车改造成了移动的花园。看到这些车，大家会有眼前一亮的感觉！为了减少开车时撒在路面上的泥土，这些车主都在练习如何小心停车。给植物浇水要仰仗车窗喷灌系统，这个系统可以设定成根据天气状况运转的模式。（1984/2020）

特立独行车：目前，特立独行车展示店还没有很多，但是很快它们就会普及。购车者已经厌倦了符合空气动力学的对称车型。慢车运动的追随者热爱这类车型！现在流行的就是这种车身带有丑陋鼓包、凹凸不平、左右不对称的车！（2006）

不对称成了优点：厂家在风洞中测试汽车时，其目标是打造一款外形阻力最小的车，好提升行驶速度、减少燃料（包括汽油、柴油或电力）消耗。然而市场中涌起一股逆流，人们开始欣赏造型不对称的车了！（2020）

畸形车：如果一辆车专门用于短途出行，就不太需要具有高空气动力学效率的形状。现在有定制汽车公司提供各种异想天开的3D打印车体！购买者唯一抱怨的是这些车型很难清洗，而且不允许出现在公共洗车场。（2019）

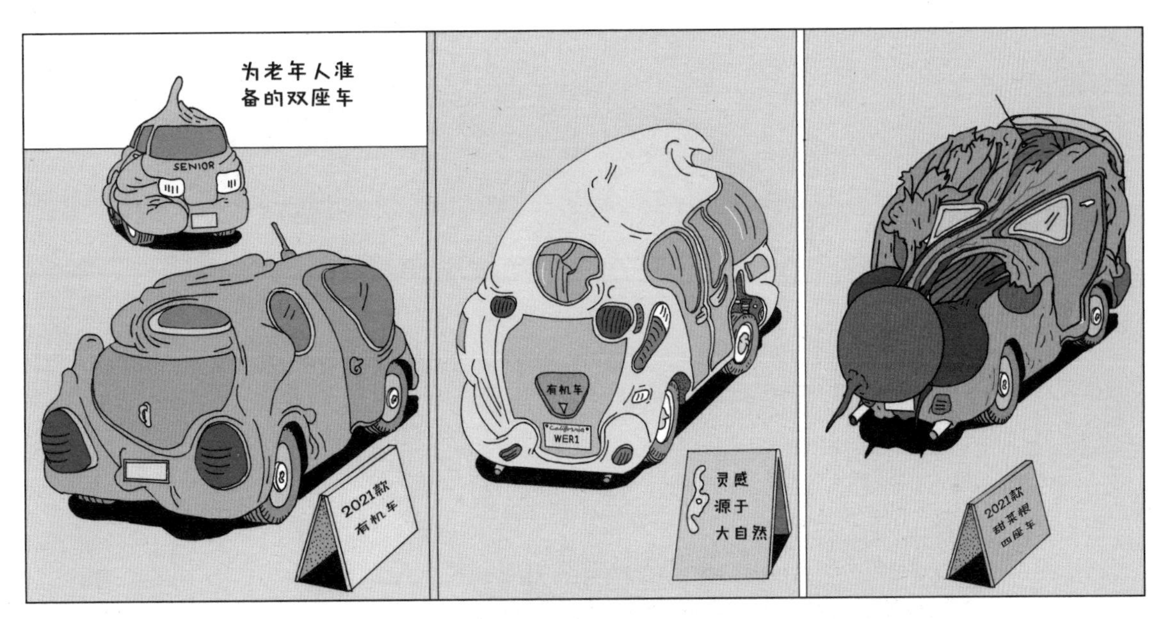

有机车： 有些汽车生产商喜欢从大自然中寻找设计灵感。他们的设计部门交出的设计方案也的确令人吃惊。提示一下：大自然中几乎没有直线。在这些款型的车被公布的当天，就有3600位顾客预付了定金！（2020）

吸引年轻买家的车： 并非所有的汽车设计方案都能转化为喜人的销量。这款旨在吸引年轻买家的车就是一次极为失败的尝试。（2019）

变形车： 这款未来派迷你面包车的反传统外观引出了不少笑话，但它还是能找到疯狂忠实的买家！不过，乘车者要通过梯子才能坐进上层座位。（2020）

疙瘩车：我们并非总能成功预测大众的喜好。如今，千禧一代对各种各样的疙瘩车可以说是爱不释手。他们的审美就是这么反常！（2020）

红极一时的多刺车：一款外形多刺的车竟然也能吸引到忠实买家，这一点可能让人觉得有违常理，可这种车确实极受欢迎。不过需要注意了，一些洗车店已经禁止多刺车入内。（2020）

不规则的车身设计：尽管外观符合空气动力学的车更容易清洗和保养，行驶起来更节约燃料，但有一些鲜为人知的车型却以丑陋和笨拙为特色。（1974—2019）

审丑：Z世代，即出生于20世纪90年代末到21世纪10年代初之间的人，对流线型设计嗤之以鼻，反倒偏爱古怪且不体面的设计。他们对风格的选择说明他们能欣然接受大自然提供的任何东西，哪怕是肆虐的病毒、永久冻土中埋藏的古老细菌或通常意义上丑陋的生命形式。（2020）

外观不规则的汽车设计趋势出现：不久之后，注重模块化和风洞中行车效率的设计将被根据个人习惯和审美品味量身定做的设计所取代。由于大多数车辆用于购物，且往往随着车流时走时停，一种慢车审美可能会出现。（2020）

自恋者的车：新技术让生产出具有个人意义或纪念价值的汽车外形成为可能。人们可以让自己的车成为一种“声明”。本页图中的车没有哪一辆是造不出来的。不过，要想开车上路，这辆车必须在刹车、大灯、最大宽度等方面符合国家标准。（1984；女性面孔车，2018）

令人生畏的汽车外形：汽车设计师对集体情绪的变化十分敏感，他们察觉到了美国人心中的怒气和防御性态度。因此，设计师为他们设计出了紧贴地面、棱角分明的车。这类车长得像坦克一样，车身或颜色斑驳，或布满点状图案，或以迷彩覆盖。（1991）

形状不规则的车：越来越多的买家开始认可形状古怪的车。现在，典型的美国街道场景可能就包括这类车在内。这是一种新潮流，如今没人再对此大惊小怪了。符合空气动力学的流线型车身已经被视为怀旧的标志！（2020）

鳄鱼座驾： 这款495马力的鳄鱼座驾一经推出就大受欢迎。直到现在，大家还时常提起这款车。只不过，它的维修费用和车身造价十分昂贵，销售商常常无法围绕这款车做促销活动！（2020）

1983年的“主动脉”款

2013年的心脏款

心血管科医生的私人轿车： 这些夸张的轿车是为有钱的心血管科医生设计的，使用了时下最新的材料和技术。（左图：1983；右图：2013）

孕期文胸车

后备箱文胸车

文胸车： 在美国，文胸车流行了好几十年，不过现在没那么受消费者青睐了。（左图：1981；右图：1991）

超级排气管： 这种外部风冷的超级排气管系统甚至能让部分20世纪70年代的汽车达到目前的废气排放标准。（1973）

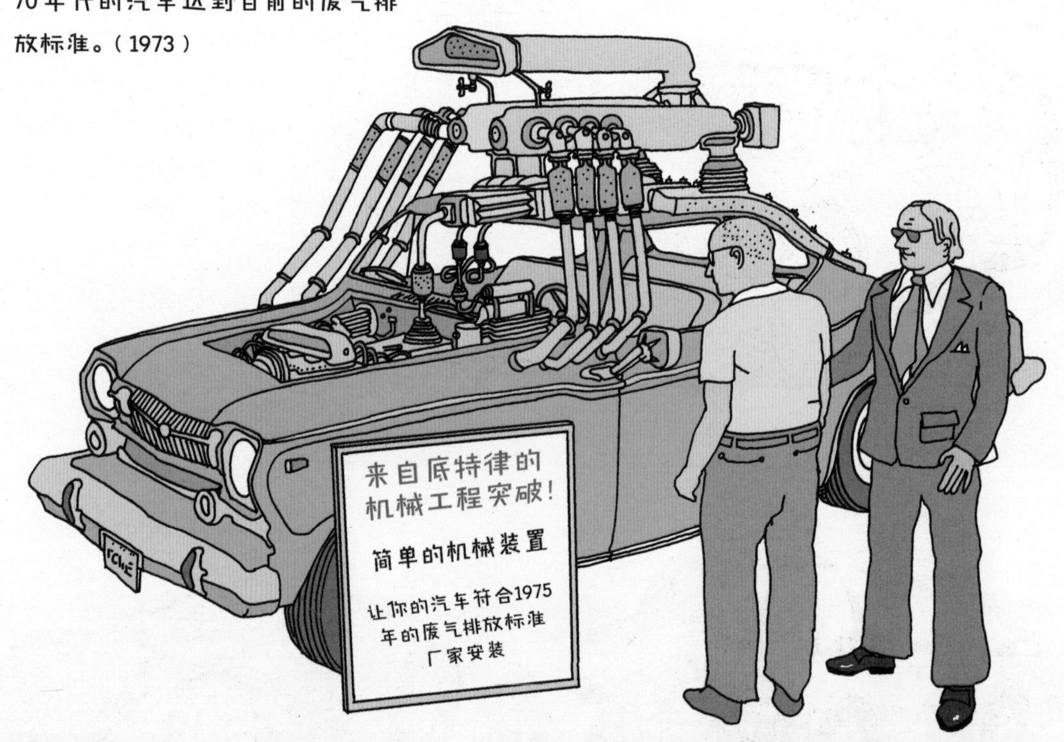

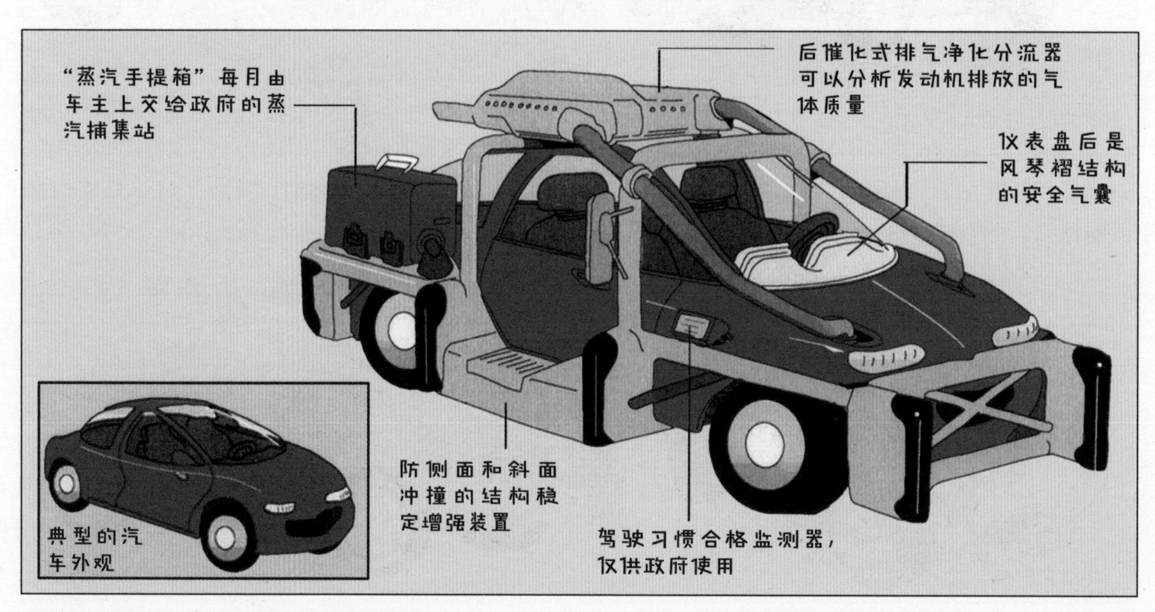

坦诚的排放系统： 通常，汽车平滑的流线型外观掩盖了其内部复杂的零件世界。图中的设计却把这个世界暴露在了车身之外。（1994）

老爷车

美国的汽车设计在20世纪70年代经历了一段新古典时期。汽车前脸的格栅让人依稀联想到雅典的帕特农神庙。庞大、笨重和庄严肃穆是当时的设计准则。人们坐在车中完全感觉不到路途的颠簸，而且车座和客厅的长沙发一样舒适！

狮身人面像车顶的林肯轿车（1974）

哥特复兴房车：这辆组装套件车只有超级富豪才买得起。人们曾经错误地称它为哥特复兴房车。其实根本就没有什么哥特式车。这种车的引擎声巨大，而且在空气动力学上的表现极差。（1974）

20世纪70年代的超长轿车主题：显然，这类车型的设计标准就是要夸张、超宽、超长、超舒服。（1974）

庄严的格栅：要说20世纪70年代经典轿车的设计特点，没有比它们的格栅更让人眼前一亮的了。这种格栅会令人肃然起敬。（1974）

展示车主个性的车：一个人拥有的权力、取得的成就或者内心的叛逆可能会体现在他选购的车的设计上。图中这些20世纪70年代的车就是在告诉世界你对自己的定义！（1974）

经典的20世纪30年代轿车：20世纪20年代过去后，美国的汽车制造商开始不再按照亨利·福特一开始的提议——“什么颜色都好，只要是黑的”来设计汽车了。消费者这才在轿车上见到各种各样迷人的色彩搭配。为了迎合消费者新的审美和他们不同的收入情况，汽车款式越来越多样化。从头到尾的流线型设计开始流行起来。（2020）

老爷车：在北美洲最西岸的加州，高消费的高尔夫球场和高档餐厅附近云集着游客、富有的老爷车车主和踩着滑板或抱着冲浪板的年轻人。所有人都能看到阳光海滩和波光粼粼的太平洋。（2020）

Y形汽车：如今的材料和技术允许厂家生产几乎任何形状或大小的定制车。图中这位耶鲁大学的男生就定制了Y字母形状的敞篷跑车。该大学的吉祥物斗牛犬也被铸成了超大的引擎盖标志。（2009）

底特律汽车制造厂与外国同行的竞争

虽然底特律生产的轿车在体积和马力上已经超过国外小型轿车太多了，但底特律设计师依然埋头钻研，最后造出了更大、更重的车！

1976年车型实际大小对比图

盖世汽车：20世纪70年代，美国汽车生产商试验性地设计了车身超高的轿车。与此同时，袖珍的外国车开始重点宣传其每公里耗油量。然而随着汽油价格的升高，生产超高车身轿车的计划便泡汤了。（1976）

在底特律的秘密设计工作室中绘制出的汽车效果图

外观压迫感极强的尾翼：20世纪50年代末，底特律的设计师创作出了图中这些凶神恶煞、十分扎眼的尾翼。到了20世纪60年代中期，汽车还是保持体积巨大的样子，不过尾翼的设计不再像以前那么招摇了。（1976）

底特律的妥协

为迎接外国车厂的挑战，底特律的设计师也设计出了小型车，但是他们的车在耐用度和外形方面不占优势，在机械性能方面也不如国外的产品好。据说，有些小型车的设计使它们在任何速度下行驶都很危险！

雪佛兰超短敞篷车：20世纪70年代，美国的汽车制造商推出了流行车型的缩小版。只可惜这辆短距敞篷车的后置引擎占据了后备箱的绝大部分空间。（1975）

对美国顾客喜好的迎合：大众汽车的设计师力求设计出美国人感兴趣的新车型，可是他们失败了。最后，设计师从佛教教义中获得了灵感，回归了他们所谓的“甲壳虫”传统风格。（1973）

原版1975年款林肯大陆四门轿车

1976年的小车身概念车

A款：双门

B款：超小双门

C款：最短轴距，双门

D款：以后备箱为轿车入口，与标准车身相比既高且短

E款：以后备箱为轿车入口，保留了原有的特色引擎罩

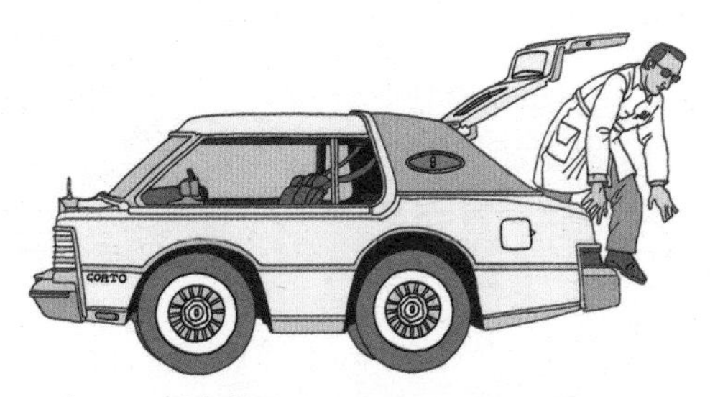

F款：以后备箱为轿车入口，引擎在车后部

缩小版的林肯大陆：1975年，林肯汽车的管理层交给设计师一项任务——将林肯大陆的体积缩至极小。他们测试了消费者对许多款式的购买意向。有的设计方案虽达到了标准，却忘了设计车门！（1975）

独一无二的缩小方案

当底特律设计师需要面对挑战时，他们绝不懈怠！图中这些就是他们设计的一辆缩短汽车，堪称天才的解决方案！

凯迪拉克打造的一款缩小版的双门轿车：为了打败外国竞争者和他们袖珍且实惠到荒唐的车型，凯迪拉克推出了双门格栅轿车。一开始，这款车的销售情况很好，直至后来政府有关部门宣布这款车不安全，容易发生侧面碰撞。（1975）

福特佳力雅

佳力雅轿车的三部分：想要正确安装或卸下福特佳力雅轿车的前部V8引擎或后部旅行车厢，需要经过不少练习。司机可根据所需配置来调节车辆的高度和平衡。（1975）

大型车变为车库：1975年，庞蒂克汽车在和像本田思域这样的外国小型轿车竞争的同时，想出了如何继续销售他们的超大型车。庞蒂克格兰瑞斯硬顶车库轿车内部没有安装引擎，它就停在私人车道上为小型车当车库。（1975）

大幅缩短车身以与日产车型竞争：1975年，克莱斯勒汽车公司的管理层下达了一项指令，1976年所有汽车生产线的车型都要大幅缩短车身。“新月”预先在1975年的洛杉矶车展中展出，结果毁誉参半。（1975）

开发汽车的新用途

美国的车企认为，达到燃料经济学标准的新办法就是销售人们永远不会去开的车。

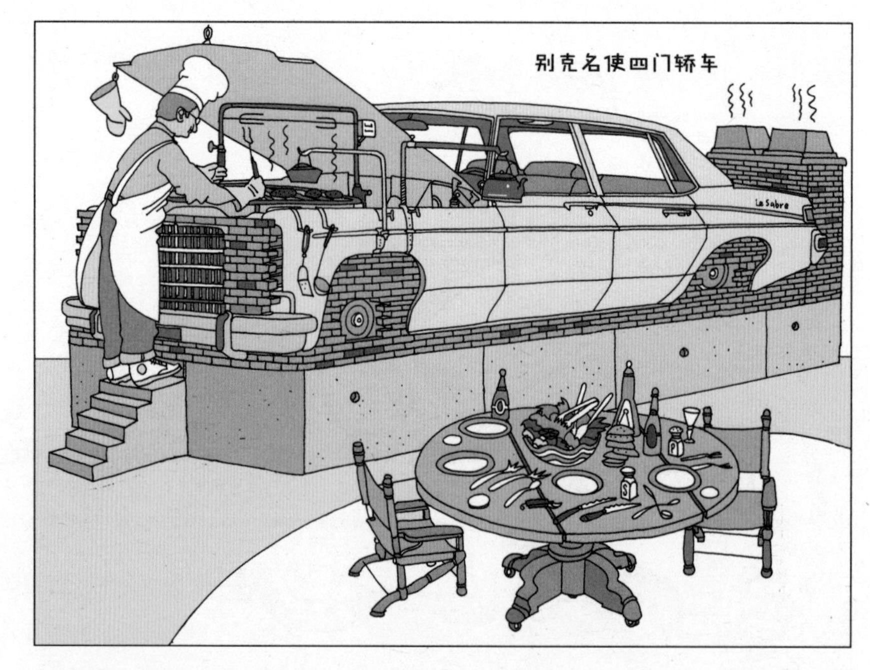

买辆新车却不开：对外国石油的依赖削弱了美国的经济。于是，爱国的美国人被鼓励购置新车却不开车。头脑灵活的市民想方设法地去充分利用他们的汽车。（1975）

为你的新车找一个合适的新用途：作为一名爱国的美国新车车主，你可能得付出额外的努力，而那也是牺牲的意义所在！1974年的AMC小精灵可以相当容易地转化为一辆购物车。（1975）

附带酒吧的完美家庭立体音响系统：为了这套音响，弗兰克和他的女儿瑞秋在车库里忙活了好几个周末，焊炬、研磨机和刀锯都用上了，最终他们成功地把新买的林肯城市轿车改造成了一个一流的家庭娱乐系统。（1975）

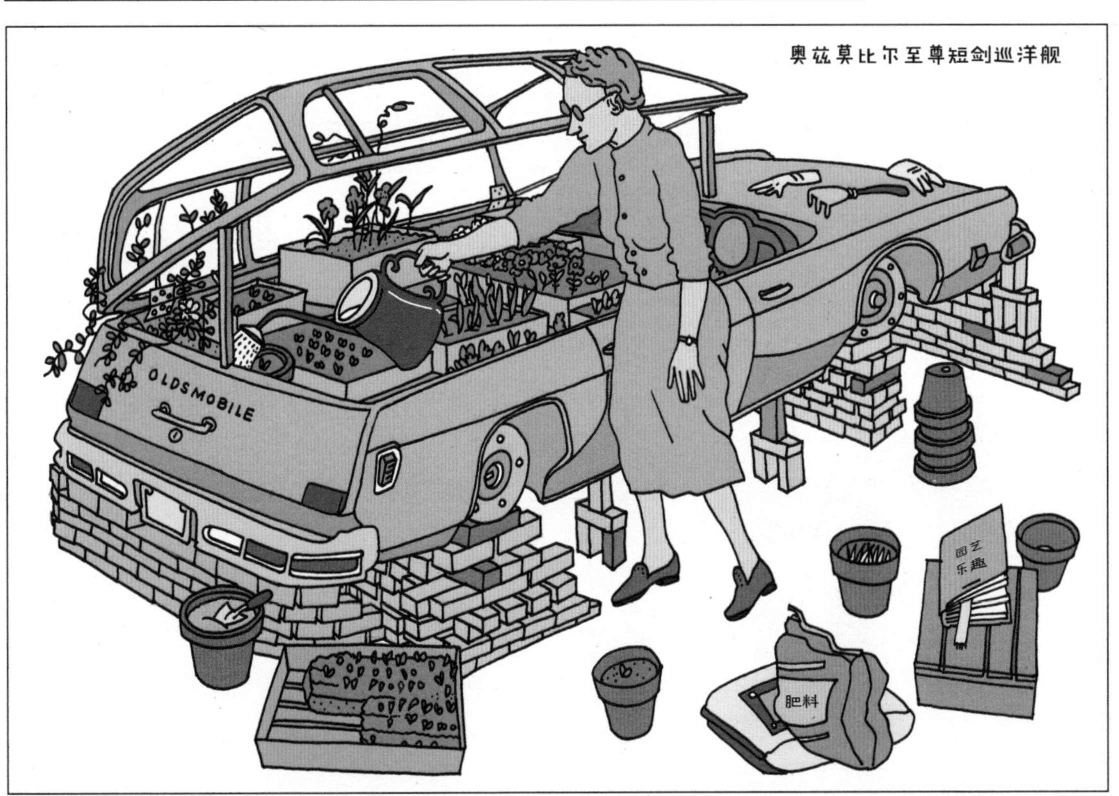

轻松改装为温室的车：不需要怎么费力，你就可以把一辆“奥兹莫比尔至尊短剑巡洋舰”改装为一间漂亮又实用的温室。这种改装通常在一个周末的时间里就能完成。所有热爱园艺的人都会对这个改装结果感到满意。（1975）

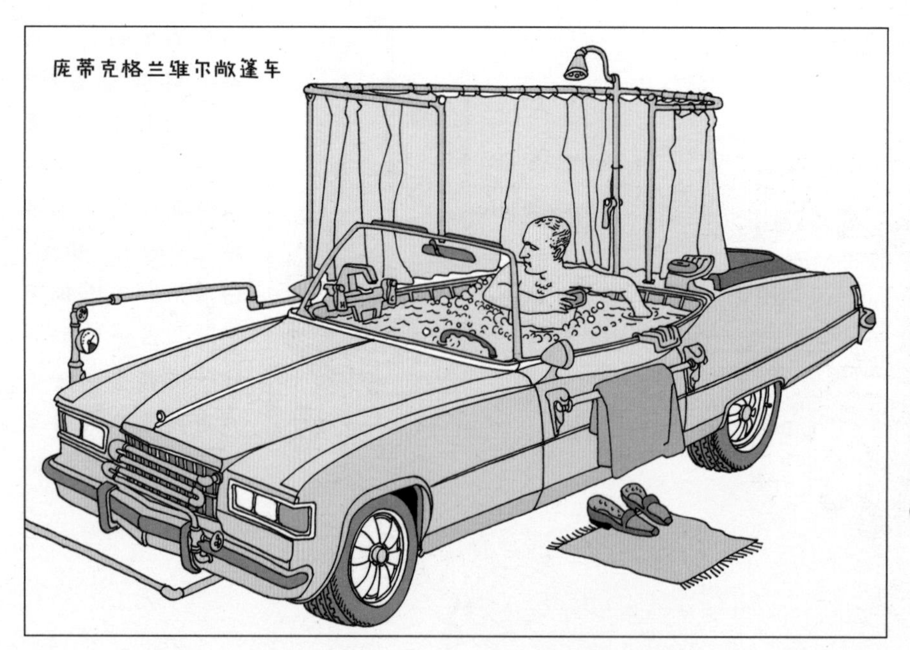

一个设计讨巧的户外浴缸：是的，弗兰克从未想过有一天他会购买一辆昂贵的敞篷车，结果却把它拆掉，改装成了户外浴缸！可他确实这么做了，而且他很喜欢！简易浴帘可以让他不被邻居看到。（1975）

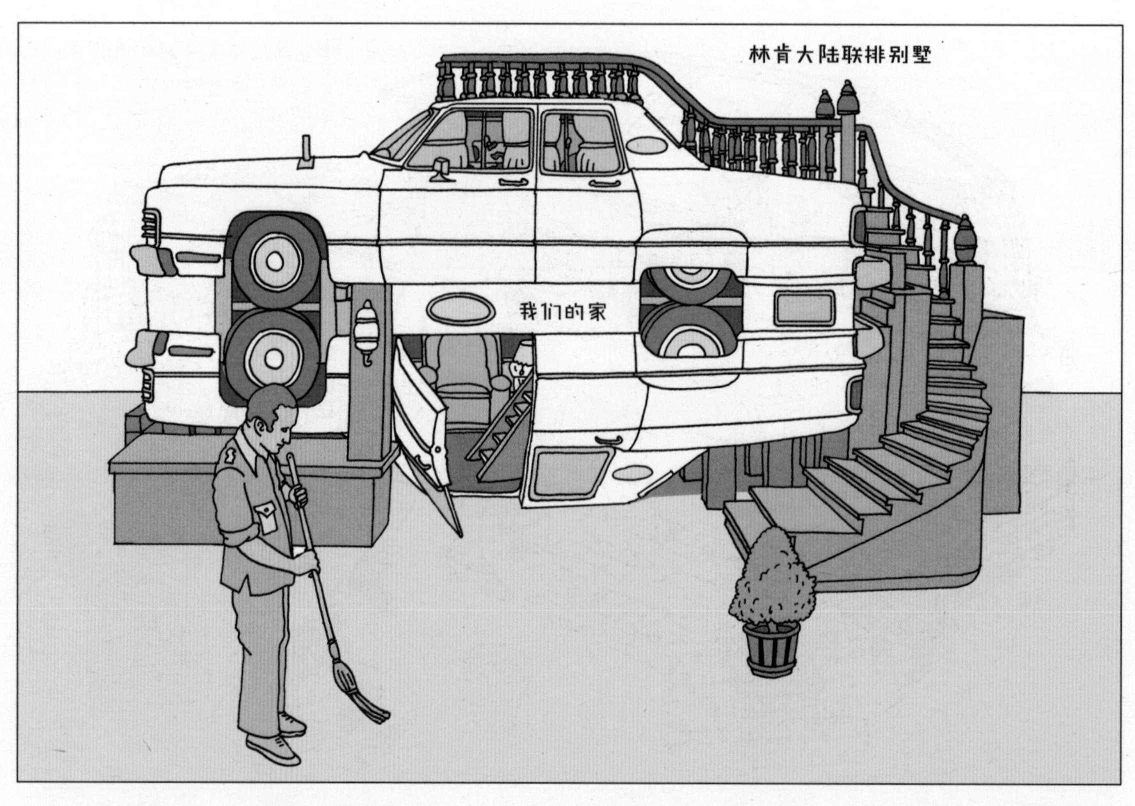

一座令人惊艳的双层林肯大陆联排别墅：所有在这里驻足的人都会羡慕这个屋顶露台。这座联排别墅可以轻松满足一对夫妇的生活起居，但对人数更多的家庭来说就不太合适了。想要得到这样一栋别墅，你不仅要购得两辆相同的林肯轿车，还要有金属焊接和木工手艺。（1975）

保健车

人们把太多的时间浪费在开车上。只要你在街道或高速公路上开车，就不能做别的事。保健车恰恰可以解决这个问题！你可以将这类车视为移动的健身房。事实上许多种健身器材都可以装进汽车里！车内的空间充足！为了我们的健康，动起来吧！

边驾驶边健身： 专为“健身驾驶”而生产的敞篷车可以让司机一边站着锻炼身体一边开车，不过手要一直抓着手动加速与刹车控制装置。站姿安全带可防止司机在急转弯或发生事故时被甩出去，司机在“健身驾驶”时必须系上此安全带。（1991）

健身踏板车：健身踏板车的设计是将复合动力电动汽车与家庭运动自行车相结合的结果。这种车无论是在路上行驶时还是在停下时，踩踏板都会让仪表盘的液晶显示屏保持启动状态。转向是通过摩托车式车把来实现的。（2009）

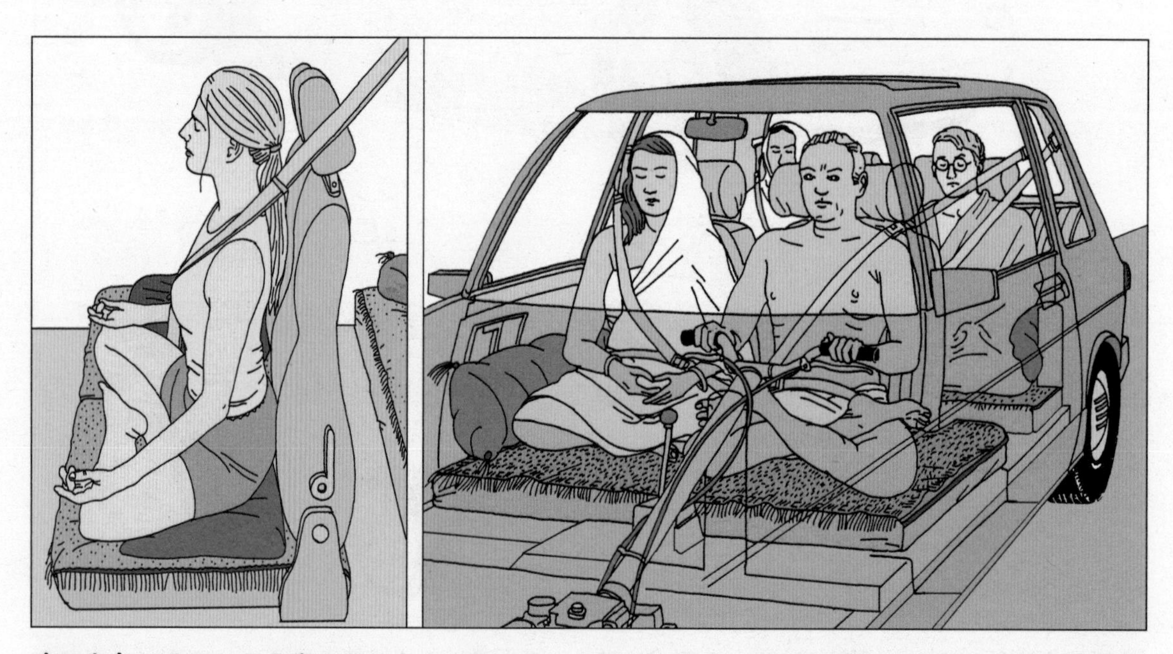

瑜伽汽车：瑜伽汽车是喜欢冥想者的理想选择。包括司机在内的所有人都可以在车上以他们最喜欢的瑜伽姿势——通常是盘腿坐姿——保持好几个小时。就这样，伴着熏香和歌声，你盘坐在摆着靠枕的柔软地毯上，一趟公路旅程就有了精神静修的感觉。（1984）

跑步机踏板摩托：因为摩托车骑手要同时做不相关的活动：既要在跑步机上跑步，又要控制方向、加速和刹车；所以骑手必须格外注意平衡和协调。（1984）

慢跑电动车：要使用跑步机，司机须将前座推到后面，打开特殊的天窗，提起辅助挡风玻璃，启动跑步机，逐渐提高速度。（1984）

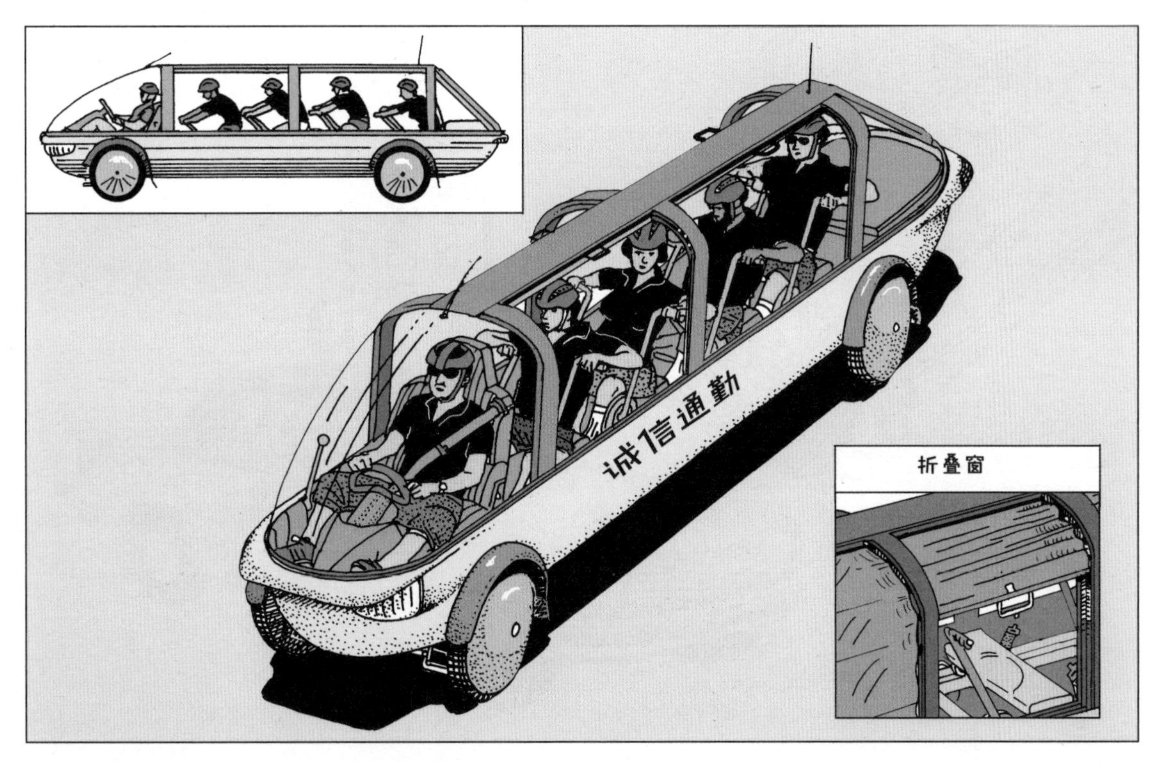

划船通勤俱乐部：图中这种人力通勤车或类似的设计是授权在指定街道上使用的。健身俱乐部围绕踏板车和划船车的公共所有权而开设。驾驶这种交通工具时，司机负责把握方向、换挡，也可以和乘客一起踩踏板。（1991）

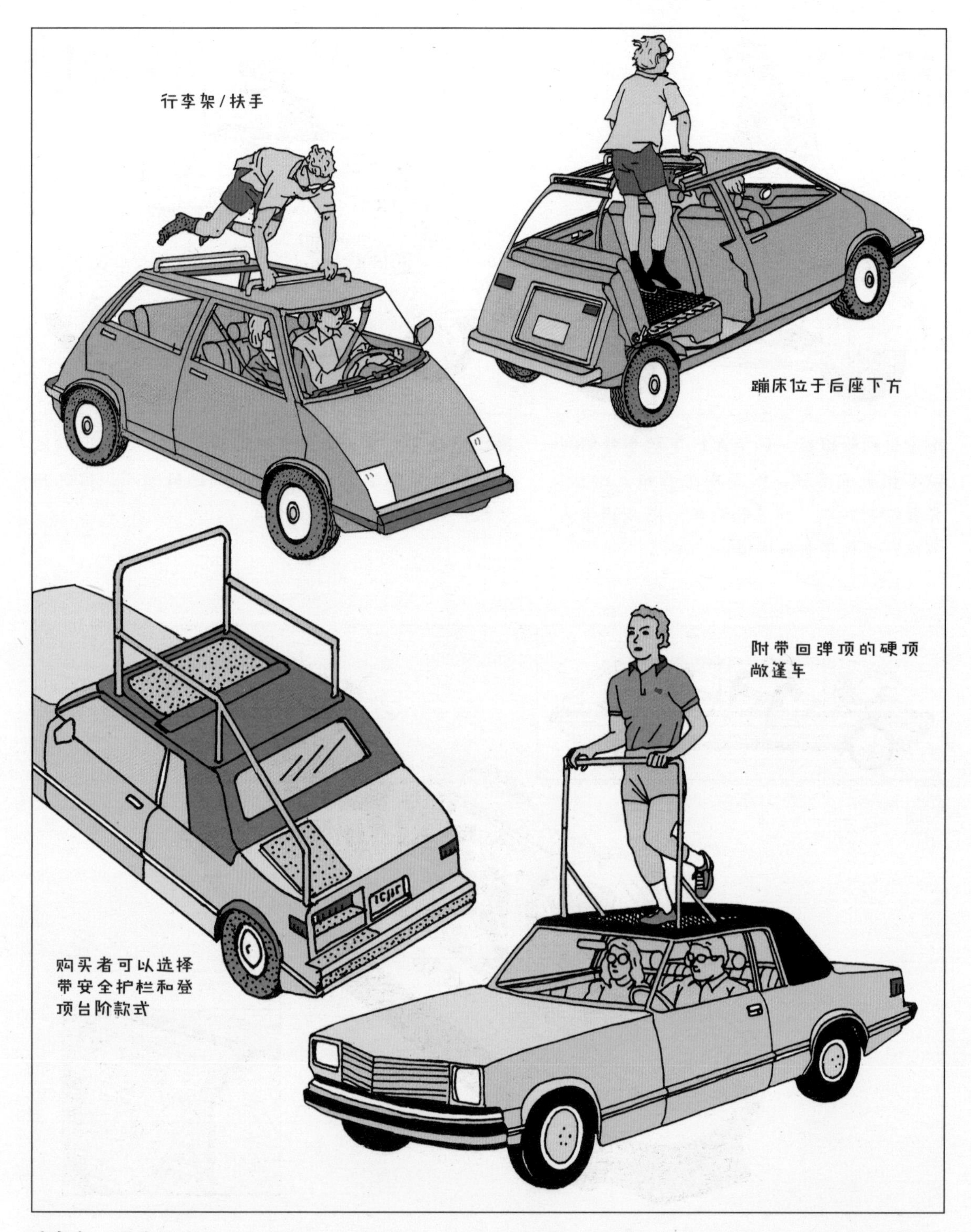

蹦床车：通常这类车在车速超过25英里/时（约40千米/时）的情况下是不安全的。在所有车型中，硬顶敞篷轿车自然是最不安全的，不过加上安全护栏和登顶台阶后，它的安全性已经改善了许多。（1984）

公路游艇：没有什么比感受轻风拂过发丝，欣赏路过的乡间美景（和车流）更惬意的了。公路游艇上的人毫不在意一般安全防范措施，而且打定主意和那些规矩对着干。事实很快就会证明，这是一段令人难忘的旅程。（1984）

力量锻炼敞篷车：这款车就像一座轮子上的健身房。无疑，司机需要多多练习才能熟练地在举重的同时刹车、加速和踩转向踏板。《车主手册》建议新上手的司机去学习瑜伽呼吸、正念和专注力的课程。（2010）

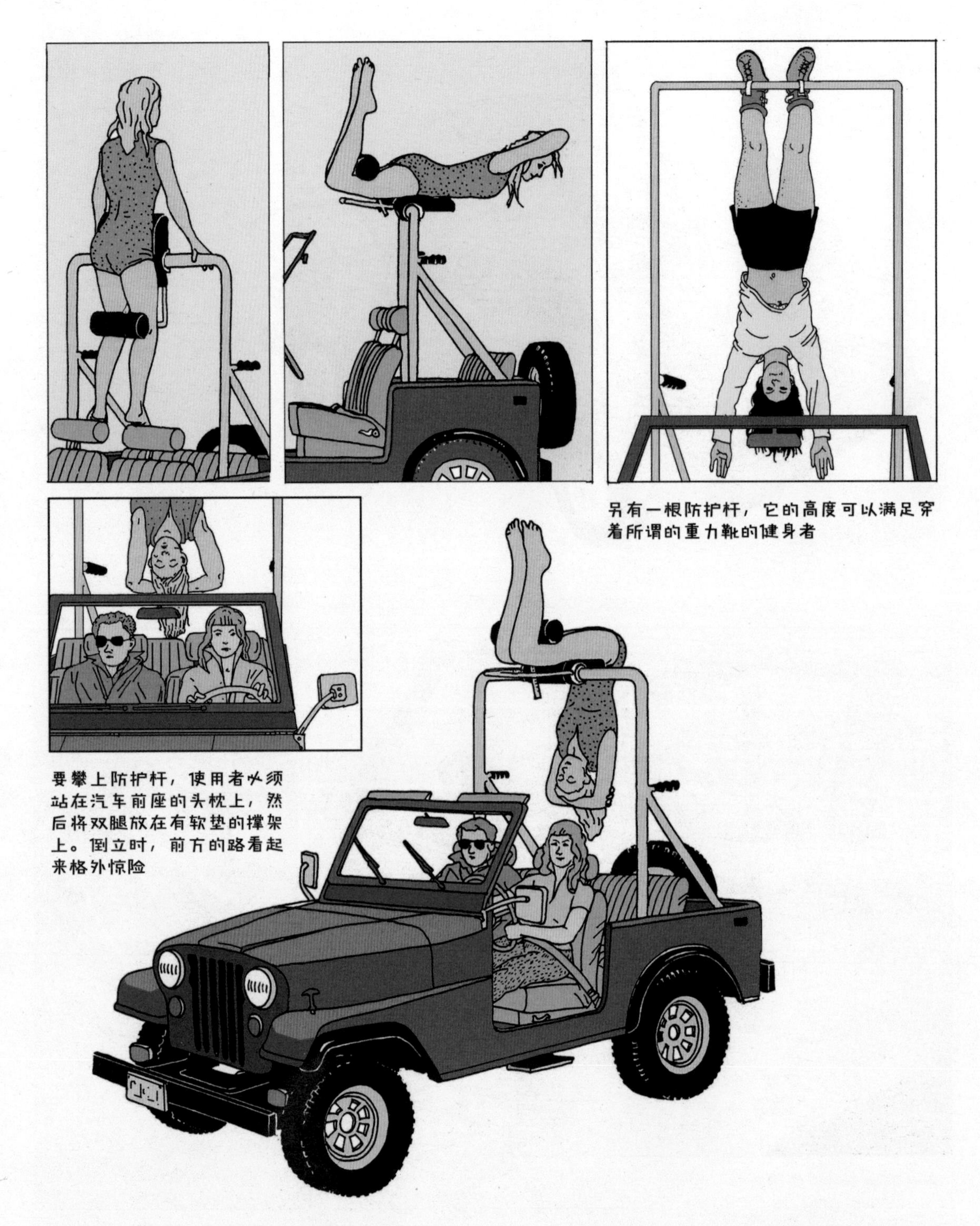

健身翻车防护杆：不管是就标准款还是加高款的车而言，尽管停车状态才是使用健身翻车防护杆的最佳时机，但还是有许多人受不了诱惑，在汽车行驶期间就用防护杆健身。急停或者加速可能会导致健身者绕着防护杆翻转，那一定会是很刺激的体验！（1984）

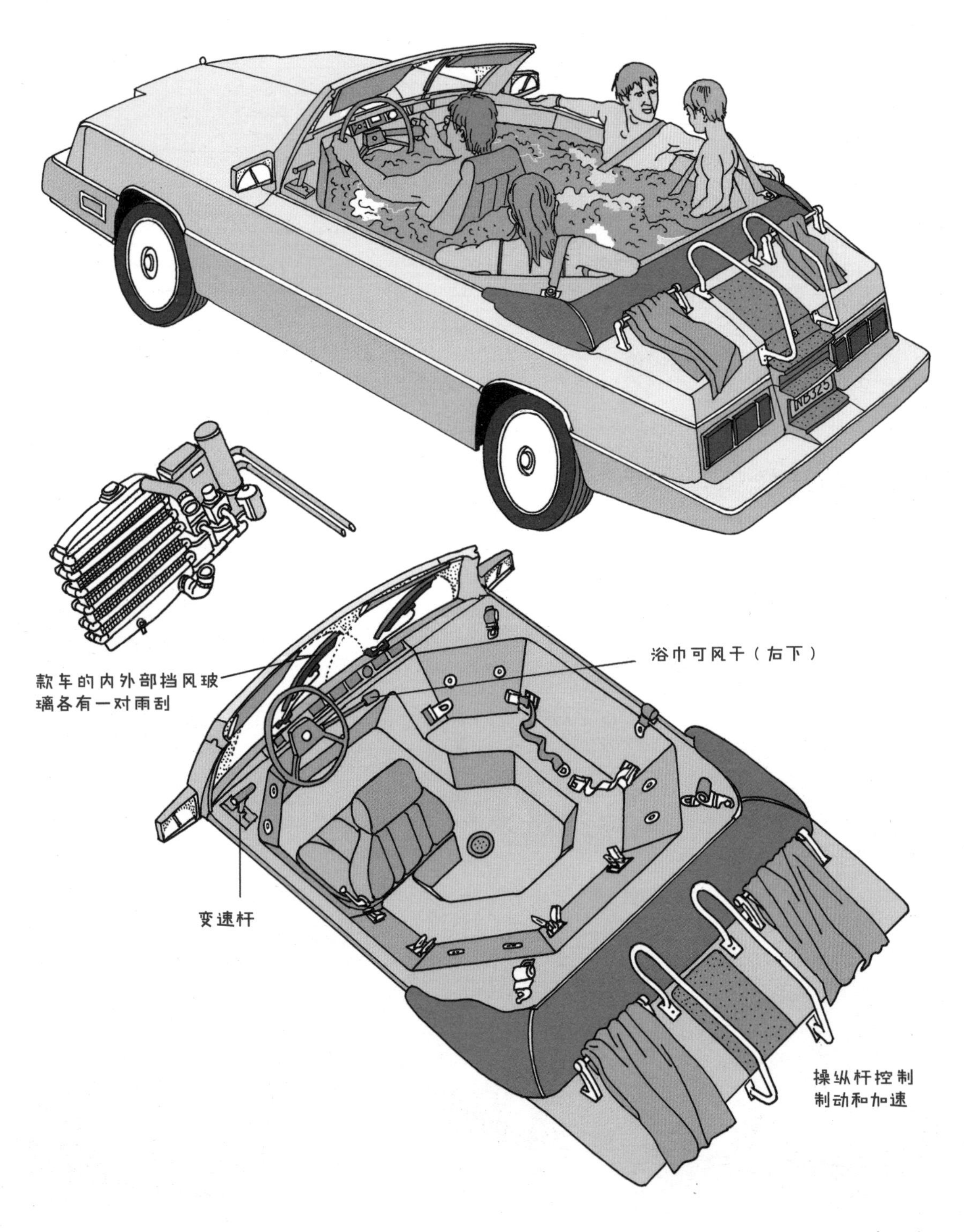

热水浴缸敞篷车：大多数乘坐热水浴缸敞篷车的人都会觉得舒服又有趣，但是司机需要注意避免驶上陡峭的山路、急刹车或者突然加速。（1983）

通勤者的蒸汽浴厢式货车：通勤的人群组建了一个俱乐部并且买了一辆蒸汽浴厢式货车。在15分钟甚至更长的通勤时间内，环绕着货车引擎的冷却管会产生蒸汽，让车窗变得模糊不清。这款厢式货车还可以装载较轻的货物。（1991）

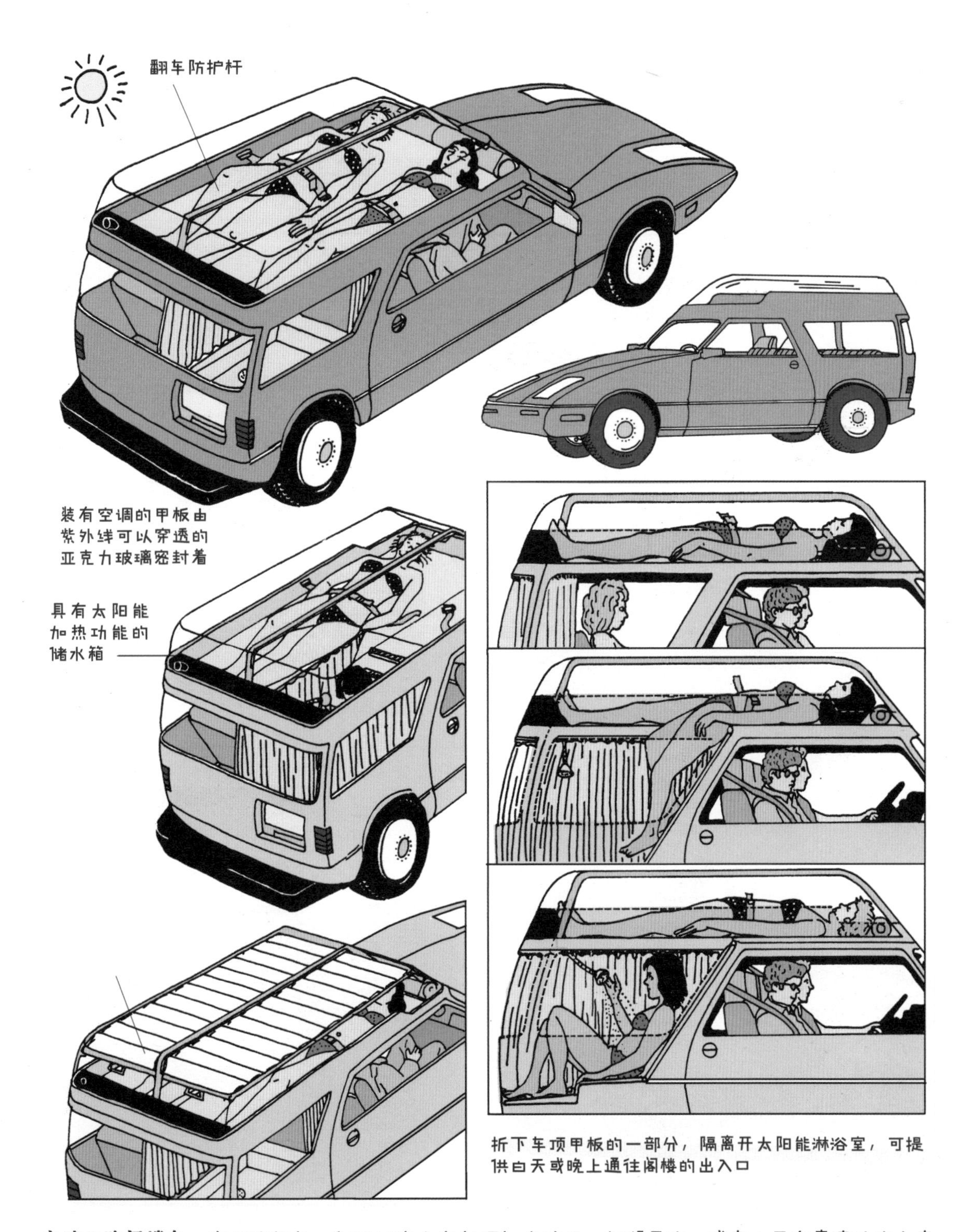

高速公路阁楼车：有了这款车，你可以晚上在车顶打个盹儿，凝望星空，或者白天在高速公路上来个日光浴。（1984）

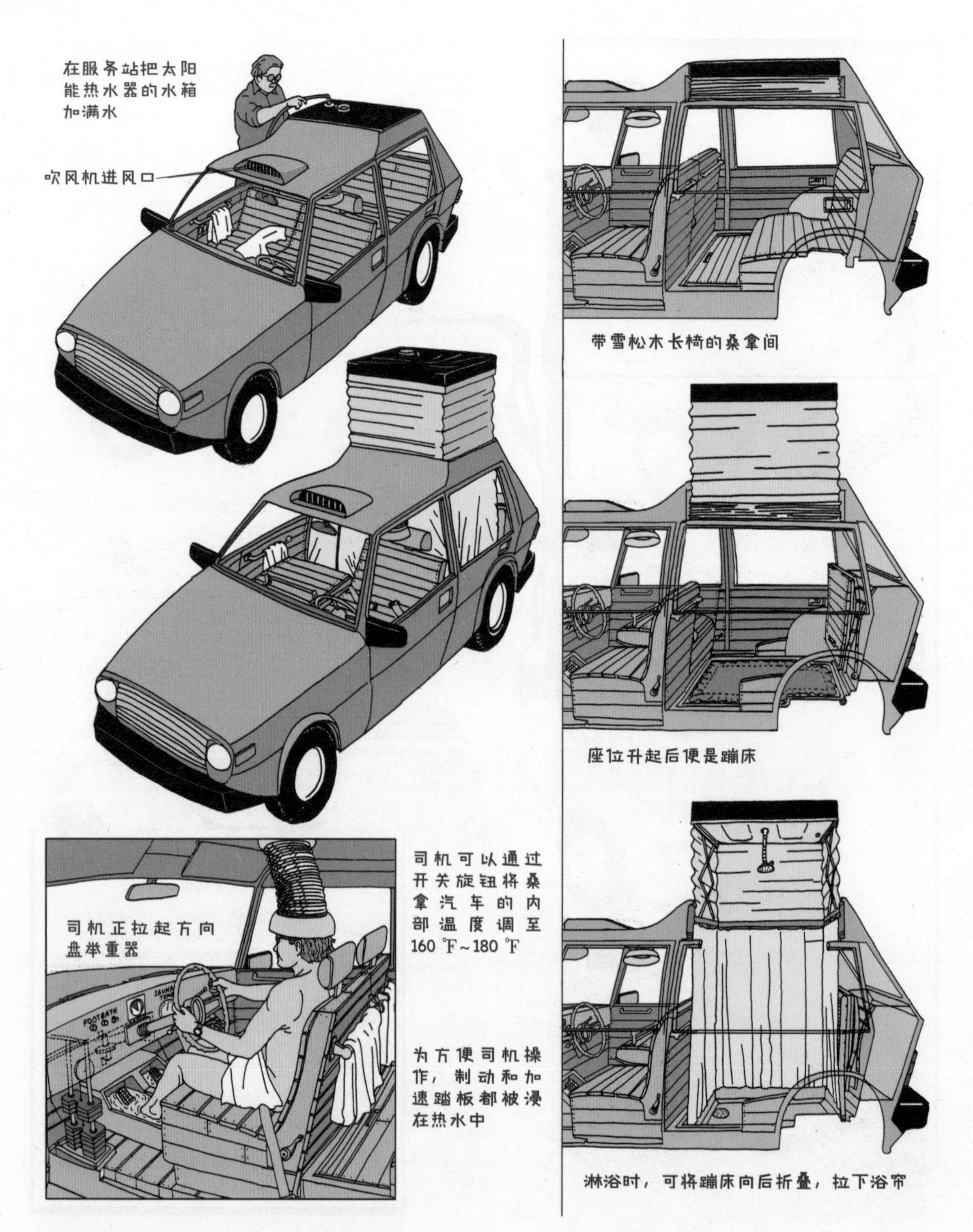

桑拿汽车：桑拿汽车具备若干跟健身相关的特色功能与设施，包括吹风机、太阳能淋浴、驾驶位足浴盆、浴巾架、桑拿、迷你蹦床和方向盘举重器。（1984）

床车：床车一般停放在车库里，不过如果你家的前门足够宽，你也可以把它停到起居室。这款车有助于纠正长期工作拖沓的不良习惯。床车内部包括一台电动咖啡机、一个闹钟和一台CD/卡带播放器。播放器可以播放带背景音乐的励志句子。（1984）

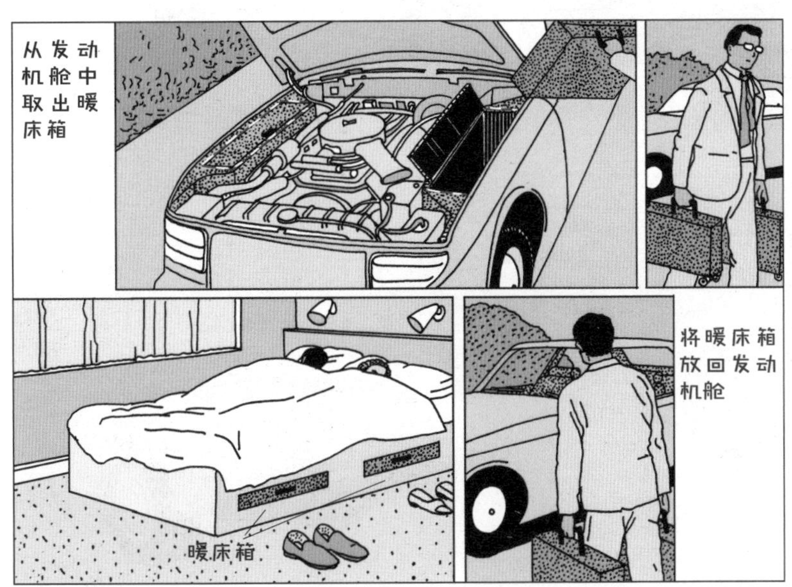

发动机舱暖床箱：冬天，当你下班（或者参加再就业办公室的面试）后拖着疲惫的身体回到家，你可以打开汽车引擎盖，取出两个发动机舱暖床箱，拿着它们走进屋，把它们放在你床下的凹槽中，然后就能上床休息了。（1991）

好梦吉普车：好梦吉普车内有连接着“好梦防滚杆”的完整帐篷和一张折叠床垫，可供人在马路旁、森林中露营；无家可归者甚至可以在大街上过夜。（2020）

引擎盖床车：引擎盖床车利用发动机舱上方的空间放了一张大号床垫。不过，我们不建议想睡觉的人在汽车行驶期间到床上去。另外，车中还配备了风扇，可以将油烟从睡眠区吸走。（1984）

市内停车

理想情况下，当我们需要宽敞的空间，或者需要让车缩小到适应较小的空间时，那么一辆汽车应该可转换为不同的尺寸。不过，真能改变自身大小的汽车寥寥无几。在这几页上展示的便是可以调节大小或形状的车型。

缩停巴士：这辆小巧的通勤巴士可以在司机采取“挤压操作”时变得更加小巧。到时，三角形的中部车身会缓缓升起，同时车的前后轴会越靠越近。总之，缩停巴士可以停入狭小的市内停车空间。（2020）

车厢可滑出式本田轿车：越来越宽的SUV和轿车已经造成停车场拥挤，使司机和乘客上下车都比较困难。有一种解决问题的法子是设计出带可滑出式车厢的窄体汽车，以便让汽车能停进为窄轮距汽车准备的停车位。（2020）

可叠放公司用车：在地价昂贵的市中心办公的企业可能会决定采购可叠放公司用车。这样的一个车队可以停满一个小型停车场。只要所有员工都学习了关于车辆停靠、坡道折叠步骤、进入无门车和使用安全千斤顶的课程，这种车就可以投入使用了。（1991）

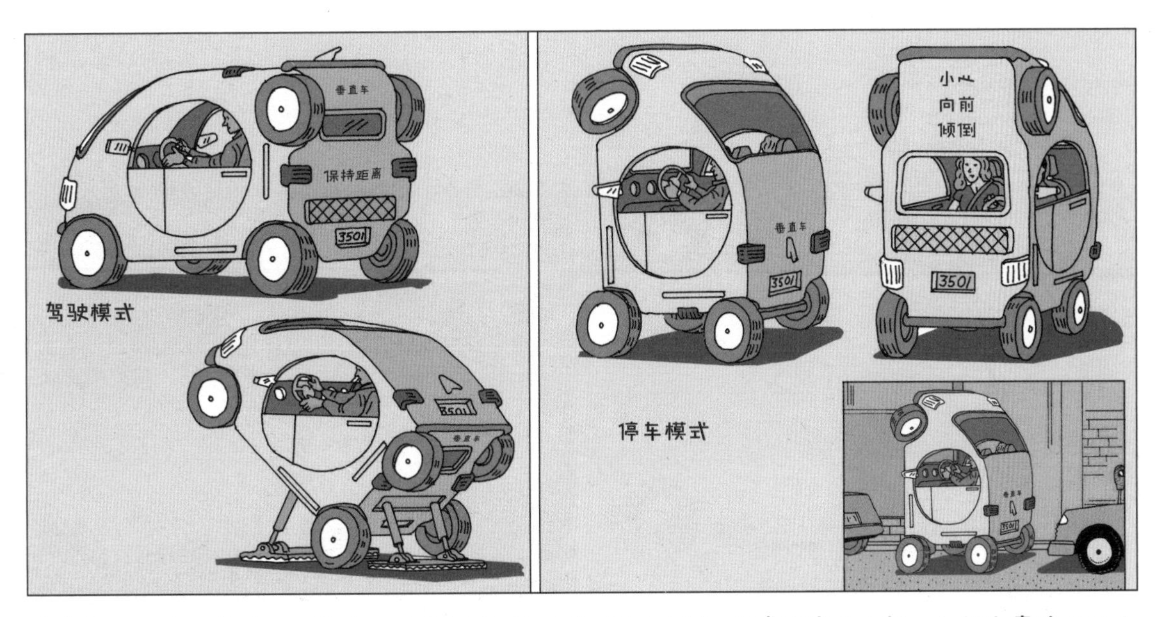

垂直车：经过思虑周全的设计，垂直车达到了人们既可以停入非常狭窄的空间，也能在高速公路上行驶的工程目标。但垂直车的复杂结构，以及它如果没有停在平坦或坚固的路面上非常容易翻倒的缺点都带来了一些麻烦。因为它是“后立”式停车，所以总有行人驻足观看。（2015）

后翘车：引擎后置的后翘车会在停车时像小折刀一样折起来。后座乘客必须在前排座位放平的状态下从车里爬出来。（2015）

自缩小轿车：如何把一辆车停进市中心狭小的停车空间算是一个问题。自缩小轿车的后备箱可以抬起，有效地缩短车身。（1991）

车身延长器：有的车主感觉驾驶有车身延长器的车更舒服。这种装置可以将车身延长7英尺（约2.1米）。（2015）

其他自缩小轿车：在停车空间紧张的情况下，司机可按下仪表盘上的一个按钮让后备箱抬起来。不过，后备箱放下时，汽车行驶时的稳定性、高速行驶时的耗油量都更加优秀。（2015）

俯瞰众生车

小轿车、大卡车、房车和SUV之间的尺寸差异已经造成了一种麻烦，尤其是对常常跑高速公路的人来说。于是，一场打造新型加高款“俯瞰众生车”的运动席卷而来。可人们逐渐认识到，这类车的存在只会带来更多麻烦！解决方案就是SOVT，即“临时俯瞰众生车”。SOVT的几种车型参见本页配图。

尼斯湖水怪交通扫描眼：只要尼斯湖水怪交通扫描眼抬起头，查看远处高速公路上的堵车情况就不成问题。（2019）

远景双层敞篷车：对使用爬梯的二层乘客来说，坐车的过程和路上的风景都刺激极了。有的乘客表现出了对车辆翻倒或制动力不足的担忧。此外，如果前方出现交通拥堵，二层的乘客可以提醒司机。（1984）

堵车瞭望镜：被堵在高速公路上固然恼人，不过如果你能看到远方的路况，心情就能稍微好些。司机只要竖起堵车瞭望镜就能找出前方堵车的原因，然后便可以选择是耐心等待还是寻找最近的出口。（1991）

氦气球摄像头：在带摄像头的小型遥控无人机流行起来之前，司机用来了解前方路况的最佳产品是用绳索牵引住的氦气球摄像头。这种气球可以从“气球天窗”里释放出来。（2015）

后座司机：高速公路堵车是世界各地城市司机的一大压力来源。“后座司机”驾驶的是一款被称为“运动视野车（SVV）”的交通工具。司机可以俯瞰前方的车流，但视线可能很难越过其他SVV。（2020）

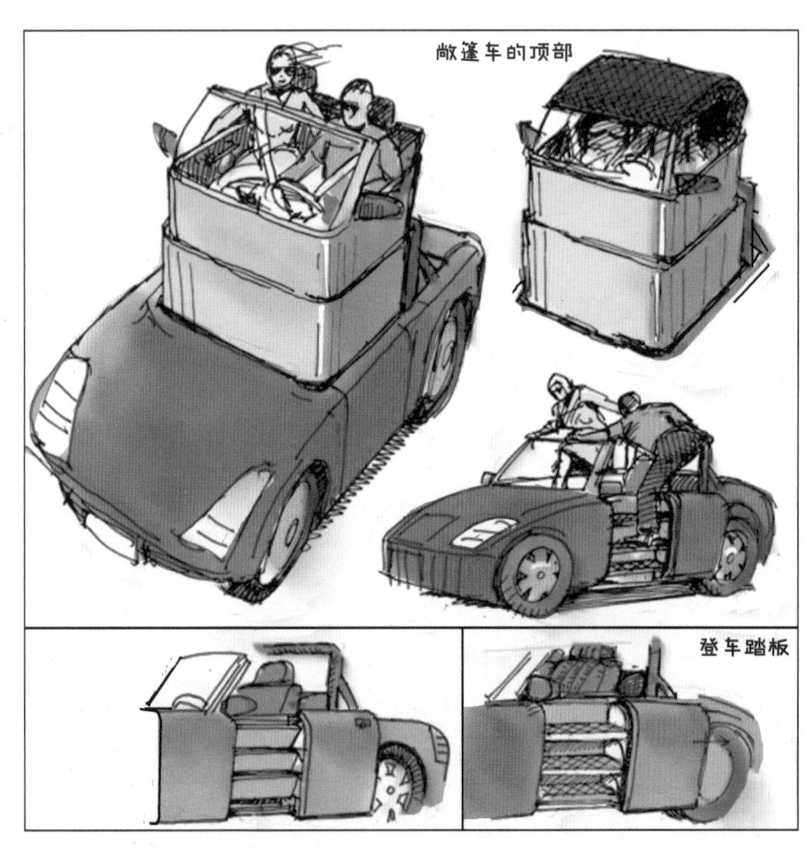

赏景车：在升起的赏景车中看到的乡间美景让人惊喜。用来操纵方向、制动、加速和换挡的拉杆连接在车厢底部。（2015）

上层司机：虽然有些司机会抱怨这种车在大风天驾驶起来有些困难，但是大多数人都很喜欢上层驾驶室带来的开阔视野。司机通过车内的梯子可以爬到上层驾驶室。（1975）

伸缩式天线摄像头：这种又粗又高的伸缩式天线是对之前在车表安装的收音机天线优雅的致敬。天线升至全长可以带来良好的视野，让车上的人了解前方路况。路况画面就显示在前座遮阳板上和前座头靠后部的LCD屏幕上，司机可以调节观察角度和焦点。（2015）

观景出租车：当或大或小的观景出租车的“观景驾驶室”升起时，回头率暴增。司机可以从驾驶室看到前方的风景！图中只展示了单人观景出租车，另外还有双人观景出租车和四人观景出租车。在观景驾驶室升起的过程中，车门是无法打开的。（2015）

倾斜视野车：倾斜视野车设计背后的理念很简单——前方驾驶者所在的部分高高翘起，可以让驾驶者拥有一个更好的视野。车体前部向前倾斜的同时，座椅靠背向后倾斜。（2015）

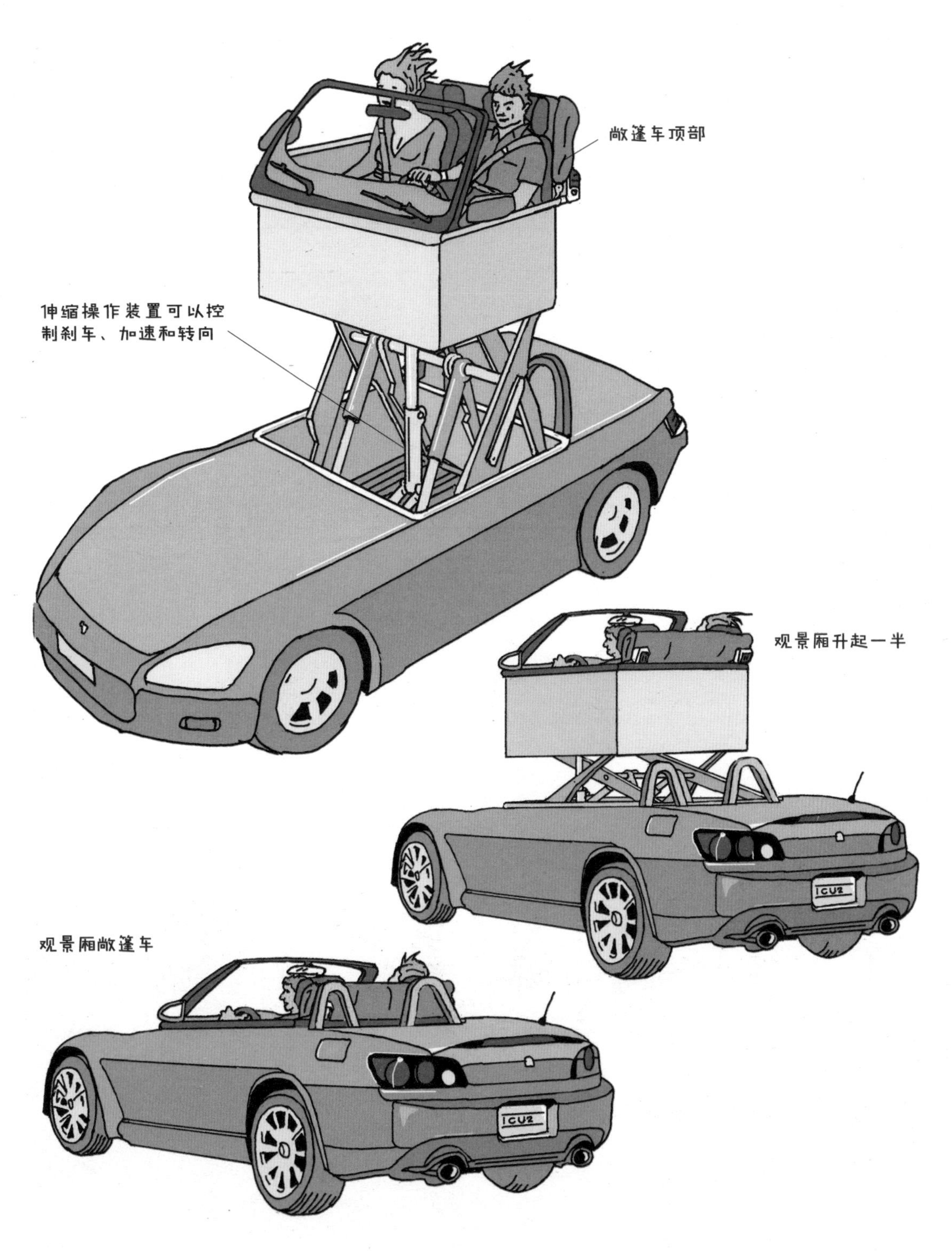

观景厢轿车：观景厢轿车可以带来一种十分刺激的兜风体验。可升起的观景厢让司机和乘客能时刻知晓前方的路况。还有很多车主非常喜欢在观景厢升高后开着车在曲折的道路上疾驰。不过，《车主手册》明确说明不建议车主这样做。（2020）

驶入大自然

汽车的发明让人们得以在城市与郊区之间自由往返，也给了大家逃离城市与郊区的自由。原本有RV，或称“休闲车/房车”；现在还有SUV，即“运动型多用途汽车”。后者的受欢迎程度与日俱增。

拥有一辆休闲车：买车后你就要面对随之而来的维修、保险等费用。它不时就会出现故障。在接下来的几页里，你可以看到满足不同品味和预算的独特新型车。（1980）

离家千里的“家”：有一些人既喜欢生活在大自然中，同时也不愿放弃家的舒适。几十年来，美国人找到了一种舒适的居住方式——住在房车公园或沙滩上停放的拖车或房车中。（1980）

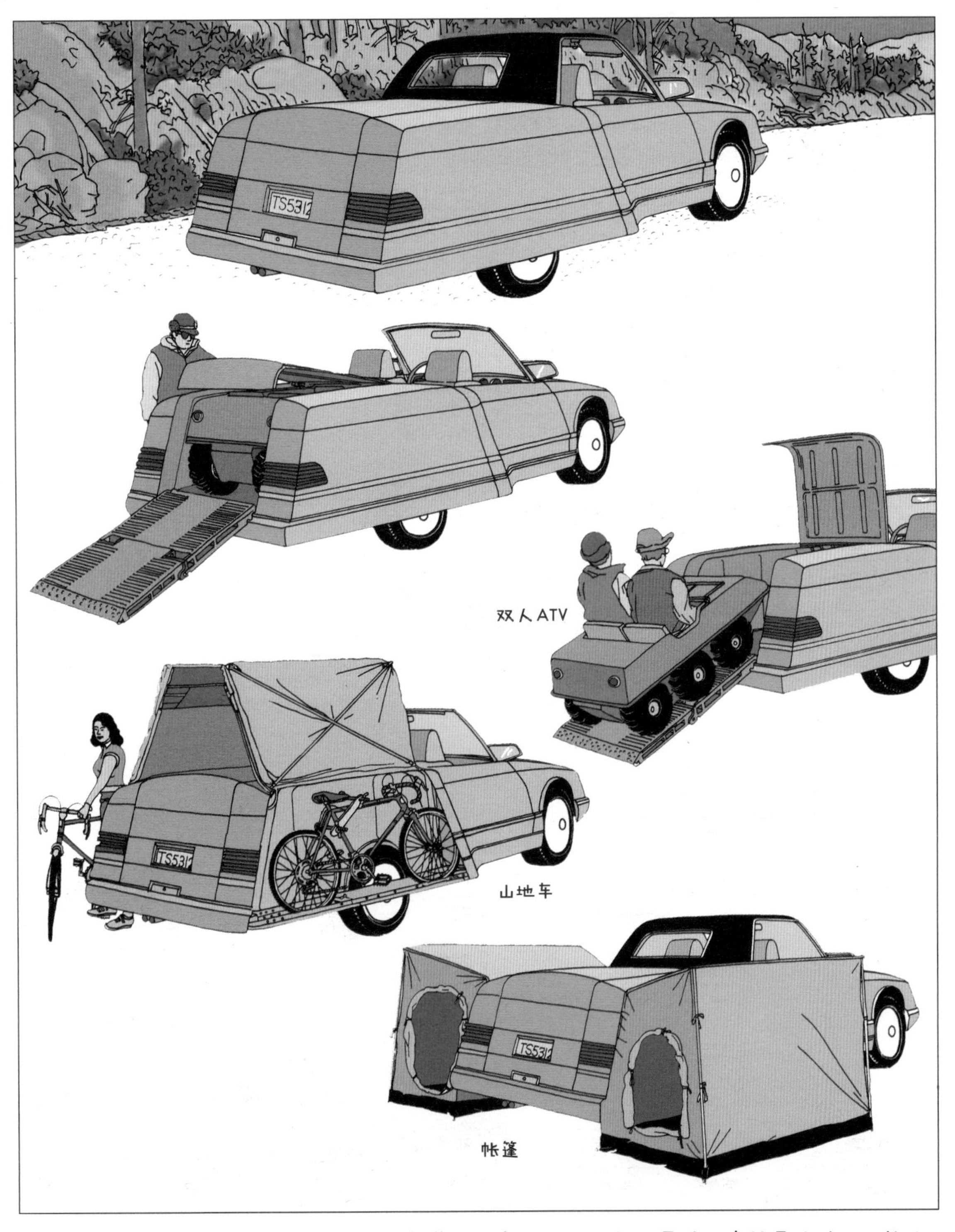

全美休闲车（AARV）：AARV面世之前，带着这么多所谓的休闲玩具进入森林是绝对不可能的。AARV的敞篷式车身可容纳两辆山地车、两顶帐篷，还有一辆全地形车（ATV）。这正是美国人需要的车！（1984）

帐篷车：帐篷车目前还是一款正在进行广泛测试的概念车。入帐楼梯的配置和帐篷自动收回功能还存在问题。（2020）

背篷车：后部是帐篷的背篷车比标准的掀背车实用多了。这款车包括一个舒适的双人帐篷。车的后门可以在不放下帐篷平台的情况下单独打开。（1984）

闲趣车：闲趣车是一款较小的经济型双人休闲车，尤其适合周末露营。这款车是为短途旅行而设计的，不适合开去环境恶劣的偏远地区。闲趣车设有后门，车内有一张弹出式双人床，也有淋浴设备（图中未展示）和厕所。（1991）

林中漫步车：凡是用过全电动林中漫步车的人都注意到了那种可贵的宁静，并表示他们喜欢小心翼翼在林间悄声前行的感觉。坐在林中漫步车中的人，耳畔只有落叶和小树枝被碾轧的嘎吱声。（1974）

双胞车：双胞车是一款独特的吉普，非同凡响的设计令它格外突出和醒目。有了这辆车，人们在面对荒野的挑战时会感觉胸有成竹。（1974）

驾驶马车时，司机若让马儿把头低下，视野会更开阔

“马车”：没有牛仔喜欢孤零零地待在沙漠中，连值得信赖的马儿都不在身边。开“马车”的人和马车之间似乎发展出了形影不离的情谊。（1973）

特洛伊鸭：有的猎人就是比其他人更擅长隐蔽。这些猎鸭人想了个法子，要是他们藏在特洛伊鸭中，野鸭或许就无法发现他们了。（1974）

本田风琴：大多数人都知道本田雅阁，但几乎无人了解本田风琴。这款车最初在日本上市，在美国的销量寥寥。手风琴式的后部扩展车厢有效地将就寝空间扩大了一倍。不过，汽车行驶时这部分车厢是不可展开的。（2020）

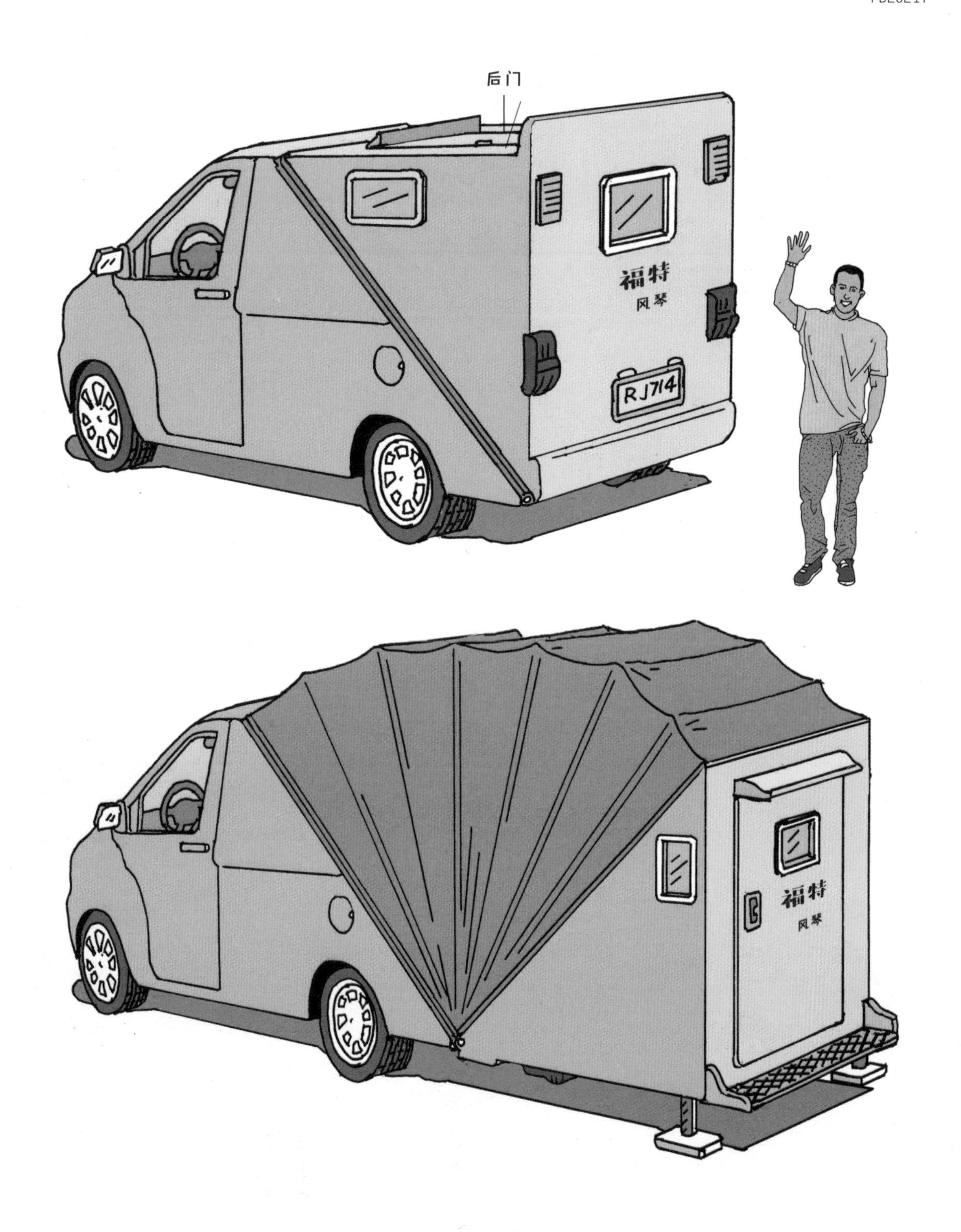

福特绝妙：在这款特别的厢式货车中段甚至可以站一个人。当汽车后部的风琴褶结构展开后，有效的内部空间是原来的两倍有余。展开时支撑柱会自动降下，然后根据地面情况调节高度。（2020）

船盖敞篷车：船盖敞篷车颇受喜爱划船者和不想拖着船去湖边的钓鱼人的青睐。可以在到达湖畔后几分钟之内就划上小船，对他们来说太方便了！（2020）

船顶旅行车：船顶旅行车的车顶也可以当船用。旅行期间，这条船倒扣着固定在车顶，其下是船桨、救生衣、坐垫、鱼饵和啤酒。到了湖畔，车主可将船向前一推，让它滑出轨道，再将它翻转过来。（1984）

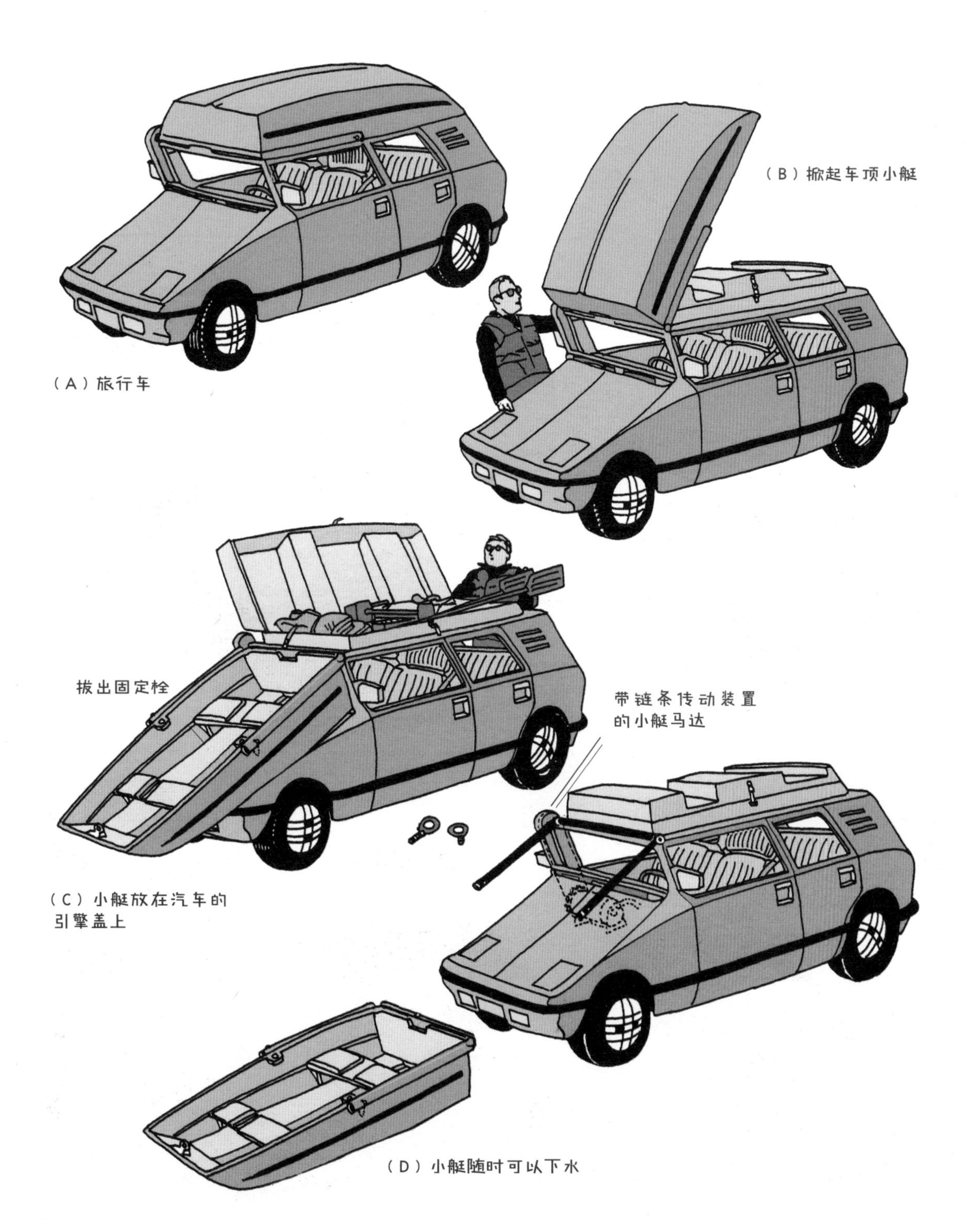

小艇车：这可不是一般的旅行车！原因就在于凹面引擎盖与挡风玻璃之间的锐角。这款车的车顶其实是一艘实用的小艇，它的下方藏着一个上锁的箱子，里面装着救生衣、船桨和一个小小的电动旋转马达。（1994）

打造更实用的车

汽车制造商喜欢尽可能地让车型标准化，制定出通用的解决方案。这样一来，他们就能以最小的成本抓住最大的客户群了。不过，还是有消费者的需求没有得到满足。以下便是具备特色功能的独特车型！

公路办公室： 如果将桌面收回并拉出两个座位，公路办公室可供两名乘客落座（A）。车中只有一名乘客或者没有乘客时，车中人员可以在后座上办公（B）。贵重的办公设备可以安全地藏在带锁的铁卷帘门下方（C）。(1991)

购物车： 购物车是为购物达人设计的。一个折叠的购物手推车，被设计成了后备箱内后面板的一部分。在购物时使用这种手推车，可以将拎袋子的次数降至最低。手推车取出后，会有一个同样的后备箱面板弹出，出现在原面板的位置。手推车中还有一个专门存放商店优惠券和报纸广告的文件柜。（1991）

汽车抽屉： 由于停车场抢劫案频发，人们需要在上车时有方便存放购物袋、公文包和食品杂货的地方。这类车有专门放公文包的车顶抽屉（A）、放食品杂货的储物箱（B）和一条隐蔽的传送带（C），而且使用者可以很轻松地够到传送带的控制按钮（D）。（1991）

现实生活车（RLV）： 这种车被称为“现实生活车”是有原因的。女性，尤其是做了妈妈的女性，她们要在一天之内频繁切换多个身份。RLV的设计正是为了满足她们的需求。RLV可供一名司机和六名乘客乘坐，它不仅是一间功能齐全的办公室，还配有洗衣和烘干设施。（2010）

1.舒适的六人座

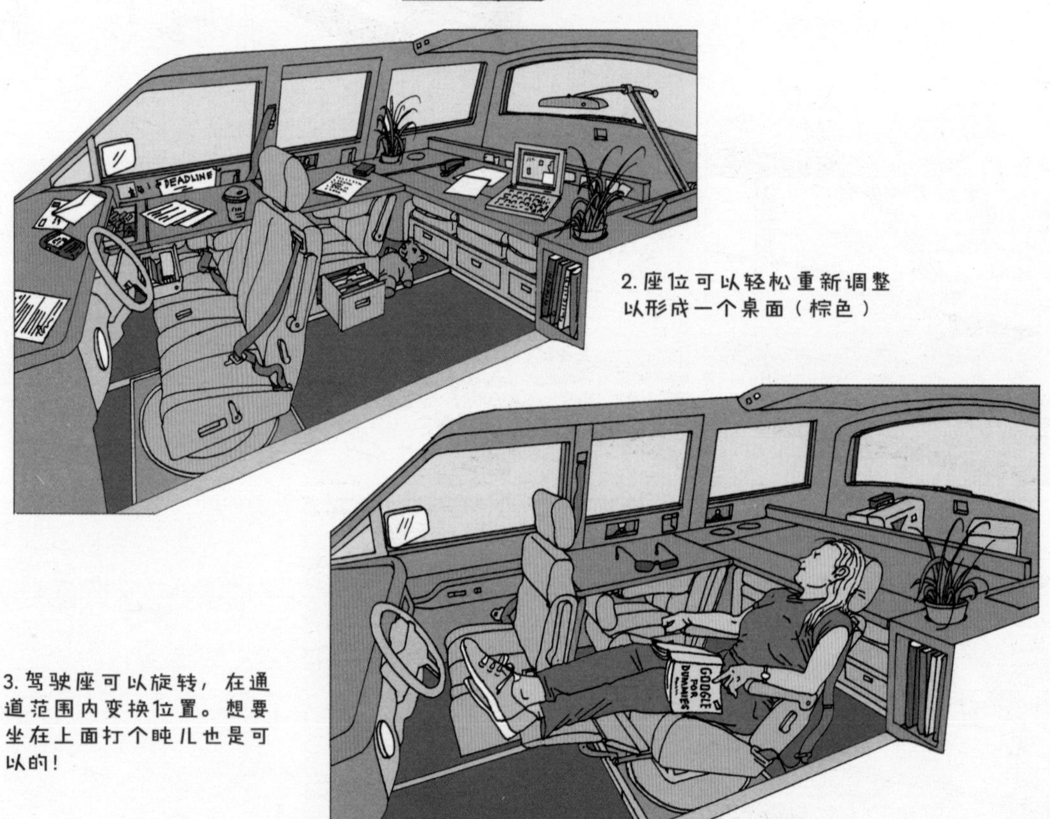

2.座位可以轻松重新调整以形成一个桌面（棕色）

3.驾驶座可以旋转，在通道范围内变换位置。想要坐在上面打个盹儿也是可以的！

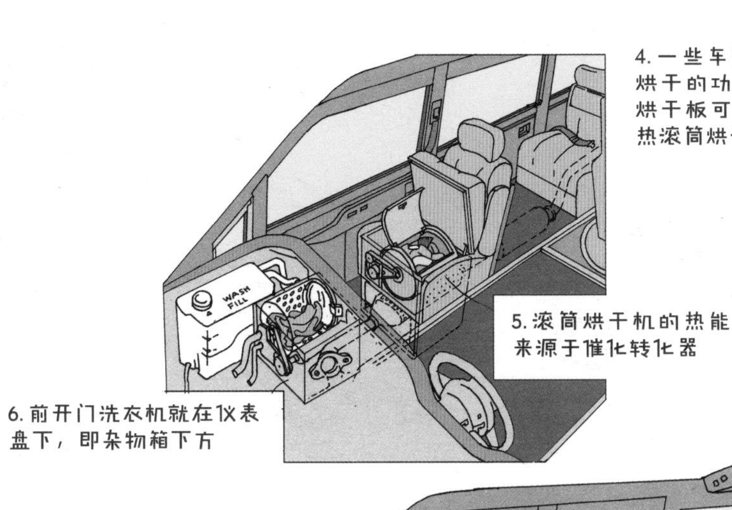
PD2021F
4. 一些车型具有衣物清洗与烘干的功能。车顶的太阳能烘干板可作为对座底消音加热滚筒烘干机的补充
WASH FILL
5. 滚筒烘干机的热能来源于催化转化器
6. 前开门洗衣机就在仪表盘下，即杂物箱下方

7. 车主可将衣物放置于车顶太阳能烘干板上
8. 年轻妈妈容易落入所谓的“足球妈妈”陷阱，发现自己每天把许多个小时花在接送朋友和邻居吵闹的孩子上。有时候，妈妈们是带着愤恨的心情做这些杂事儿的！RLV可以让妈妈们有张正经的书桌创作小说！

9. 衣物正在太阳能烘干板上烘干

衣柜车：这些是根据美国年轻女性的工作和约会习惯而改装的车。在大都市中，快节奏的生活意味着人们可能在一天内会把几个小时花在高速公路上，穿梭于公司、健身房、晚餐约会地点以及与男、女朋友过夜的地点之间。因此，一个带有专门放内衣与鞋抽屉的全身衣柜很有必要。（1984）

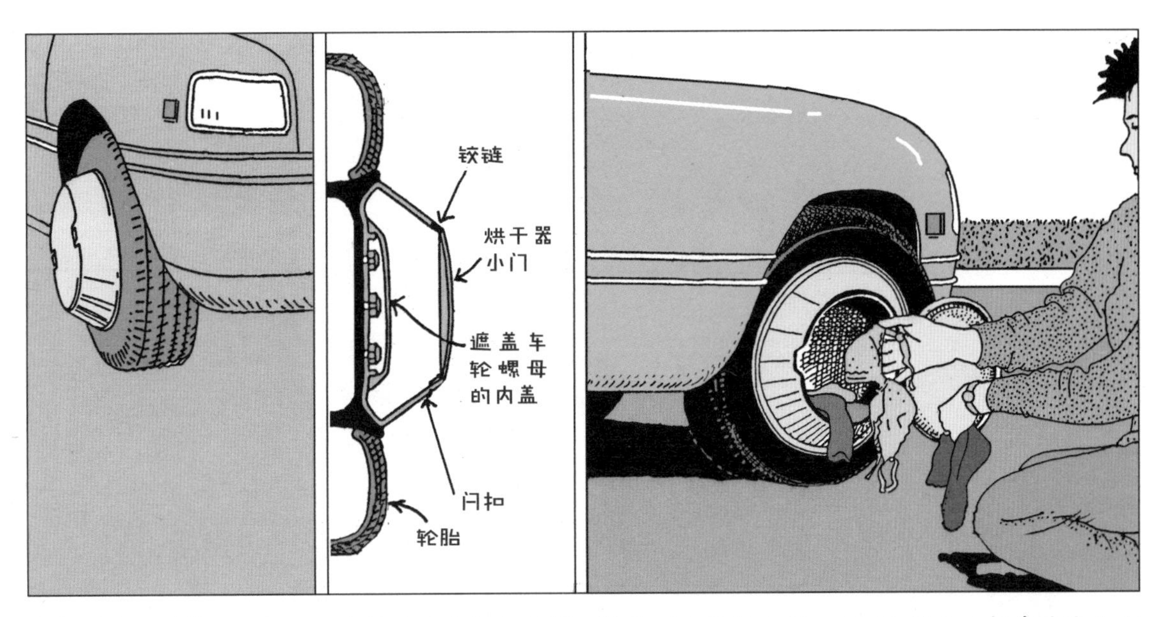

轮毂迷你烘干器： 这是世界上最小的衣物烘干器。随着车轮滚滚向前，路面与轮胎之间摩擦产生的热量传导到轮毂烘干器中不多的衣物上。带可拆卸滤网的通风进气口（图中未展示）可以向轮毂送入新鲜空气，加速烘干。（1991）

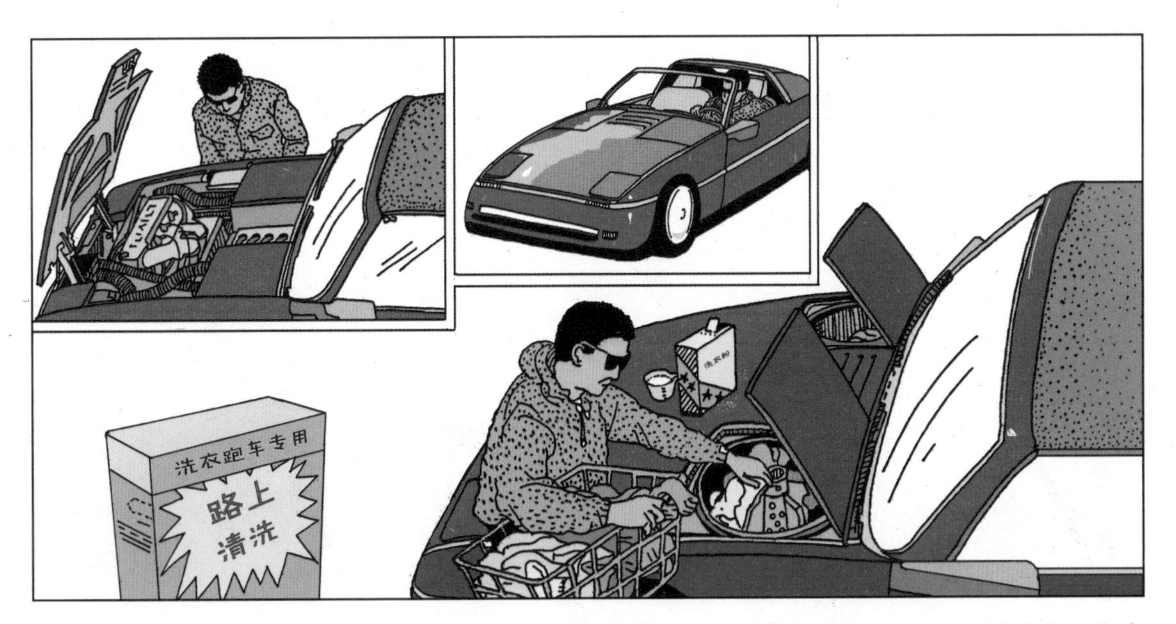

洗衣跑车： 社交生活丰富的人，包括那些总是桃花缠身的人，都喜欢开洗衣跑车。这款车可以在半个小时的通勤或办事过程中洗涤并烘干少量或中量衣物。另外，此车有一套独立的热水系统、皮带与滑轮，以及浮毛滤口。（1991）

皮卡后备箱：将这款车的后备箱顶和后挡风玻璃折起，拉出后备箱便形成了一个卡车床，可以用来运输表土、肥料或公寓家具。（1991）

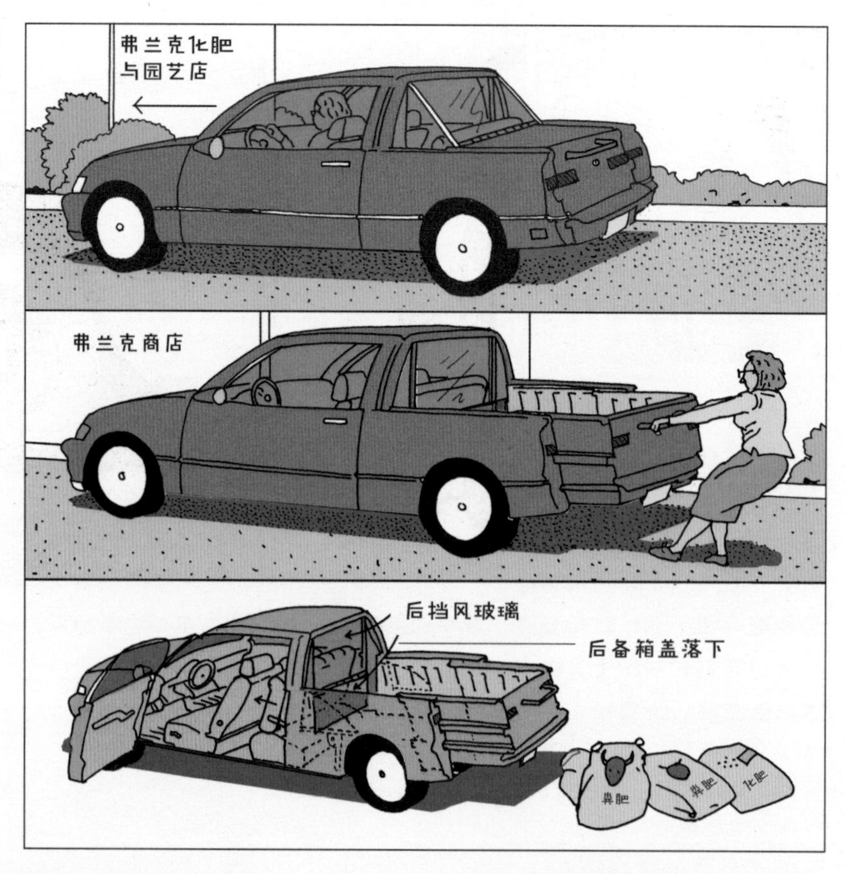

全车挡风玻璃雨刮器：四个雨刮器围着车辆的整个外侧移动。人们下车时，雨刮器就会停止工作，以免挡住车门。（1988）

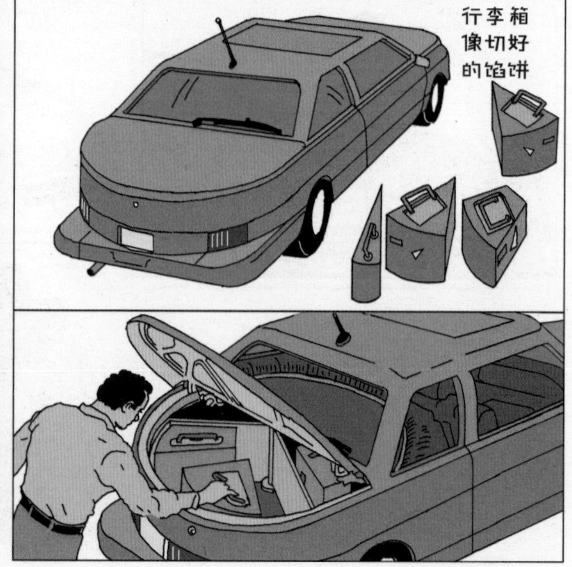

船尾商务小轿车：这款小轿车有着圆形的旋转后备箱，模仿的是1935年的奥本“浮影”。购车时馅饼形行李箱已包含在内。（1992）

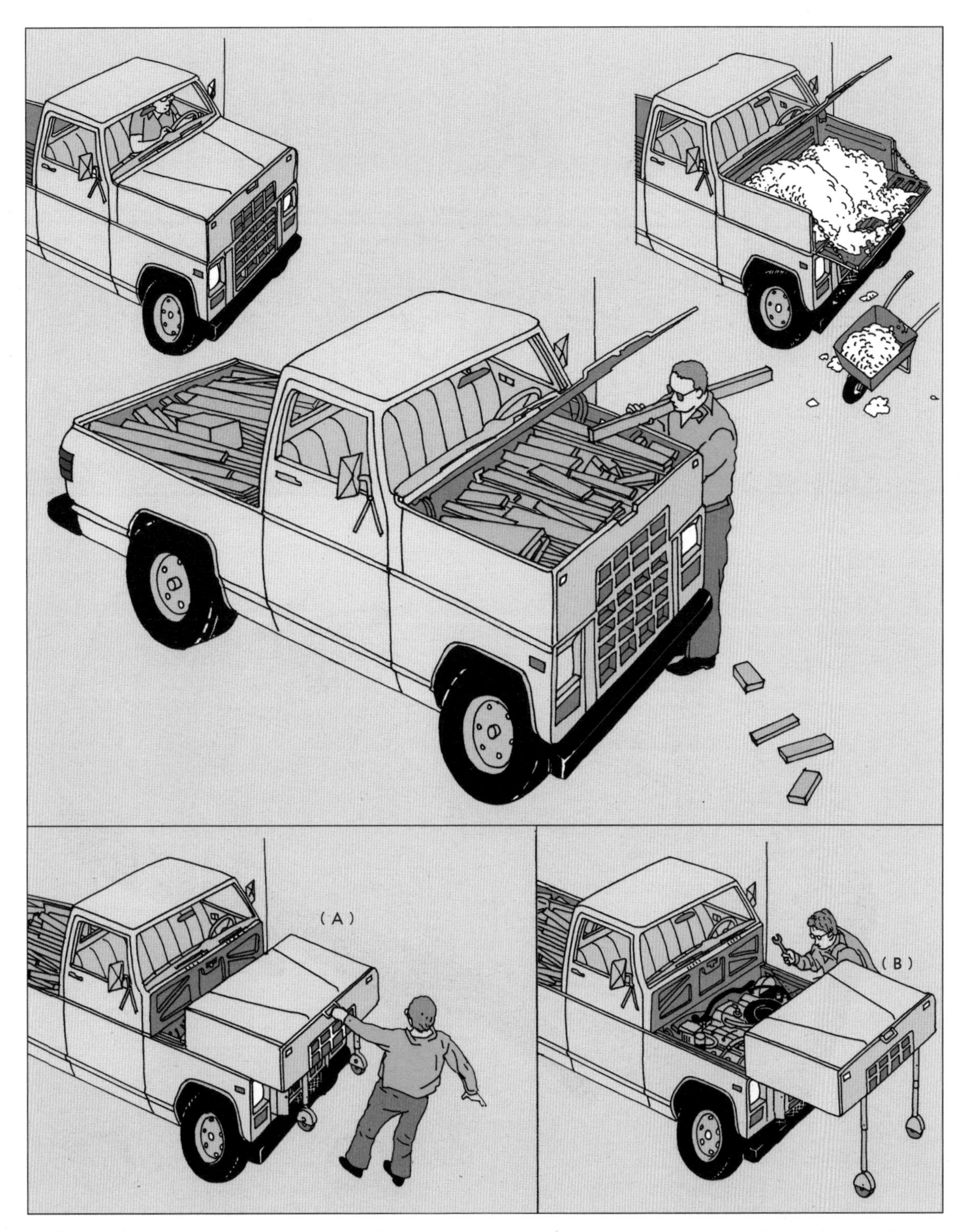

双货厢皮卡：双货厢皮卡的前后都有装货的空间。与寻常皮卡不同，这种车的发动机舱上方有一个前货厢（A）。下拉式小轮让前货厢更容易拉出，从而方便发动机的维护与维修（B）。（1984）

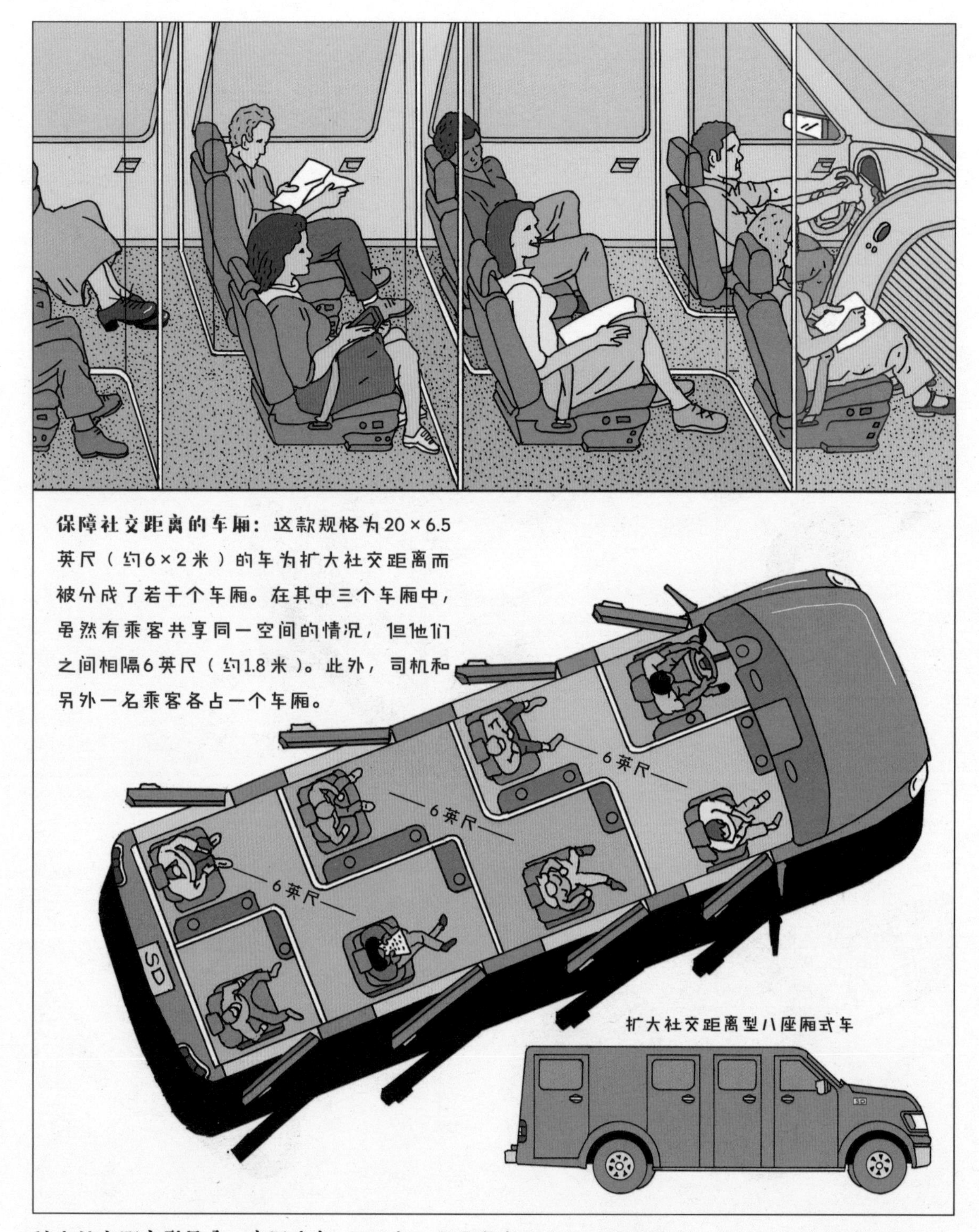

扩大社交距离型尼桑八座厢式车：2020年，尼桑紧急生产了一款厢式车，其设计旨在保障扩大社交距离。为了确保就座的乘客之间保持至少6英尺的距离，车内有彼此分隔的独立车厢。要保证乘客不会在非必要情况下混在一个空间里，车上需要八扇独立的车门。

自洗车：有了自洗车，再也不需要把车送到洗车行去了！为了用最少的水和皂液达到完美的清洗效果，这款车采用了经过认证的气候友好型环保技术！在循环清洗和漂净的过程中，自洗车必须停在路边。（2020）

满足老年人的活动需求

老年人需要特殊照顾。有一天，或许会有一种老年人专用汽车座椅，就像婴儿座椅一样。无人驾驶汽车可以让老年人独自坐在车中，无须实际驾驶。现在，最有希望生产出来的车型配有疏散门、旋转观景座、座下小睡柜和正常大小的卫生间。

步行辅助器：老人容易疲劳。行走、甚至是站立都可能比较费力！步行辅助器可以帮助他们去想去的地方，同时让他们得到充分的休息。另外，大可不必把使用此类器械当成奇耻大辱！（2020）

老年人专用公路：老年驾驶者喜欢在慢反射高速公路上开车。他们的车必须带一块显示屏，上面写明司机有哪些特殊情况。（1991）

行李搬运机器人：要不了多久，就可能有无人驾驶出租车载你去你的目的地，然后还会有一个机器小车帮你把行李送进家。（2009）

乘客抽屉盒：在空间充足的情况下（比如在残疾人停车区），乘客抽屉盒提供了另一种下车方式。抽屉盒可以让年老体弱的乘客轻松下车。车上还提供了一个单独的下车门，专门用于乘客抽屉盒在狭小停车空间中无法完全抽出的时候。（1991）

睡眠抽屉巴士：打算乘睡眠抽屉巴士出行的人最好还是打电话预定座位或者抽屉。这种巴士一票难求，尤其是在服务于退休人员社区的路线上。抽屉床颇受疲劳的夜班工人、醉汉和老年人的欢迎。不过，有人反映躺在后车轴上方的抽屉里会睡不好。（1991）

内急双人座轿车：内急轿车解决了老年人的特殊需求。当司机或乘客需要上厕所时，他们可以站起身，抓住安全扶手，等待他们身下的座椅顺时针旋转。每个座位的椅垫下方有马桶（A）、储物箱（B）、马桶冲水箱（C）和垃圾桶（D）。（2009）

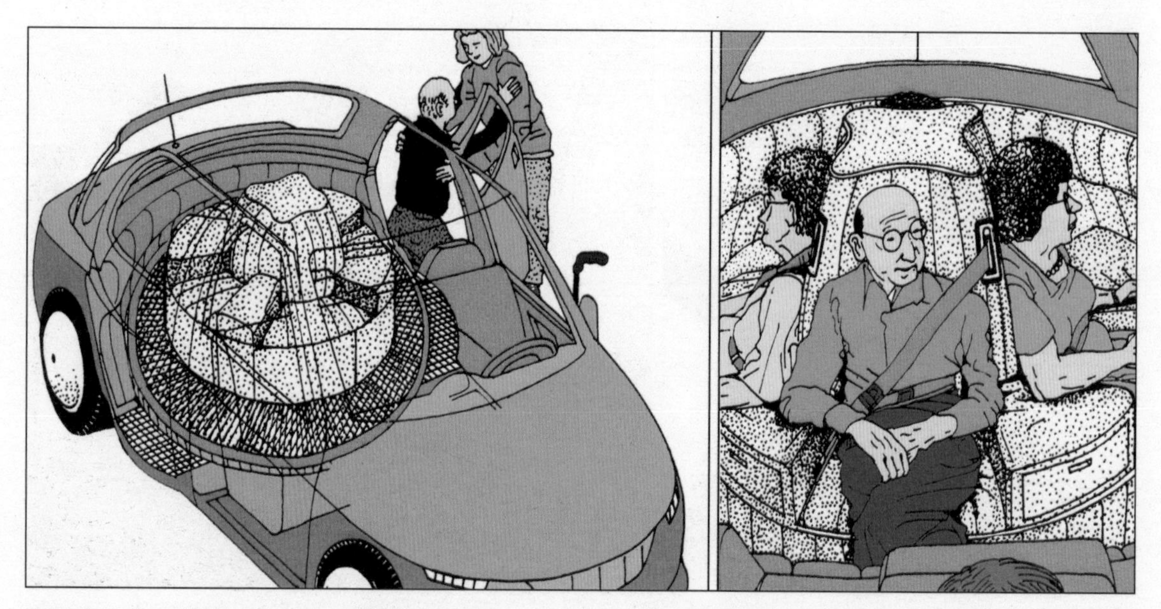

旋转座位车：随着老年人口比重的逐渐增加，市场开始需要像旋转座位车这样的产品了。车中的四人位电动旋转椅适合装在车身较宽的轿车和货车中，可让身体僵硬、体力较弱的乘客轻松下车，并把人起身下车时的关节压力减到最小。（1991）

以车为家

如今，睡觉、工作和开车之间的界限就像拥有、租用、借用或雇用之间的一样，变得十分模糊。YouTube上的视频向大家展示了一种生活方式：开着房车到处逛，既没土地也没房产，吃住都在车上。在拥有许多高科技人才的城市，有些人买不起或者租不起别墅或公寓，整天生活在他们的RV（休闲车）中。有许多方法可以让你的车成为你的家。

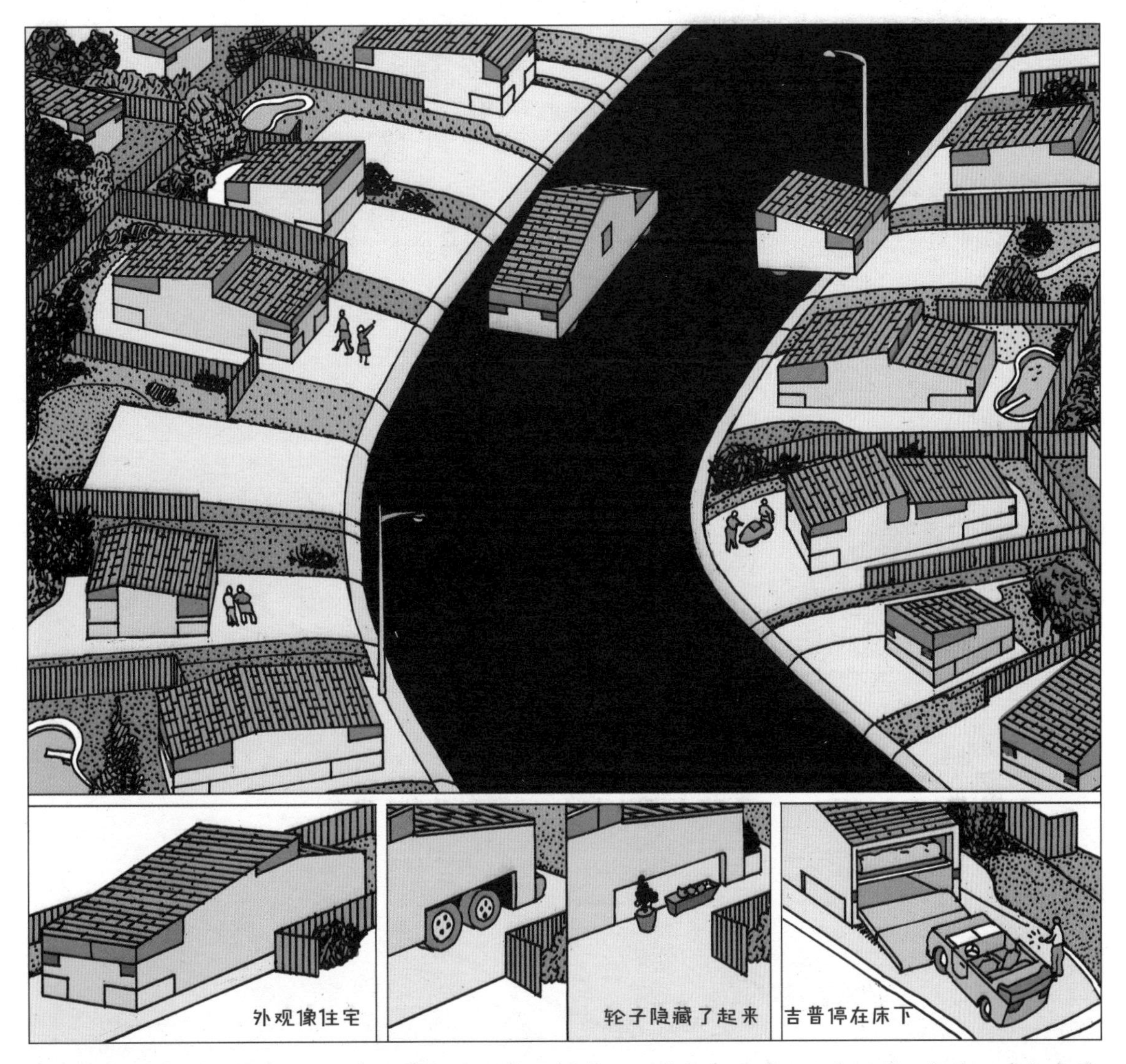

房车郊区：房车因其糟糕的油耗和臃肿的体积而被节俭的市民和环境主义者诟病。然而，正如在房车郊区看到的那样，房子也是车。这种车的特点是其后部有一间卧室，里面有一辆带折叠式挡风玻璃的吉普式汽车。车开进“卧室”后就停在一张大床下面。（1991）

车屋：除了旅行之外无事可做的人常常投资带有配套房车的住宅。这些车屋在不上路时紧靠主屋停放，可作为独立公寓使用。根据季节的变化和投资收入的需求，房主可选择是否把车屋开出去。（上图：1991；下图：2020）

城市中的"迷你家"：美国各个城市和乡村逐渐屈服于压力，允许移动微型住宅在现有的住宅区安营扎寨。从那以后，为"迷你家"选址定居的风潮就势不可当了。有些城市规划者开始敦促城市废除相关限制性条例。（2016）

庭前草坪征用计划（FLCP）：住房危机愈演愈烈。尽管有些人在美国以科技产业为主的城市中拥有一份薪资丰厚的工作，但他们依然买不起或租不起一栋别墅或一间公寓。于是很多城市实施了FLCP，禁止别墅前保留大片的私人草坪，而是要把草坪空间留给没有固定住宅的打工人停车过夜。（2020）

汽车式住宅：这片节能地下住宅社区坐落在山坡之上，它的内部设计成了汽车主题，不落俗套地使用了聚乙烯树脂、人造革和喷漆金属的组合。这里的住户喜欢听引擎发动的录音或观看堵车的视频。（1991）

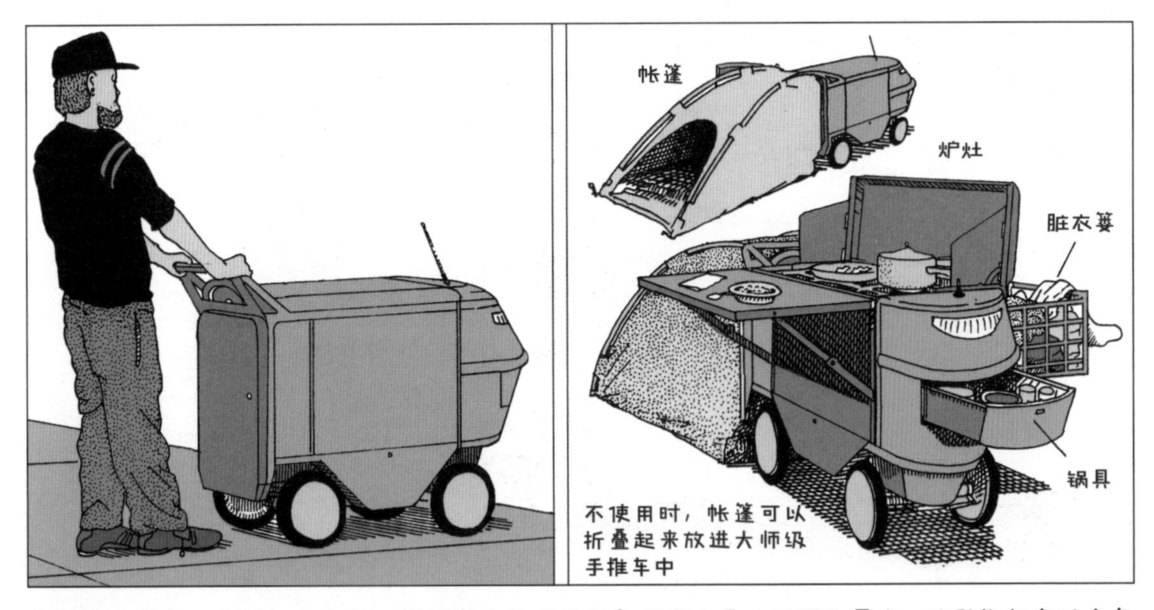

大师级手推车：大师级手推车的设计是为了满足许多流浪人员的习惯和需求。这种推车有时会免费发给经济状况不佳的人。它比购物推车的用处要多得多，是很多流浪人员最喜欢的“车”。在公园或收容所中，大师级手推车可以安全地锁在笼子里。

无马达车宅（MLH）：雄心勃勃的无家可归者向"有家可回"的目标迈出的第一步，便是购买一辆豪华舒适、设施齐全的无发动机车宅。这款车宅广受隐士、喜欢独来独往的人和极端环保主义者的欢迎（只要他们身强体壮，足以推动车宅）。（1991）

人力车：经改装，爬楼练习机与人力推动的超轻微型车结合为一体。人力车可以沿着城市中的自行车道慢速前进。推车上山时可以使用该车附带的电动机。（1991）

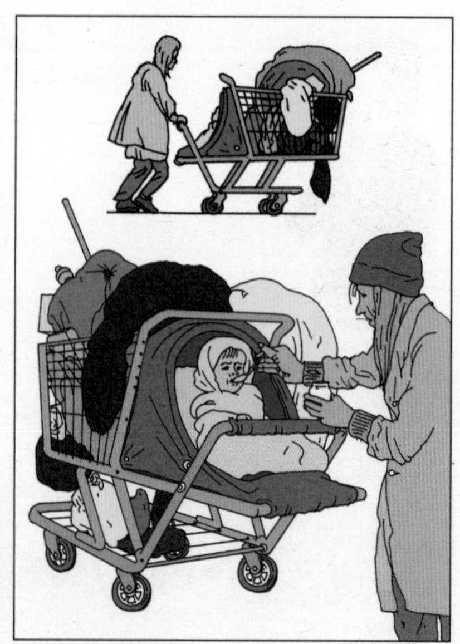

购物婴儿推车：美国的无家可归者数量持续增长。这种手推车既有容纳婴儿的空间，也可以装大尺寸的塑料袋。（2016）

微动车：“一切靠自己”公司推出了各种尺寸的可居住拖车租赁服务，其中就包括被称为“微动车”的一款单元车。无论以什么标准来衡量，这种仅能装下一张床垫和一个睡袋的双层睡觉空间都很小，所以用微动车来拖动完全没有问题。这些价格实惠的单元车车顶装有一块太阳能板，尤其受到拖欠儿童抚养费的男性的青睐。（2019）

仓储型汽车旅馆：公共仓储式汽车旅馆将个人家具存储与临时居住的未配备家具的汽车旅馆房间联系在了一起。于是，人们可以将私人物品放进被分成若干隔间的旋转储藏室中，只要有了重新布置家具的灵感，随时可以将它们搬出来。（1991）

便携式私人庇护所

世界各地的城市都有这样一幅令人沮丧的画面：神情萎靡、疑似无家可归的人拖着便携式普尔曼车沿着人行道或在街边的贫民窟中行走。他们的小“家”看起来就像超大型邮箱，通常像孩子的玩具车一样被他们拖着走。

便携式普尔曼车：便携式普尔曼车的基础款有可供一个人躺在里面的封闭空间。里面的人把头枕在枕头上，剩下的空间足够他看书或者查看笔记本电脑上的消息。最初的车型有一块充电电池，用于照明、暖气和空调。（1991）

普尔曼房产业主：即便是拥有便携式普尔曼车的人也希望能拥有或租下一块土地。新来的业主需要学习税务、杂费、财产安全、围栏搭建和噪声规定等相关知识。（1990）

普尔曼公园：城市郊区建起了盈利性流浪者移动公园。家庭和个人在那里聚集、结交朋友，但其实他们的生活状况都不太妙。合作运营的流浪者公园有着严格的规则和自我监管制度。那里晚上有篝火和娱乐活动，而且常常有一家三口带着三辆普尔曼在公园驻扎！（1991）

迁徙的普尔曼部落：在许多城市中常常能看到这样的景象：便携式普尔曼车组成的车队在城市中或者乡间小路上缓缓前行，前往下一个露营地或者其他提供免费食物和衣服的地方。疲惫的普尔曼车车主默默地走在人行道上，几乎一言不发。（1990）

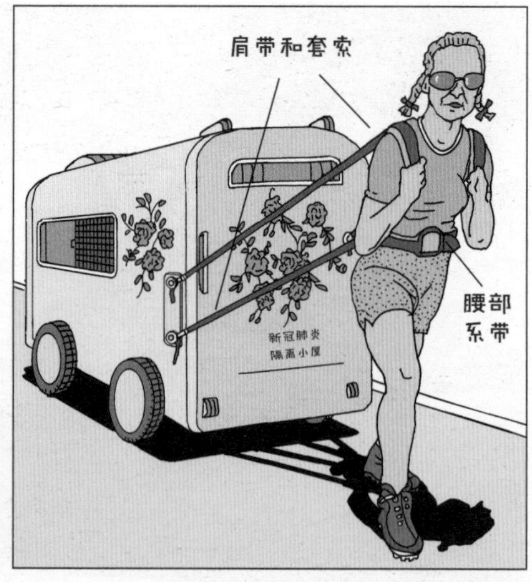

拖曳与拉拽：不管你用什么方法拖着便携式普尔曼车穿过城市街道，这个差事都不轻松！对一个住宿和交通的唯一方式就是便携式普尔曼车的人来说，他的生活已经没什么趣味可言了。留给他的只有无尽的羞耻！普尔曼车自带把手、肩带和挽具。（2020）

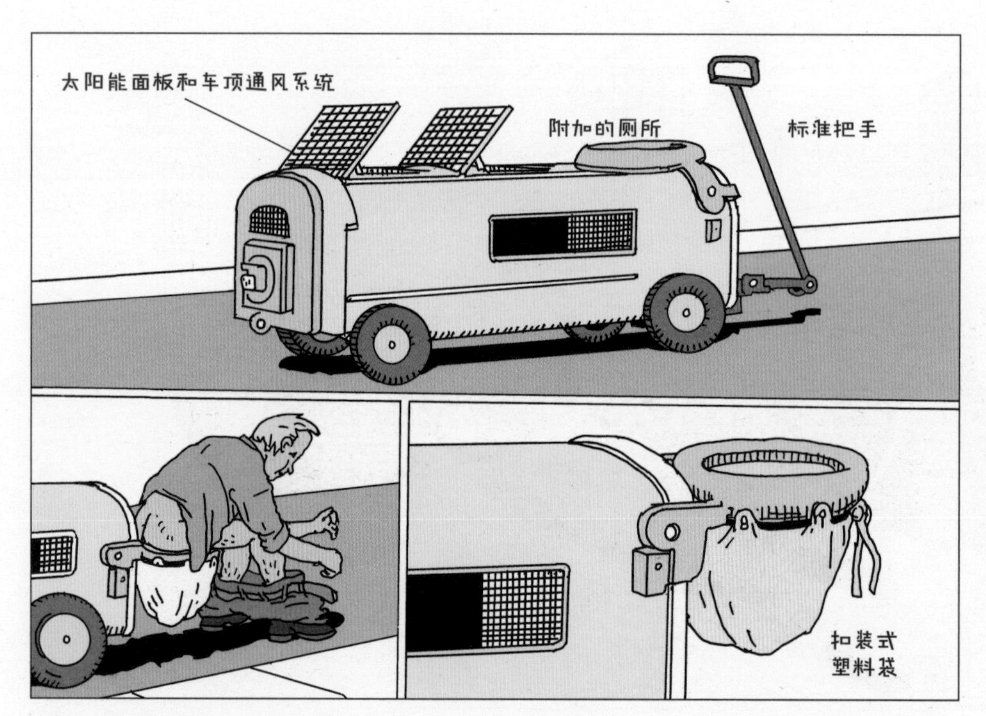

厕所：有的便携式普尔曼车型附带一个下拉式厕所。当然了，在没有遮挡的环境中大小便实在很让人难为情！马桶边缘扣着一次性塑料袋。不用时马桶圈可放在车顶。（2019）

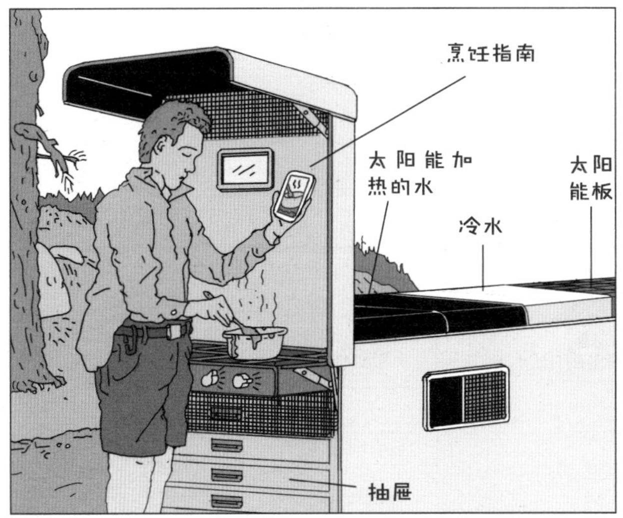

嵌入式炉灶： 抬起车的后面板，你就可以看见车的实用之处了。折叠车顶可为使用者遮挡日晒和雨雪。图中展示的是带有隐蔽油罐的拉出式炉灶。（2020）

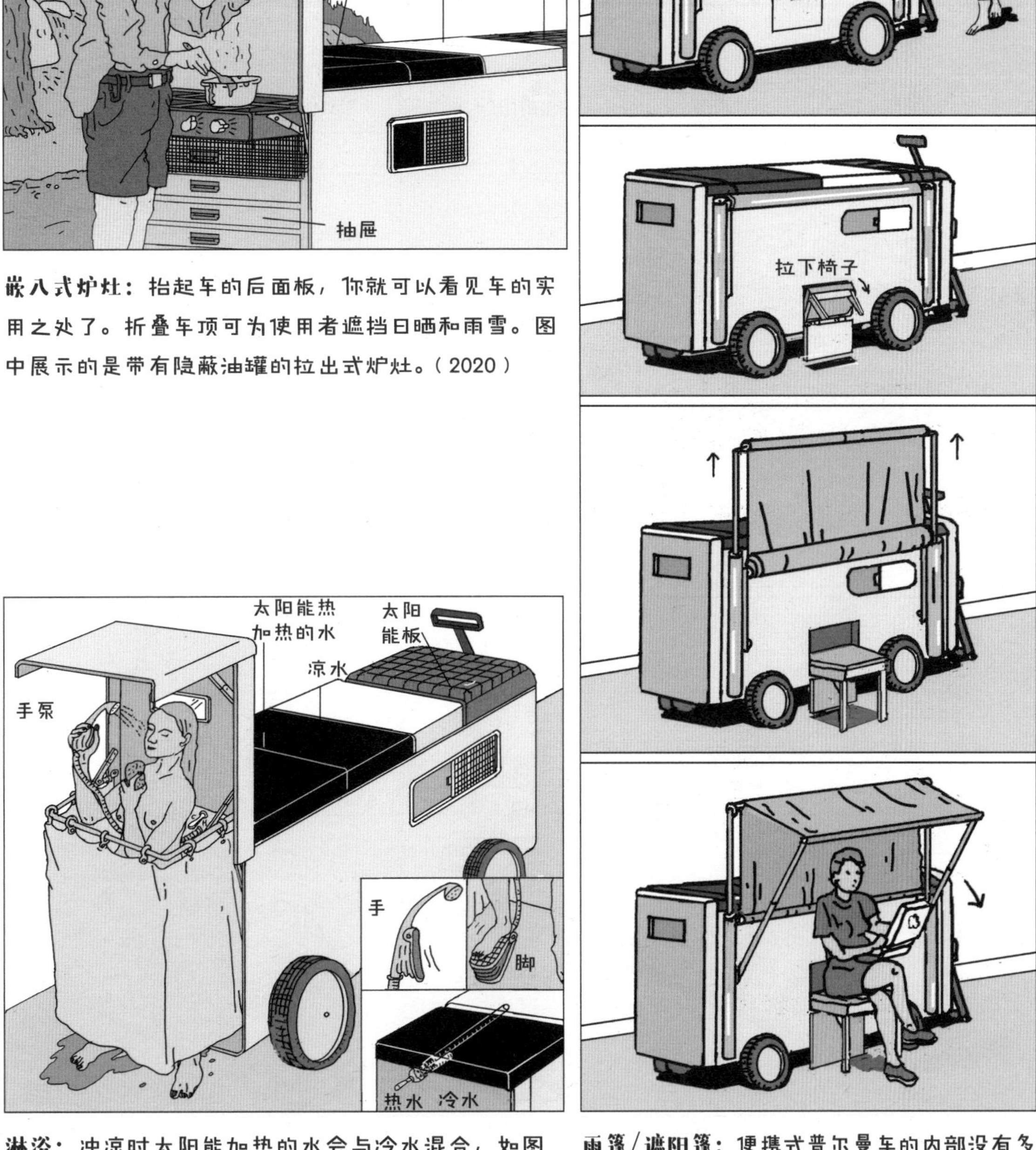

淋浴： 冲凉时太阳能加热的水会与冷水混合，如图所示，水是通过手泵或脚泵抽上来的。（1991）

雨篷/遮阳篷： 便携式普尔曼车的内部没有多大空间留给人读书或使用电脑。雨篷/遮阳篷和椅子因此成了颇受欢迎的配件。（2020）

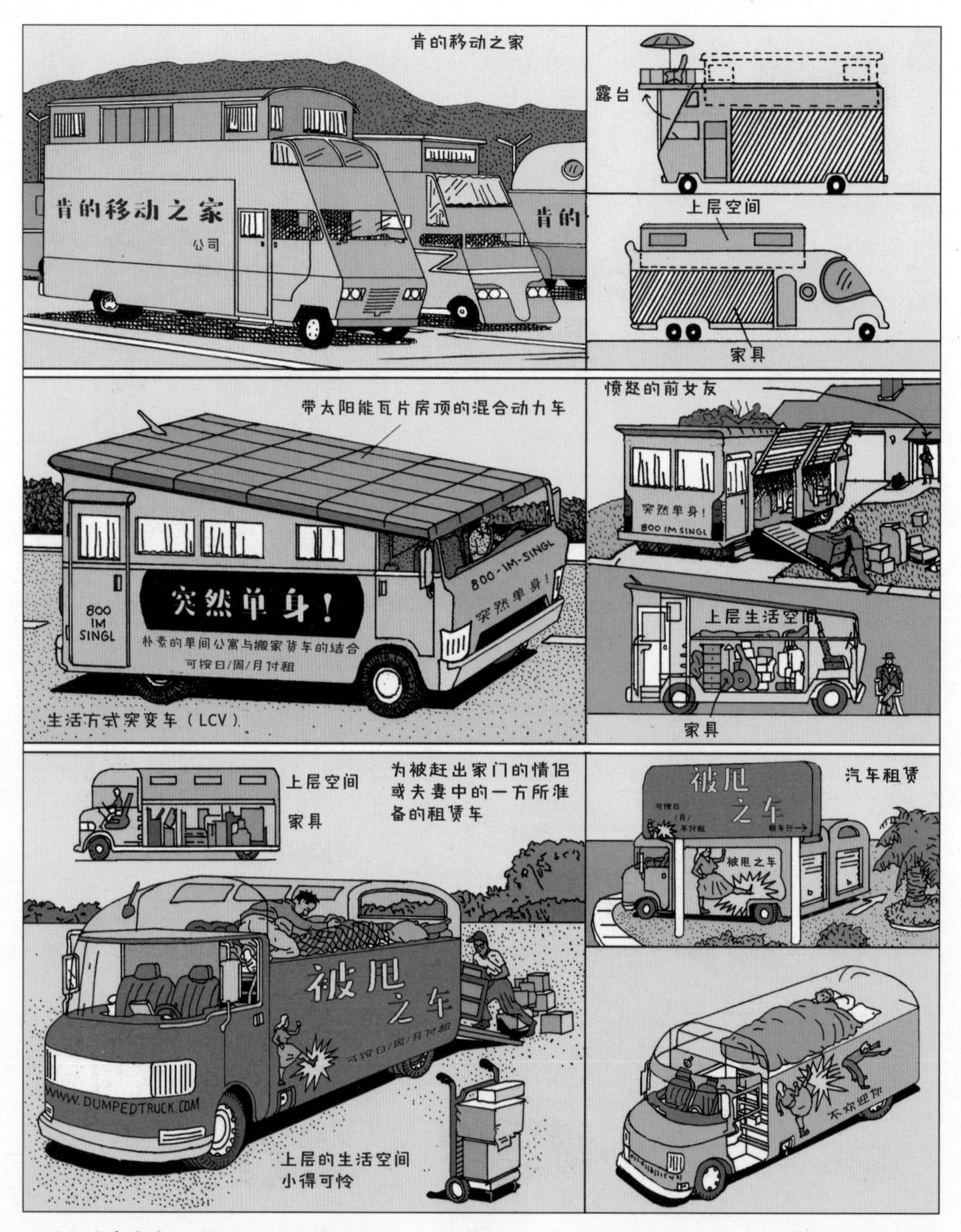

生活方式突变车：有些汽车租赁公司推出了下层放家具、上层是微公寓空间的汽车租赁业务。做此业务的公司名字有"滚出家门""被甩之车""和你的东西一起睡吧"等。你可以按小时、按周、按月付款或者一直付到"滚回家去"。（1991）

房车和活动房屋

房车是别墅与机动车的特殊结合。没有哪种汽车设计得像房车一样，通过如此矫揉造作、粗暴又夸张的外观来展示车主的个性。有的车体积巨大，有的则只有一丁点儿大。以下便是几个例子！

多层公寓：在如此豪华单元的顶层看到的风景妙不可言！（1975）

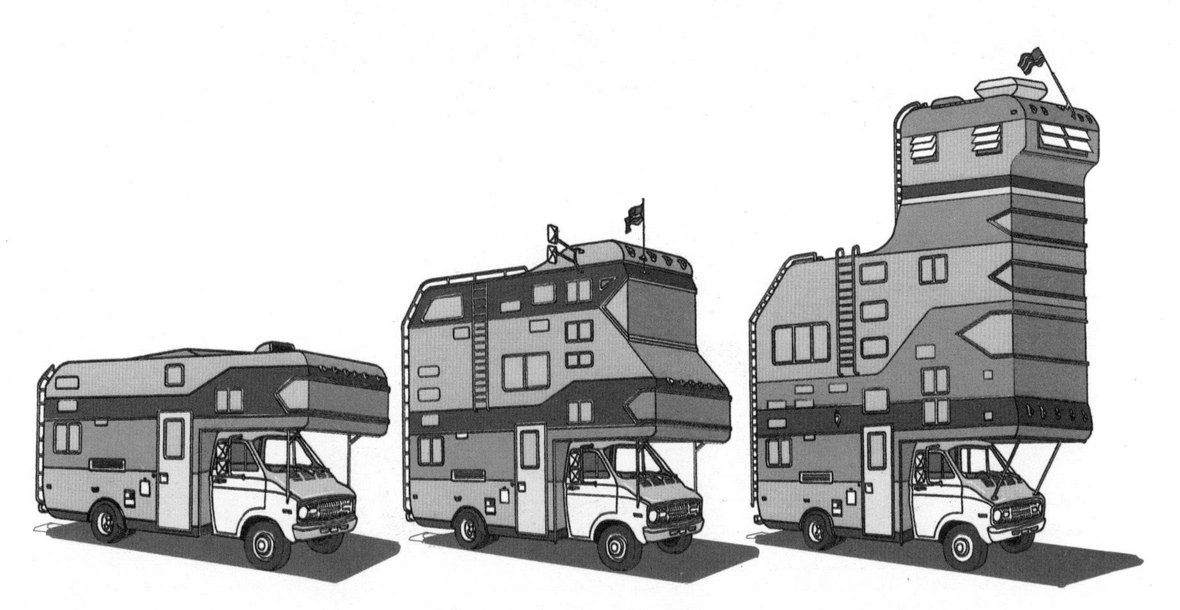

可根据自身收入购买不同的单元：如果买家选择较大的单元，那么车的耗油量势必较差，轮胎的规格也要升级。（1975）

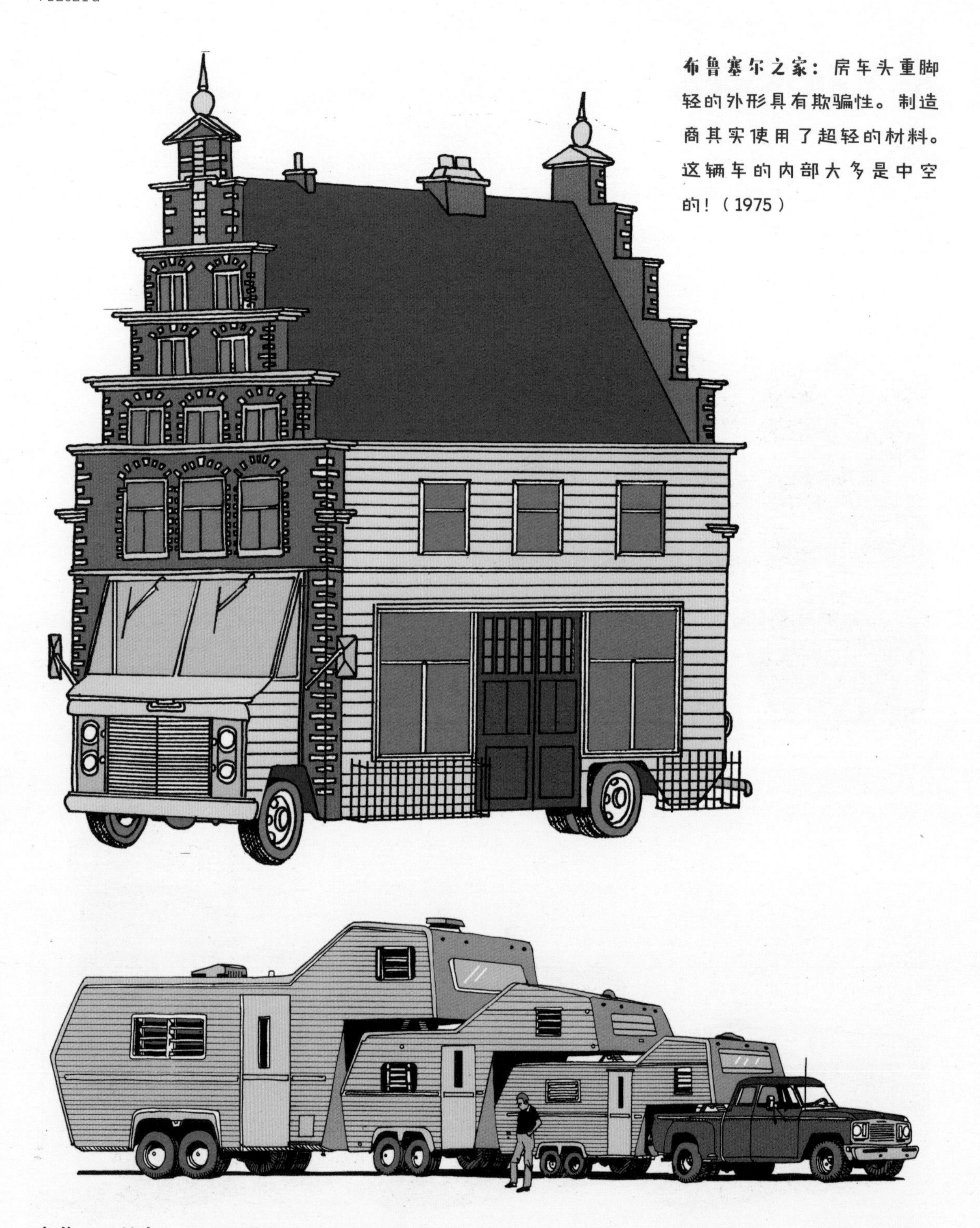

布鲁塞尔之家：房车头重脚轻的外形具有欺骗性。制造商其实使用了超轻的材料。这辆车的内部大多是中空的！（1975）

多单元五轮车：这款拖着多个五轮活动房屋单元的车可以急转弯，而且停起车来比大家想象得更容易。（1980）

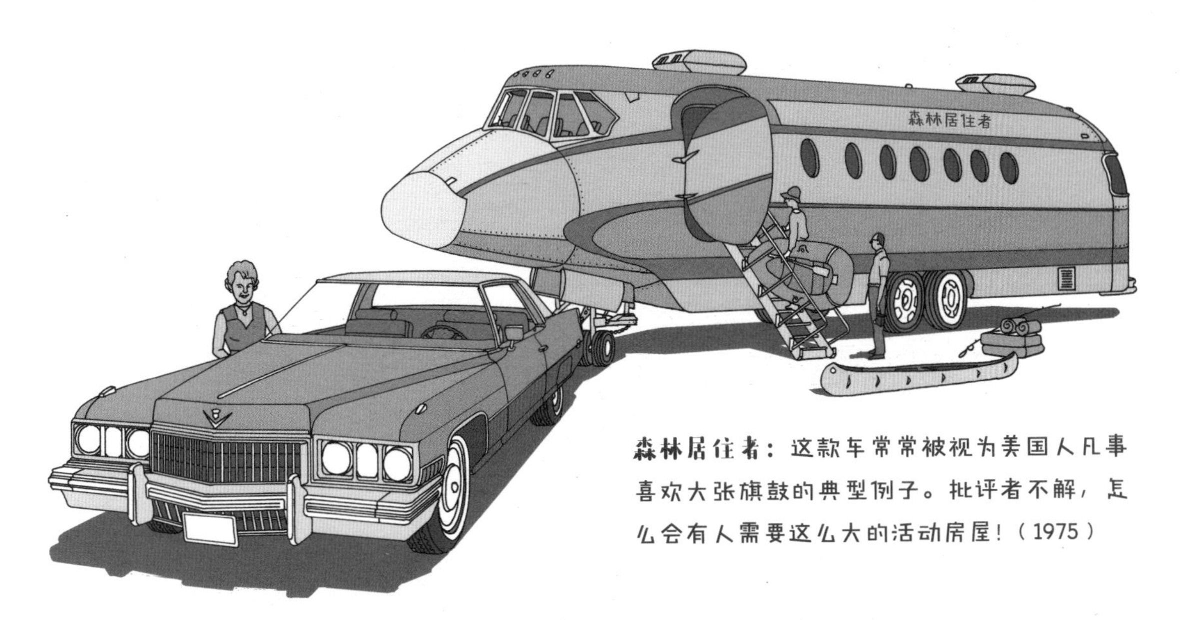

森林居住者：这款车常常被视为美国人凡事喜欢大张旗鼓的典型例子。批评者不解，怎么会有人需要这么大的活动房屋！（1975）

沙漠生态房车：我们常常感觉自己过着远离大自然的生活。乘坐生态屋旅行，我们就能以明显却微妙的方式与沙漠的土地景观重新建立联系。这种车很受鸟类、蜥蜴、地鼠、蛇和希拉毒蜥的欢迎，它们可能会选择钻进壁板。（1974）

上升车：此车具有与复杂的转向、刹车和油门控制联动系统相结合的液压升降系统，因此成了一款受欢迎的房车。它既是一款低调的高速公路疾驰机器，也是一款有着标准内部高度的房车。在低调模式下，耗油量得到了改善，此车受风的影响也降到最低。（1975）

航空房车（1975）

房车的光明前景：1973年石油危机之后，像这辆20世纪60年代的航空房车所呈现出的那种乐观主义与未来主义外观设计就没能再持续下去。而像大众汽车这样的省油面包车突然成了大众的选择。（1975）

双重命运：若两个人拥有或分时租赁这种房车，有时候需要一些交际手段和礼节。因为这两个人的假期计划可能相互冲突。而且，要决定车朝哪个方向开也是一个挑战！在这张图中，两位居民把车停在路边休息处，尝试解决他们的分歧。（1980）

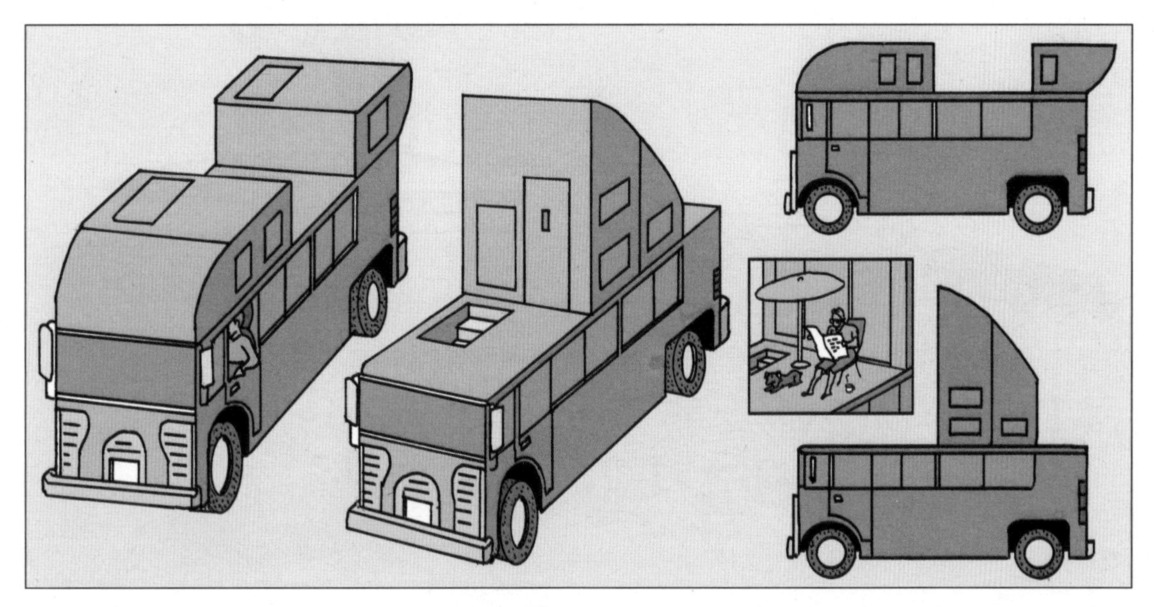

平头公寓：这款房车车顶的两个部分升起并合并在一起时，一个小却温馨的公寓就诞生了！有了这间车顶公寓，你一定会感觉超好，毫不夸张地说，你可以俯瞰露营场地或RV公园的其他住户！（2020）

城堡房车：那些被这款车威风凛凛的外观打动的买家，可能忽视了城堡房车容易翻倒的问题。（1982）

爱国者：不管什么时候拖着爱国者五轮活动房屋上路，车主们都很享受这种能表明他们有一颗不容置疑的爱国心的机会。通常，他们都是公民持枪权和其他保守派立场的坚定支持者。年复一年，爱国者活动房屋都很畅销。（1975）

飞天房车：飞天房车一直因为它车顶的涡轮螺旋桨发动机“不合理”且“笨拙”而受到人们的批评。无论驾驶者开着飞天房车去哪儿旅行，他/她都会成为焦点，被大家围着问许多问题。（1974）

带双层可升降支架的房车：得益于精巧的升降装置，让“夫妇车”的升降成为可能。由于架子上有两辆大众汽车，让人感觉房车的前端很轻，驾驶起来可能有点难度。（1974）

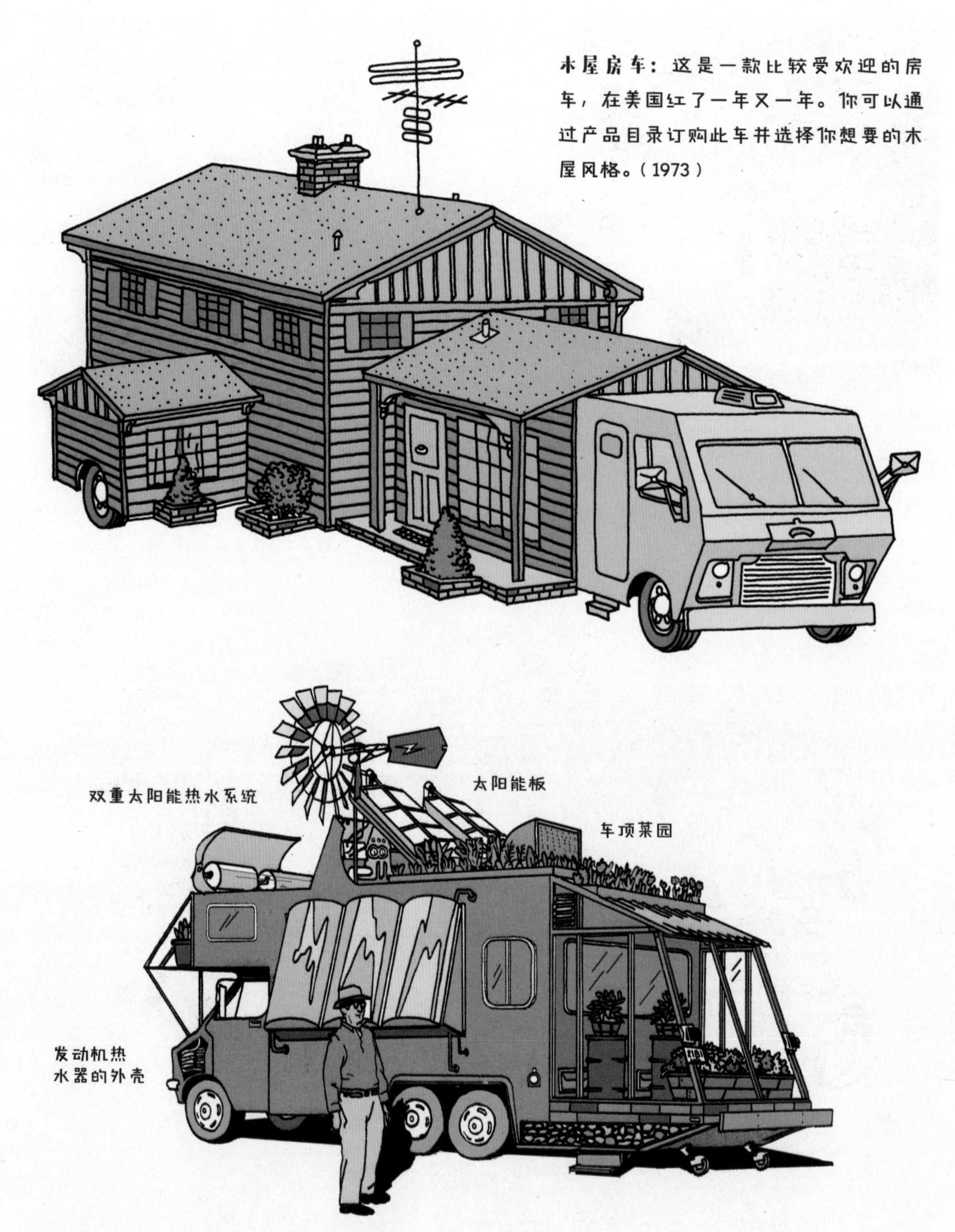

木屋房车： 这是一款比较受欢迎的房车，在美国红了一年又一年。你可以通过产品目录订购此车并选择你想要的木屋风格。（1973）

被动太阳能房车： 20世纪70年代某段时期，人们普遍追求“回归大自然”和“自给自足”。这款车可以为一个家庭提供他们需要在大自然中生存下去的一切，包括一个小小的车顶菜园子。（1985）

冲突与碰撞

如果每辆车都有自己的专路，就不会发生碰撞了。但通常都是许多辆车共享同一空间，因此剐蹭、凹陷，甚至损毁都是免不了的事。换个角度看，你几乎可以下这么个结论——开车其实就是一种挑战，一场游戏，而碰撞就是享受乐趣的一种方式！

沙漠巡逻警官车：用于土地管理局的沙漠巡逻工作。（1974）

远程巡逻车：公路巡逻人员现在都开上了“法律的长臂”远程巡逻车。图中，一条延伸臂小心翼翼地伸到司机的窗边，亮出一个交互式视频屏幕，此时司机必须插入一张磁卡。（1991）

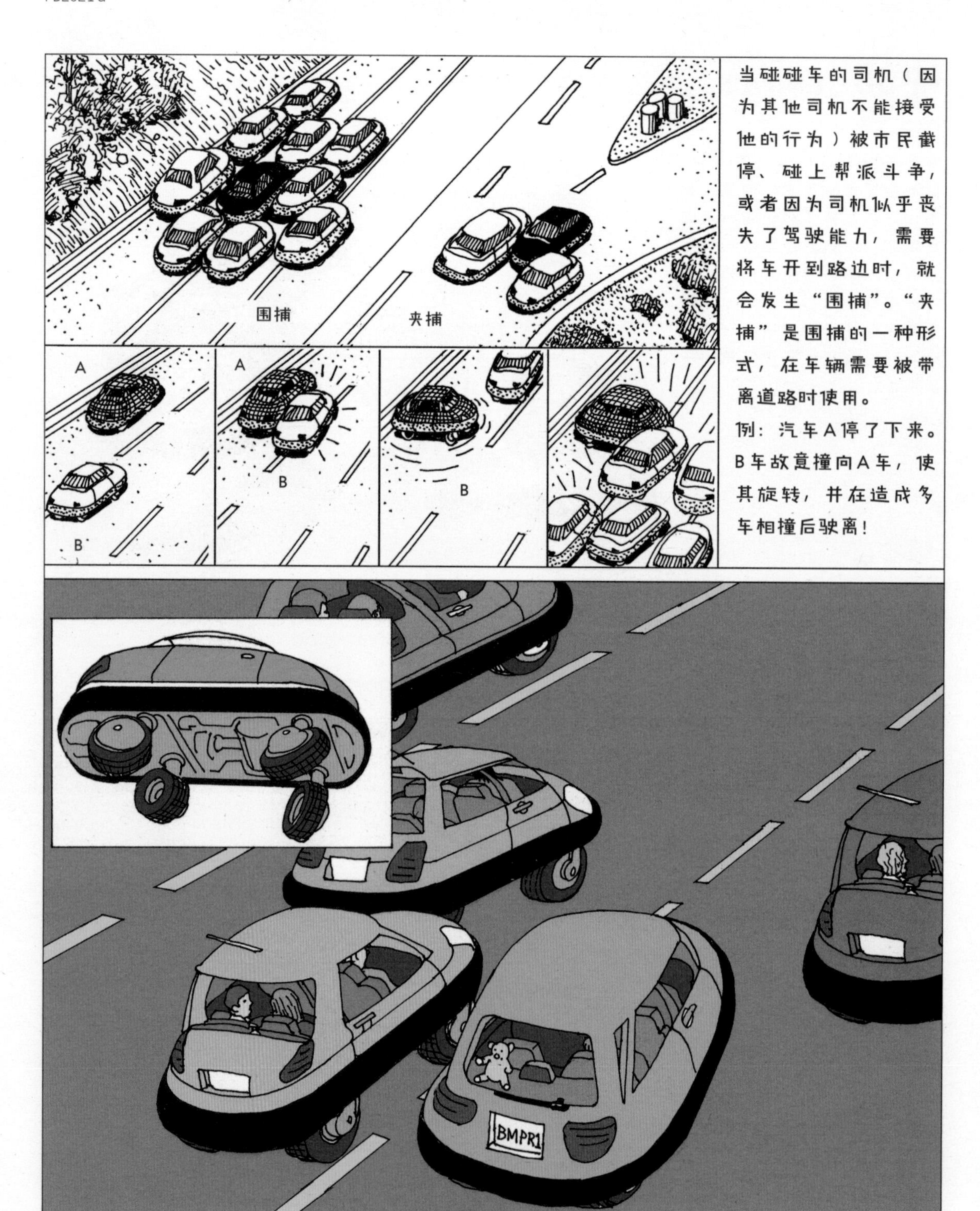

碰碰车：碰碰车是为高速行驶中的汽车相互“打闹”而设计的。碰碰车配有脚轮式轮胎，可以成群结队、紧密聚集、挤来挤去、相互“推搡”，形成“围捕”或“围牧”队形。卑鄙的司机（上例中的B车）可能会故意制造碰撞。（1991）

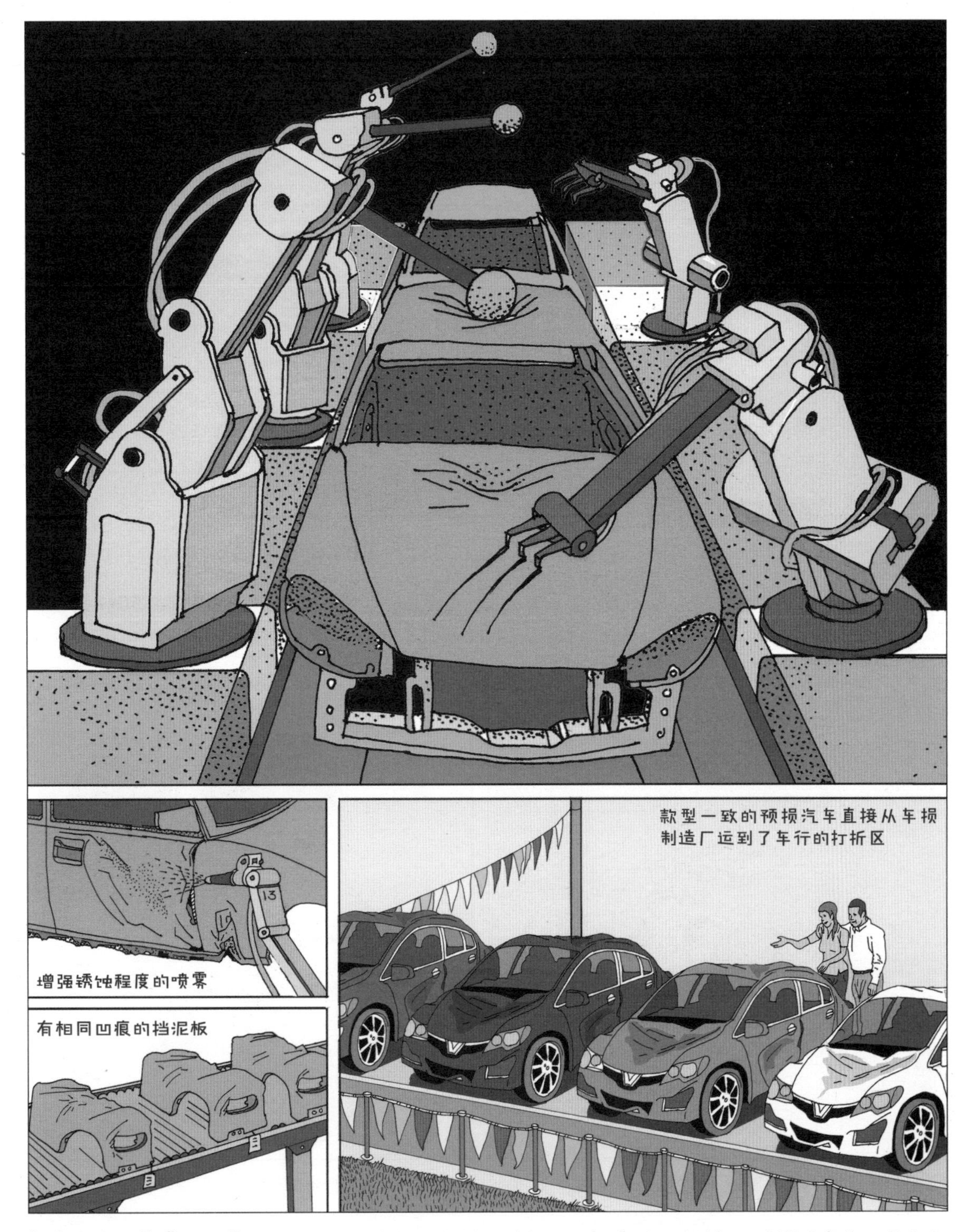

新车在出厂前遭到预损：汽车保险公司对预先损坏汽车的业务感到十分愤慨。这种业务指的是汽车在装配线上就故意被碰出凹陷、造出车锈。不过，此业务带来了一个意想不到的效果，有钥匙划痕、剐蹭痕迹和凹陷的汽车成了一种潮流，就像预先被撕破的牛仔裤一样流行。（2005）

人们可以从车内或车外操作水枪

受损的和有衬垫的邦格汽车

汽车大战：在去往汽车大战收费公路的入口广场上，驾驶着特制车的司机正在签署文件，以免除自己和他人因造成财产损失、人身伤害、肢体残缺或死亡而需承担的责任。参与者仅可使用经过批准的车辆武器。（2011）

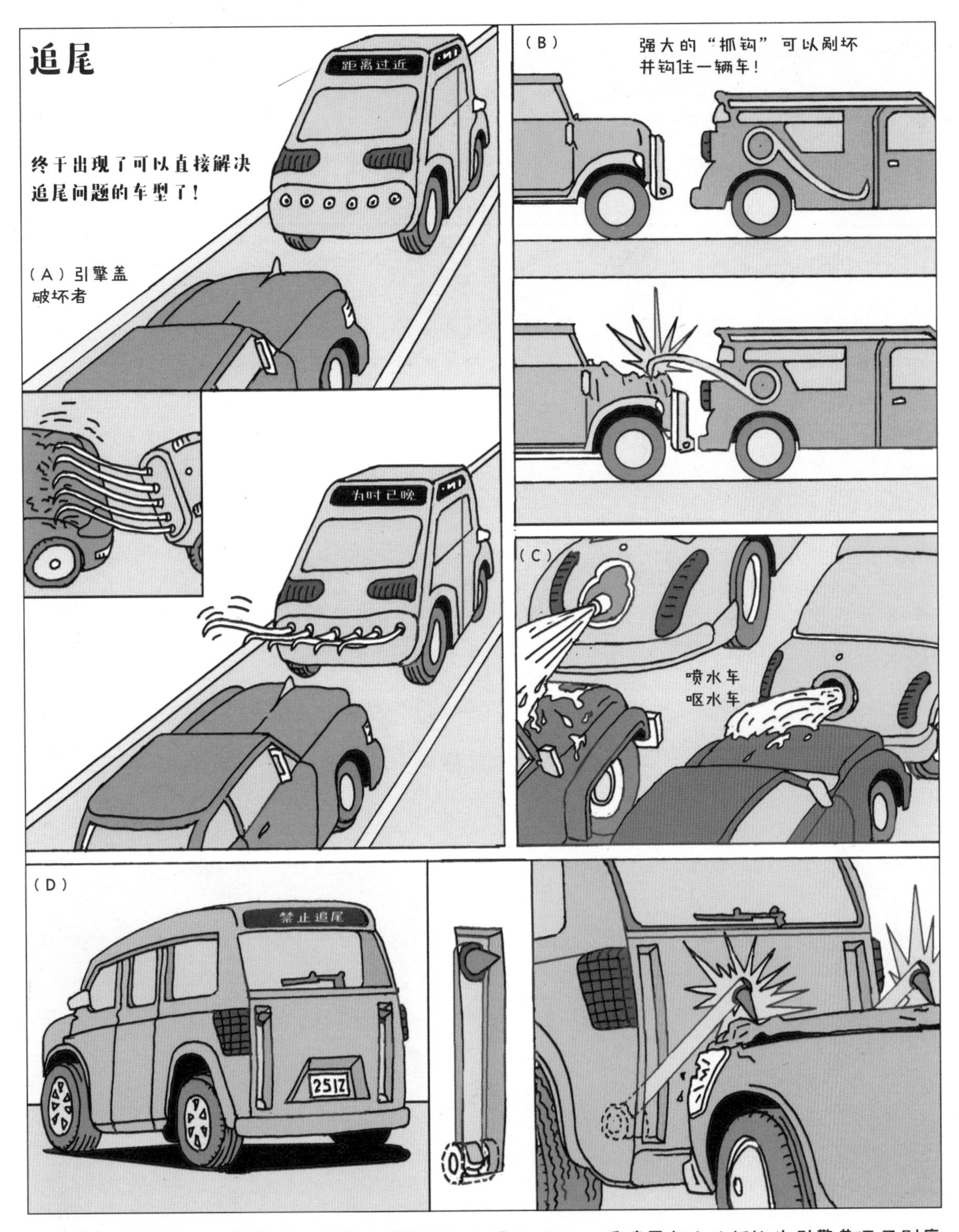

反追尾车（TRV）：引擎盖破坏者毁了追尾车辆的漆面（A）；反追尾车上的抓钩为引擎盖添了剐痕和凹痕，并且钩住了追尾车辆（B）；喷水车和呕水车使用了可以破坏漆面的化学品（C）；“锤子”的广告上说它由“高温回火钢”制成（D）。“路怒症”导致的事故十分常见！（2020）

为防撞服充气

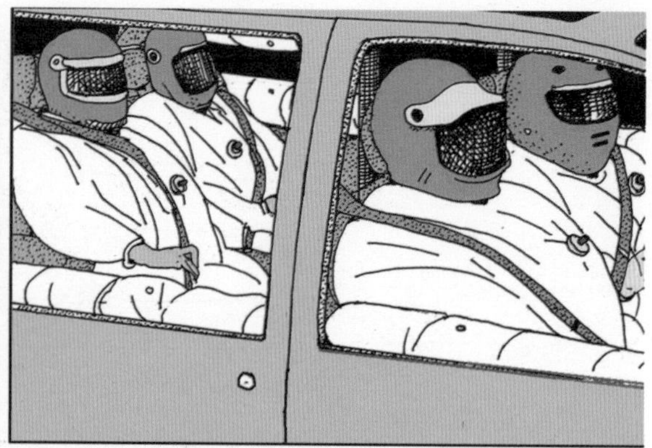

气囊防撞服充气完毕，准备出发！

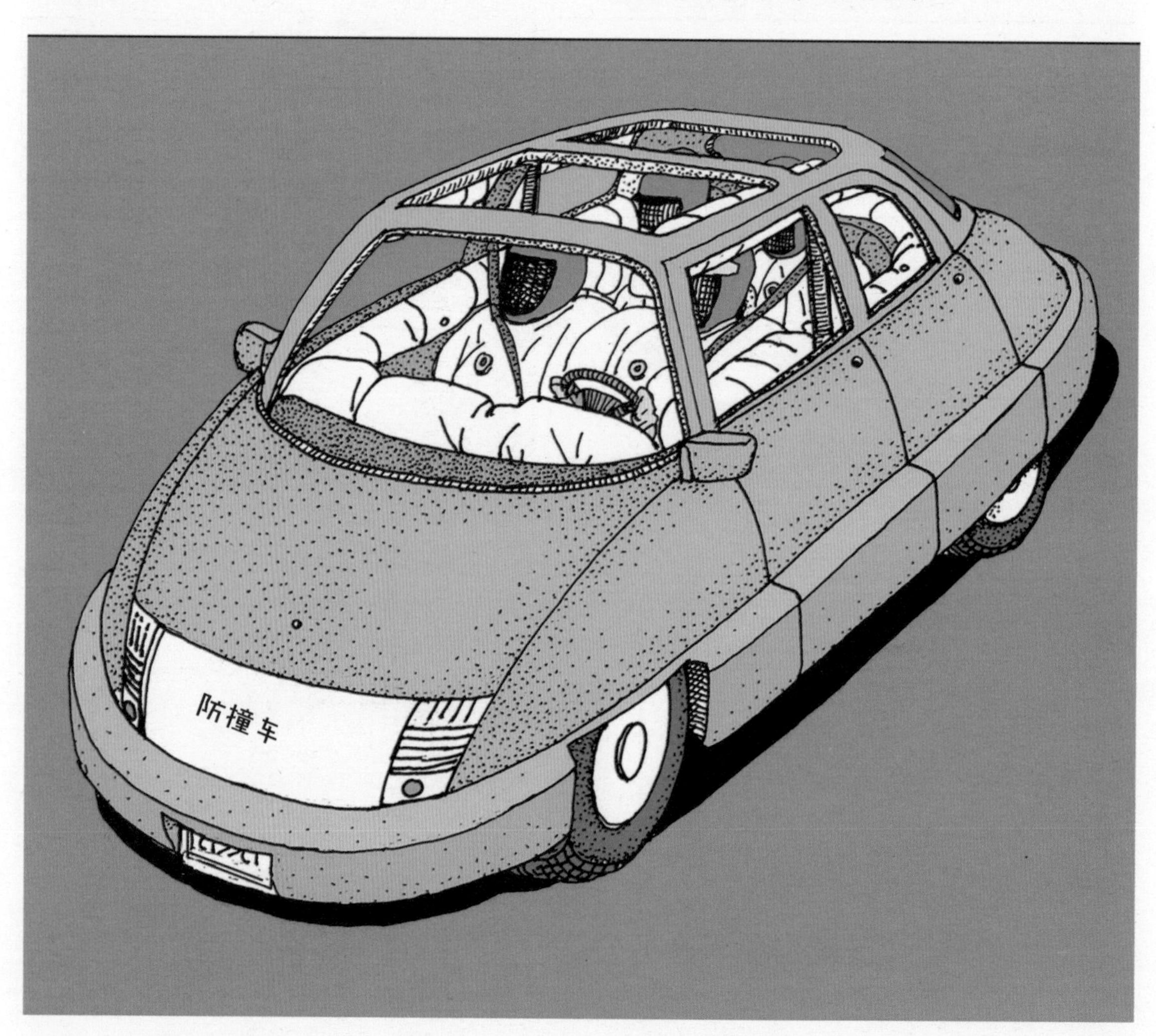

防撞车： 采用空气保护系统的“防撞车”能提供有限的撞车生还保障。该车的标准配置有全车身保险杠，还包括四件气囊防撞服（和一件备用防撞服），均利用内置气泵系统充气。车上所有人给防撞服充好气并戴上头盔，就可以安全上路了。

迷你机动车

按规格大小来看，从大型半挂车到小型电动轮椅，机动车的种类繁多。把范围缩小到迷你车这一类，凡是你能想象得到的需求，市场上都有与之相对应的迷你车，而且款式丰富！

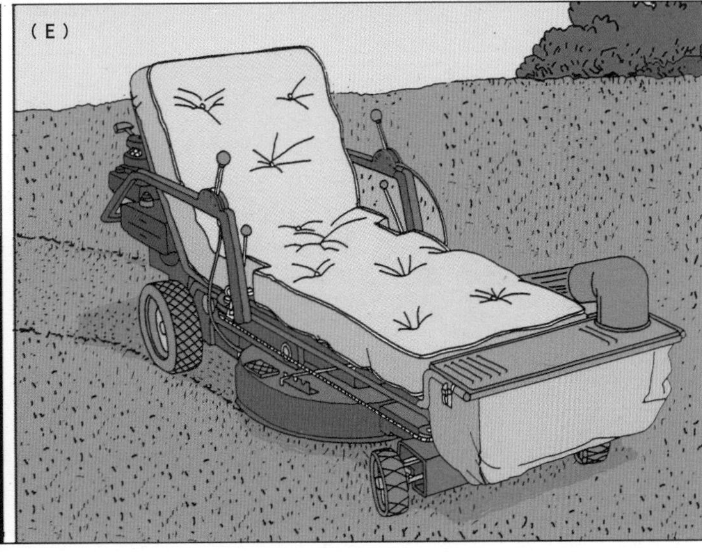

割草机的不同款式：如今，全美国的草坪都被有机菜地或节水型花园取代了，因此人们对休闲款割草机的需求不比当年。图中的几款割草机分别是：(A) 带排障器的火车头割草机；(B) 带辅助引擎的踏板割草机；(C) 瓢虫割草机；(D) 覆盖式婴儿车割草机；(E) 躺椅割草机。(1984)

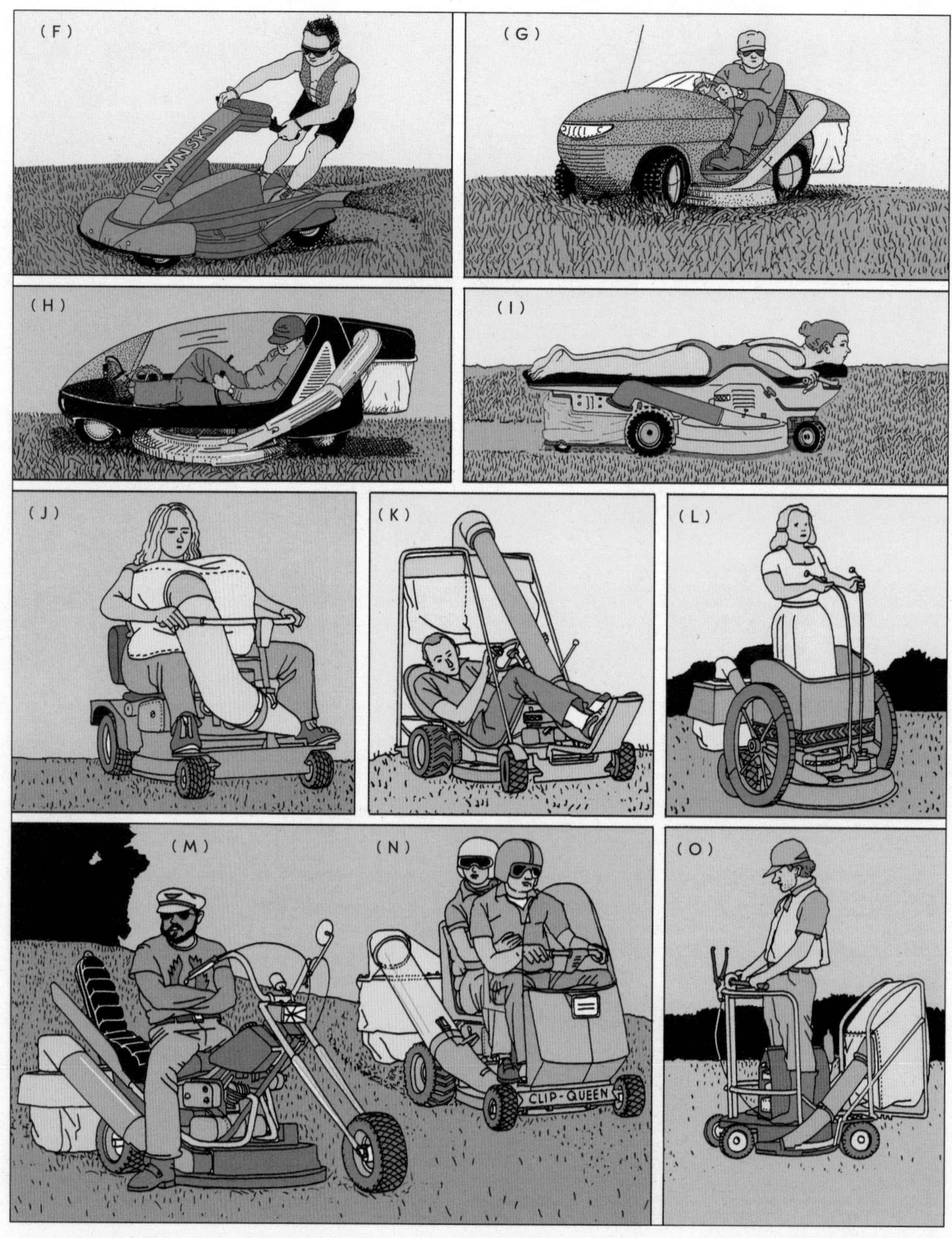

（F）滑草割草机；（G）汽车型割草机；（H）带辅助马达的斜躺踏板割草机。（1991）

（I）俯卧割草机；（J）膝上割草机；K.悬袋式割草机；（L）经典站立式割草机；（M）摩托割草机；（N）双人摩托割草机；（O）发动机跨骑式站立割草机。（1984）

高尔夫车：这些车可不仅仅是机动化的高尔夫球车，它们真的能击球！（1991）

濒危人员护送车：有性命之忧的人可以租一辆林克斯手推车。届时会有武装保卫人员用林克斯卡车一路运载这款防爆手推车，再由武装保卫人员护送进目标大楼。（1991）

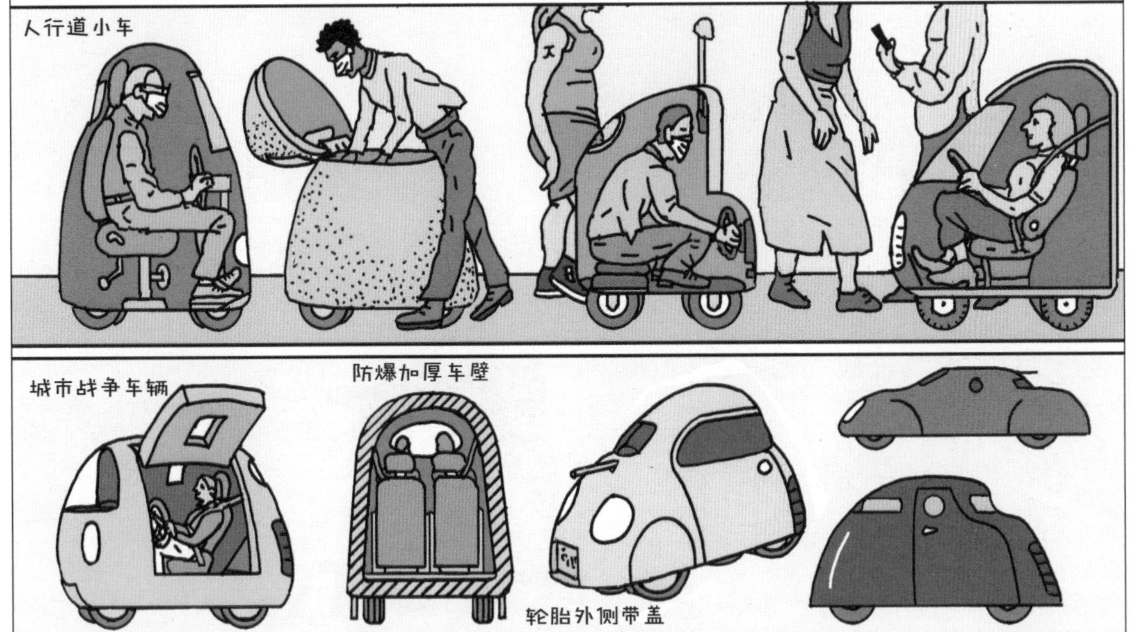

合法在公路和便道上行驶的迷你坦克：这些车辆是为个人防御而设计的。公路坦克可以防弹并且能当进攻性武器使用。人行道坦克在行人交通中缓慢地穿行。其内部空间可以容纳一个人和一台笔记本电脑、一杯咖啡或一袋食物。（2020）

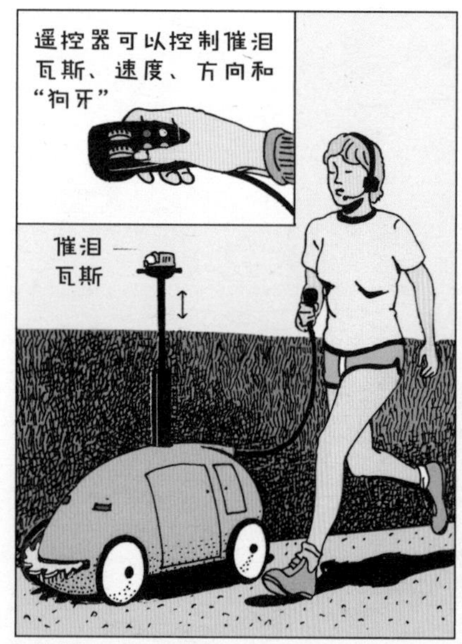

模拟狗： 比起一条真正的狗能起到的保护作用，有的跑步者更喜欢模拟狗所具备的多种武器功能。（1991）

慢跑者安全防护罩： 女性慢跑者可以购买或租用防弹无底电动轻便车作为防护罩，在公共场合慢跑时使用。手柄控制装置可以调节车速，以配合使用者的跑步速度。（1991）

防弹步行亭： 这种带滚轮的步行亭有Wi-Fi、3G电话、实时视频功能，还有报警专线。（2009）

助行婴儿车： 富裕的家庭可以购买助行电动婴儿车，以避免母亲不必要的劳累。其中一款婴儿车为母亲和孩子提供了并排而坐的空间。（1991）

双轮和三轮机动车

在两轮和三轮机动车的设计上，人们不断有创新之举。现在我们有了电动摩托车、两轮汽车、四轮摩托车和摩托房车，还有能避免骑手受伤的精巧设计！

人体骨架轻型摩托：骑手们特别喜爱骷髅形的油箱，其实此设计是在暗指骑摩托车很危险。（1984）

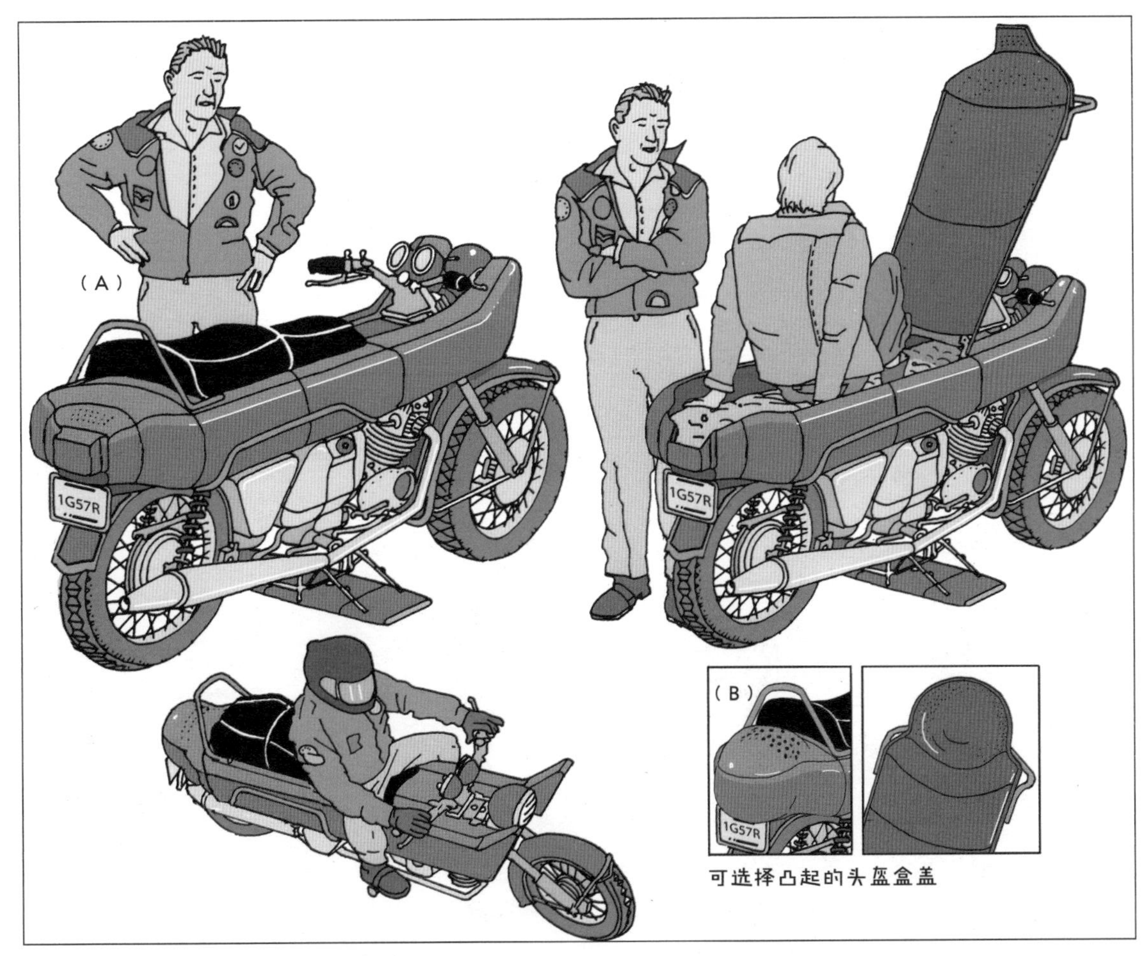

床摩托：床摩托有一张带加热和制冷功能的石棺式床（A）。在旅行中，骑手们可以换着使用这张床。这里有容纳一项头盔的空间（B）。如果床无人占用，此处则可容纳三项头盔。（1984）

办公摩托： 挑个天气好的日子，去户外办公吧。为方便使用办公桌，座椅可以旋转180度。摩托车启动后抽屉是锁上的。摩托车行驶期间桌腿是收起来的。大自然在向你招手！（1984）

小艇摩托： 你可以把这辆摩托一直开到沙滩上，然后继续开下水！小艇摩托的防水密封轴承使得艇内、引擎和轮轴都不会进水。起稳定作用的侧轮由司机控制。另外，摩托还配有一个可伸缩的篷盖。（1984）

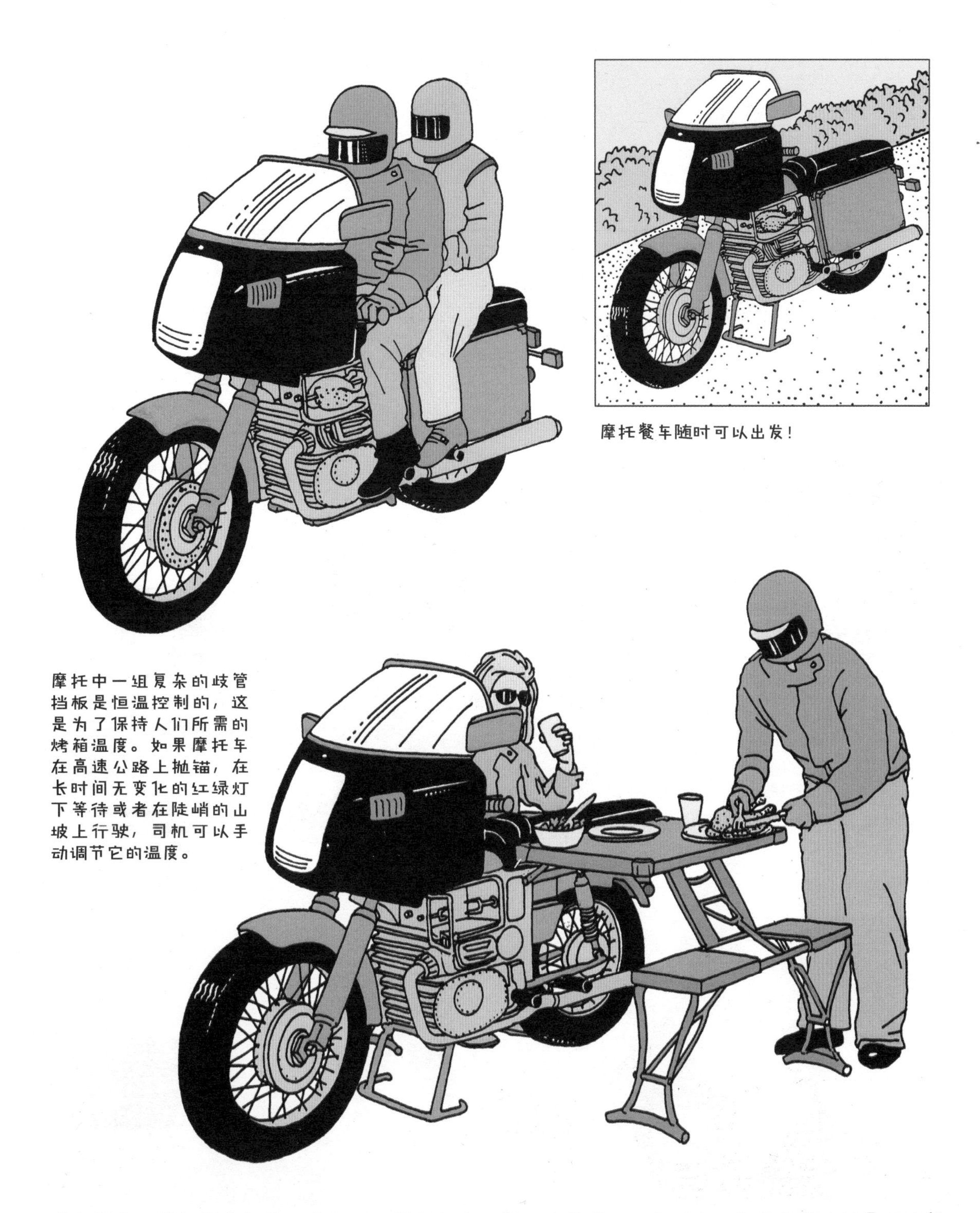

摩托餐车随时可以出发！

摩托中一组复杂的歧管挡板是恒温控制的，这是为了保持人们所需的烤箱温度。如果摩托车在高速公路上抛锚，在长时间无变化的红绿灯下等待或者在陡峭的山坡上行驶，司机可以手动调节它的温度。

摩托餐车：摩托餐车附带一本名叫《摩托车上用餐》的食谱，而且配有一张带长椅的折叠式野餐桌。车把和仪表盘用于控制烤箱的温度和烹饪时间，这在上坡或交通堵塞时很重要。（1984）

防摔服：广告上说，“即使发生了严重的剐蹭和翻车事故，防摔服也能让你毫发无损！”防摔服像轮胎一样方便充气。待它完全充满气后，骑手就可以出发了。（1984）

假发头盔：美国许多州对佩戴头盔的要求削弱了摩托车手想要表现出来的张扬形象，因此假发头盔很受欢迎。（2015）

摩托扩展体：带有扩展体的摩托车占据了跟小型汽车相同的道路空间。扩展体可在轻微碰撞中为骑手提供有限的保护，但如果骑手转弯时需要让车身倾斜，它可能会有些碍事。扩展体的管状结构为公文包、露营装备或购物袋提供了放置空间，也可作为停车时的“撑脚架”使用。（1991）

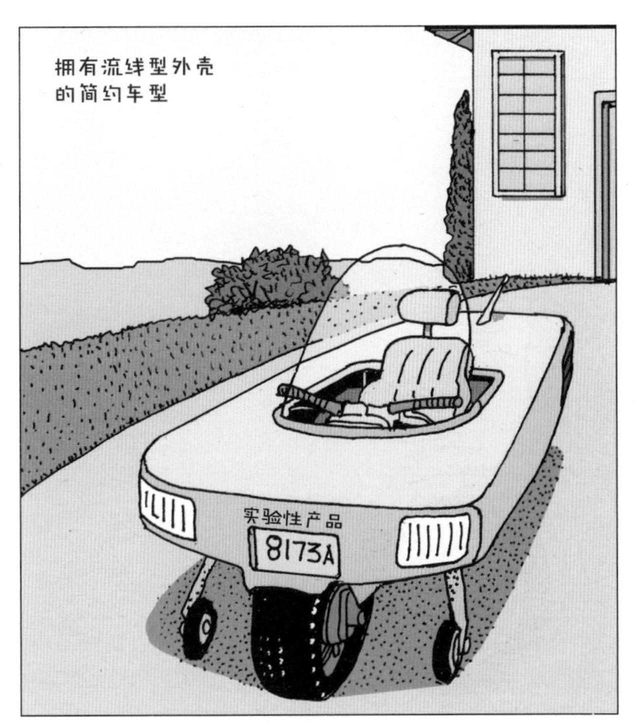

带外壳的摩托扩展体：有了外壳，扩展体的美感终于得以改善，却失去了被当作“晾衣架”的机会。（2016）

挡风玻璃服：该服装的特点在于它拥有一个完整的音频系统、一个风速表，以及一个可以放置食物和饮料的架子。（1983）

摩托房车：标准的摩托房车配有舒适的简易小床、折叠餐桌、微型冰箱、暖气和充足的储物空间。骑手抬起后盖便可以爬入房车内部。小床可以容纳两个人，如果他们紧挨着睡的话。（1984）

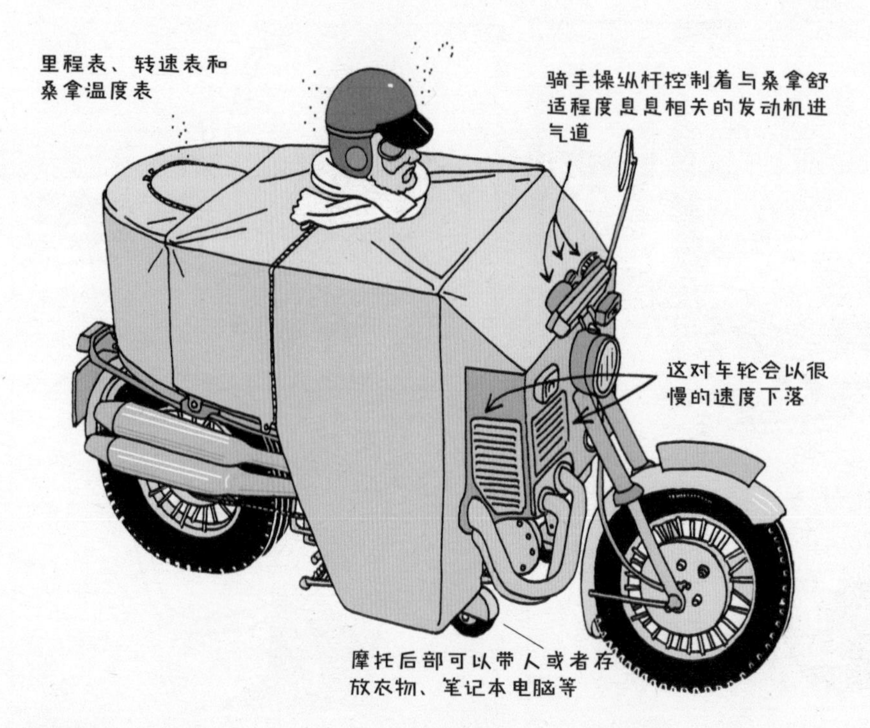

桑拿摩托：这年头，人人都因为时间管理问题而感到焦虑。如果你拥有或租赁一辆桑拿摩托，上班和下班通勤中耗费的时间就可以好好利用起来了。即便在冰冷的雨天，骑桑拿摩托的人到公司或者到家的时候也可以是精神振奋的！（1984）

摩托旅居车：有的活动房屋和房车可为使用者提供一张超小床、厨房和厕所。（A）小轮摩托房车；（B）双人旅行房车；（C）C级坐卧两用单元式摩托房车；（D）气流引擎迷你摩托房车；（E）带弹出式帐篷的棒球手套式摩托房车。（小轮摩托房车，1974；其他，2020）

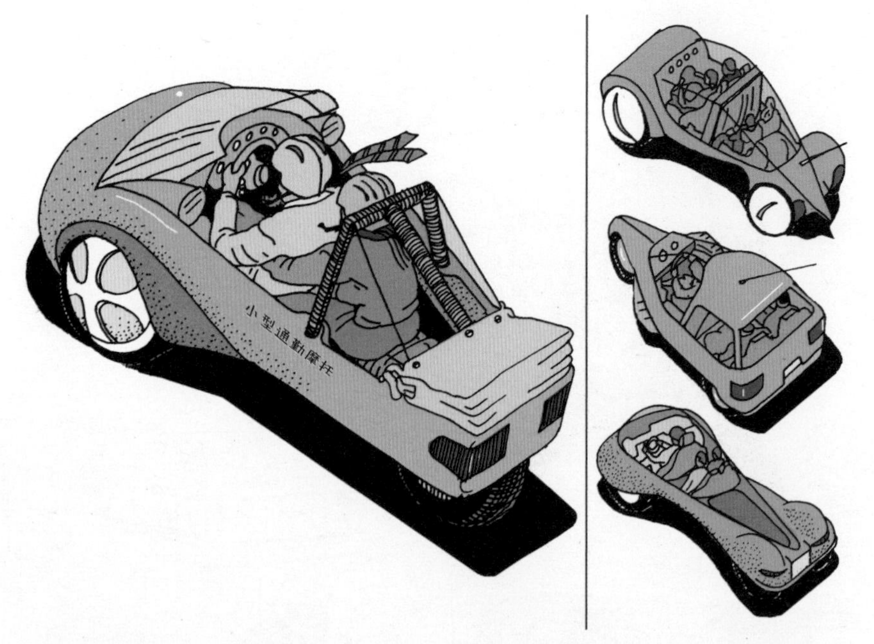

三轮和四轮摩托：这些空间紧凑型机动车产品仅适用于有特殊生活方式的人。通常来说，它们不适合大家庭。它们既有摩托车的特点，又有载客车的特点。（1995）

四轮摩托：对胆小者、老年人或者身体有残疾的人来说，骑摩托车或许是件困难的事。不过，像图中一样，通过在一辆倾斜的四轮摩托车上摆出斜身转弯的姿势，这些人群就可以不承担一丝风险也能体验这份刺激了。（1984）

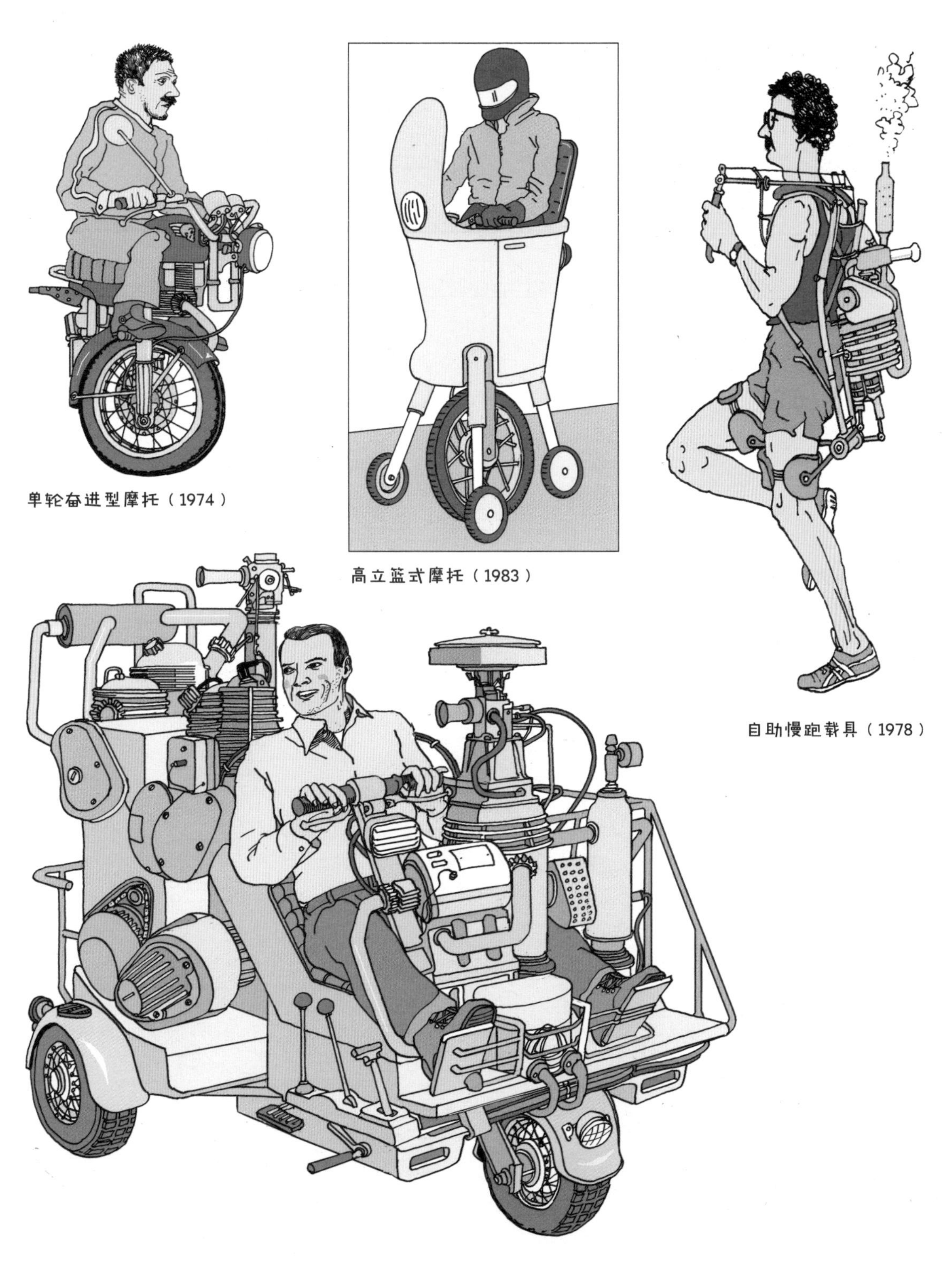

单轮奋进型摩托（1974）

高立篮式摩托（1983）

自助慢跑载具（1978）

三轮控场摩托：对那些只有被机械围绕才感觉舒适，或者才特别开心的人（通常是男人）来说，控场摩托是他们的完美载具。在这样的摩托上，他们会感觉自己充满力量，就好像自己已经成为摩托的一部分！（1974）

两轮轿车： 与摩托一样，这种轿车只有两个轮子。司机和乘客坐进车中后，必须用手移动“负载失衡补偿器”上的砝码来平衡车辆，然后再上路。一旦上路，司机和乘客就会享受到过弯时倾斜车身的刺激。（1984）

本田摩托轿车： 这款车的广告做得很差，所以在美国的销量低迷。但1975年的小型100马力本田摩托轿车可以说有许多先进的功能。司机和一名（或两名体格较小的）乘客可以分别坐在前后排。不过，一些汽车历史学家否认该车存在过！（1976）

中世纪摩托： 在中世纪的欧洲，骑士们通常骑“摩托马”进行比武。这是一个鲜为人知的事实。（1984）

加州岩鱼摩托： 这款摩托是仿照一类特别见于南加州渔场的鱼而设计的，这类鱼共有56种。（1984）

藤椅摩托： 它最初是作为“机车家具”出售的。在摩托杂志称它“嘎吱作响”后，藤椅摩托的销量开始下滑。但有些忠实的买家声称这种摩托骑起来很舒服。（1984）

摩托（2020）

摩托（1975）

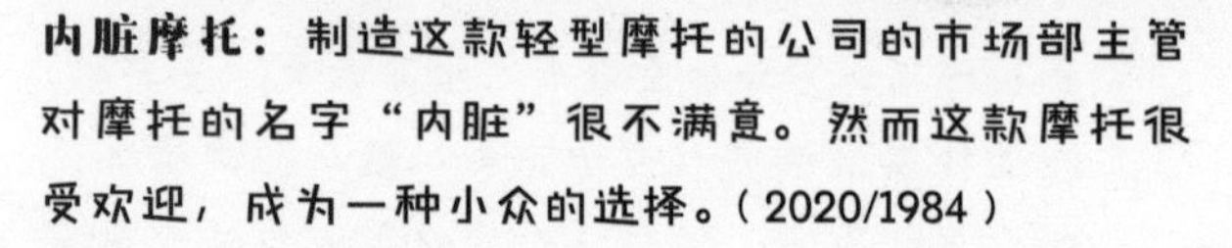

内脏摩托： 制造这款轻型摩托的公司的市场部主管对摩托的名字“内脏”很不满意。然而这款摩托很受欢迎，成为一种小众的选择。（2020/1984）

雄鹿越野摩托： 这是一款看起来像鹿的越野摩托！后来有媒体报道了猎人向这种摩托车射击的事件，因此该款摩托停产了。（1984）

飞机式摩托：当摩托车手所处的位置远高于人行道时，他驾驶摩托的危险程度就会增加，驾驶时的刺激感也会增加。（1976）

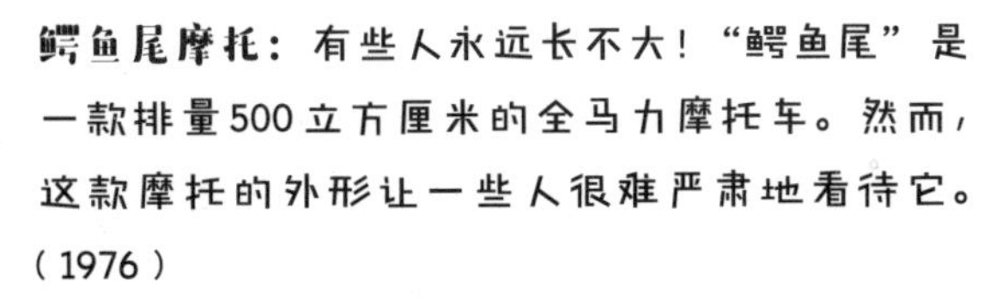

鳄鱼尾摩托：有些人永远长不大！“鳄鱼尾”是一款排量500立方厘米的全马力摩托车。然而，这款摩托的外形让一些人很难严肃地看待它。（1976）

跨坐星骑：这款车的名字既有“Aster”（古希腊语中指“星星”）的意思，也有“astride（跨坐）”的意思。不过，购买者对它并不满意，因为骑着它过弯时无法倾斜车身。（1976）

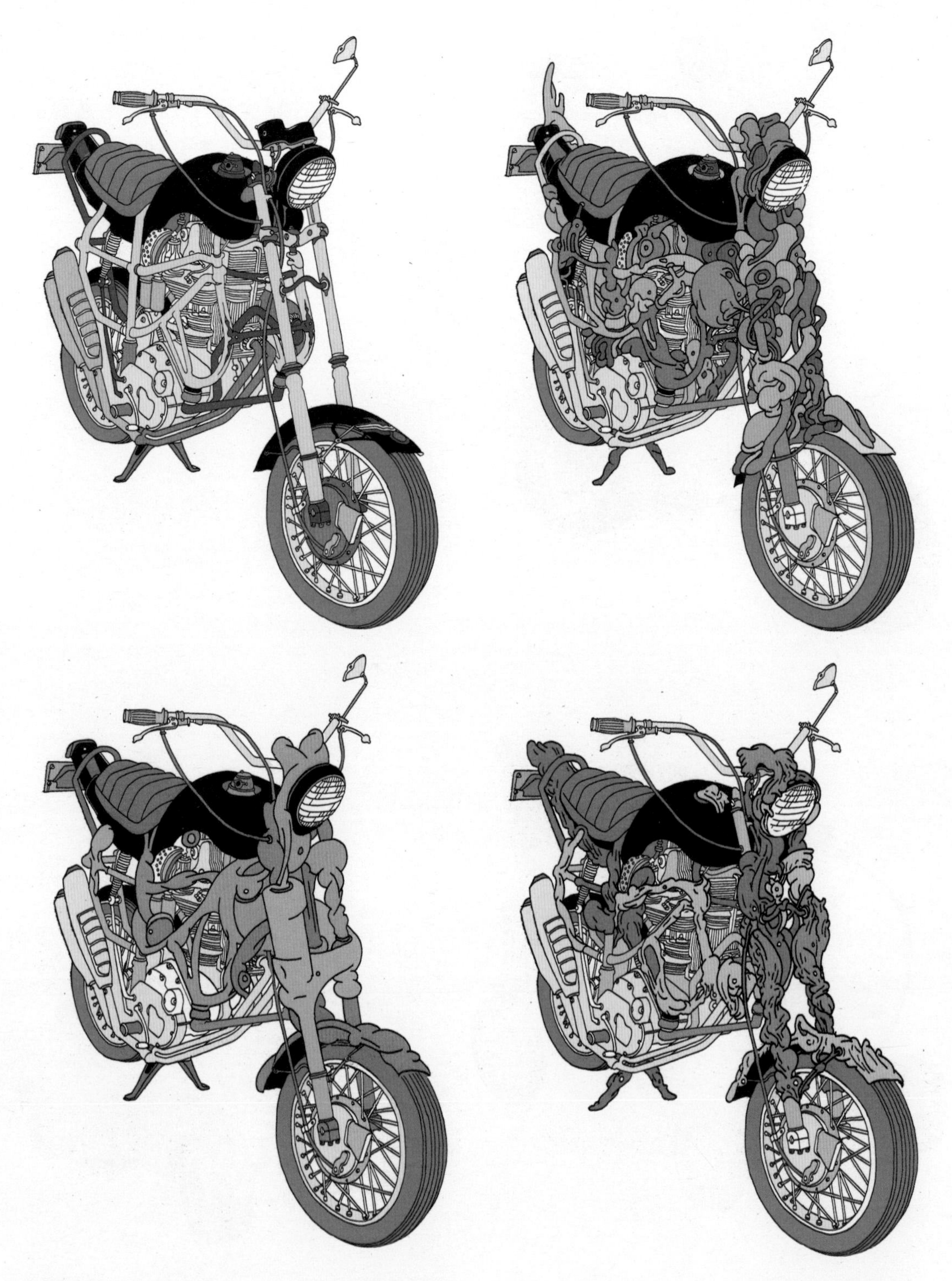

高速雕塑：像这样的摩托车只能作为艺术品展出，却无法批量生产面世，唯一原因是给摩托车增添凹凸不平的外壳会增加风阻并妨碍摩托自然风冷。（1980）

自行车

自19世纪以来，自行车的基本设计就没有太多变化。然而，随着坚固、超轻材料的开发，高效且造型独特的新型自行车也被创造了出来。越来越多的电动自行车可以翻山越岭如履平地！

背包手摇车：一个人在背包旅行时常常会有卸下肩头重量的想法。当你使用背包手摇车进行“单车旅行”时，这就成了可能。（1980）

背包脚踏车：有了背包脚踏车，你既可以沿着铺好的可爱自行车道骑行，也可以在路边的田野中漫步。到时候你会觉得自己拥有了两个世界的最佳体验！（1980）

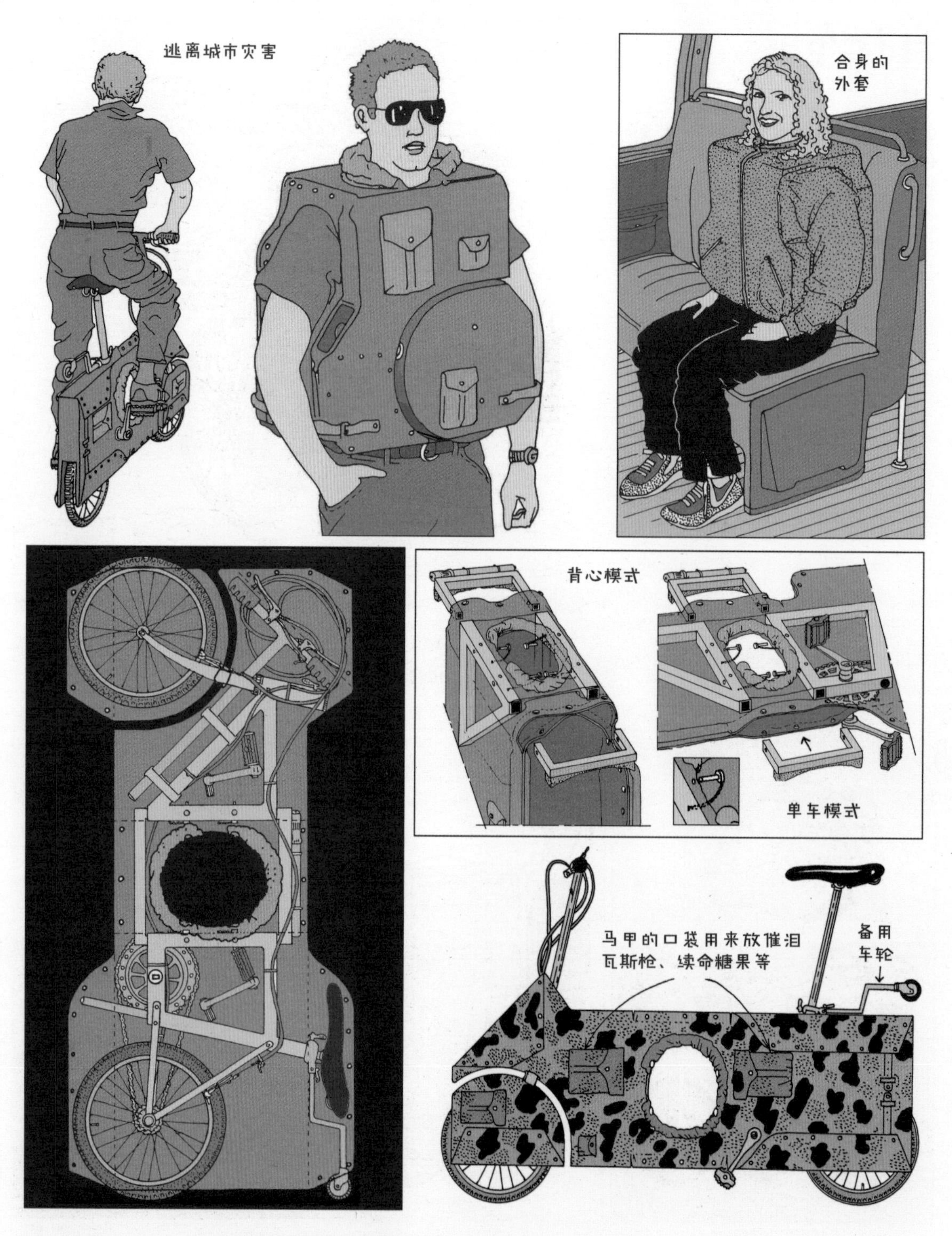

自行车背心：担心社会即将崩溃的人若是把自行车背心作为日常服装，就可以轻松出行。他/她不需要担心什么时候出城的高速公路会堵塞、什么时候枪战会爆发，只需蹬车出城，避开暴徒就行了。（1984）

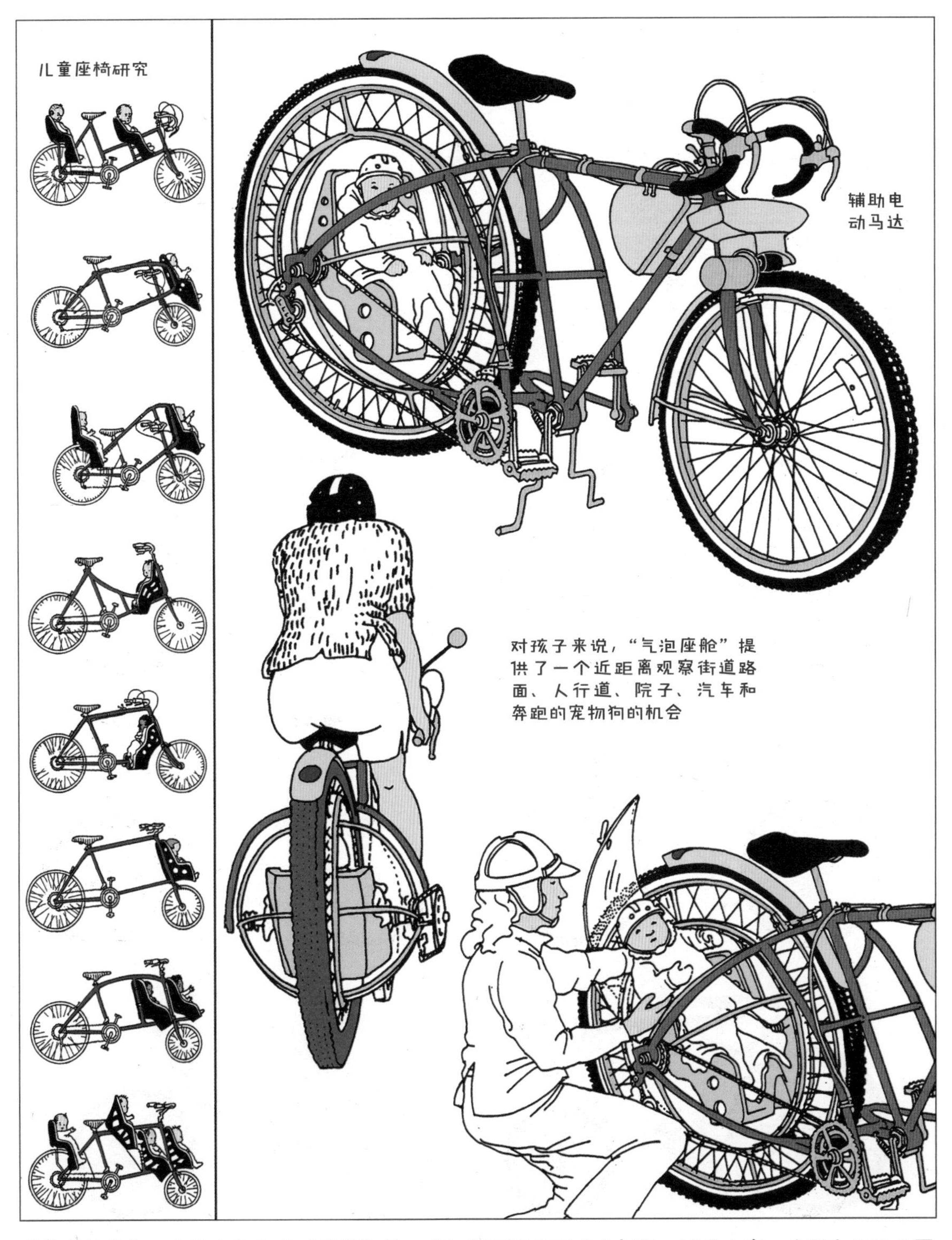

观景座舱单车：这款自行车的“座舱”是一个位置固定的耐冲击气泡，轴承上有一个超大的轮子围绕着它旋转。气泡可以通风；另外，如果忽略齿轮转动和轮胎压过路面的噪声，气泡里也算是安静的。（1984）

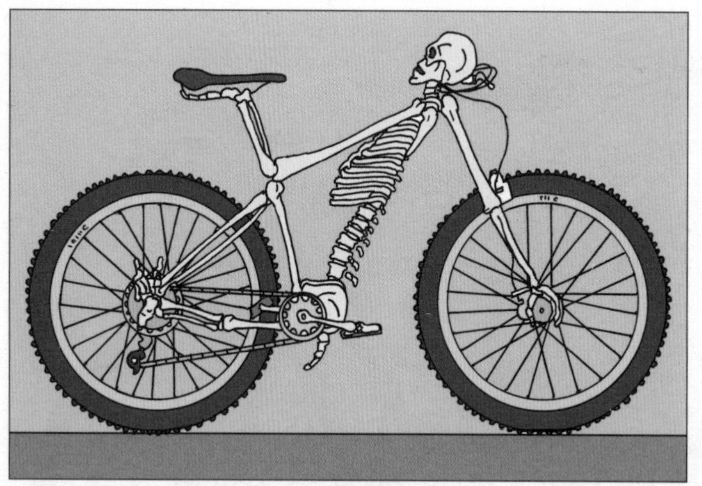

老骨头山地车：在未开发的泥泞小路上骑行时，这种车会发出刺耳的碾轧声，让人倍感兴奋。漫长的一天过去，骑行者回到家时已经倦到“骨头”里了。（2020）

富有异国情调的自行车车架设计方案：特别可爱和吸引人的是传家宝风格或传统风格的车架。虽然过去的自行车没有哪款真的如图中所画的一样，但它们的确让人联想到自行车的早期历史！（1984）。

其他自行车车架赏鉴：这些车架既不符合空气动力学，也没有使用超轻材料，但骑起来或者骑出去炫耀却很有趣。它们的出现是为了跟过于严肃、过于完美的车架设计唱反调；因为那些设计似乎在暗示，骑自行车应该是一场冷酷的苦修。（1984）

十速吊床单车：骑车不应该是为了记忆中或想象中过去的罪恶而做的自我惩罚。它应该是令人轻松的！骑着十速吊床单车出行实在太惬意，你可能会想坐在里面打个盹儿！（1984）。

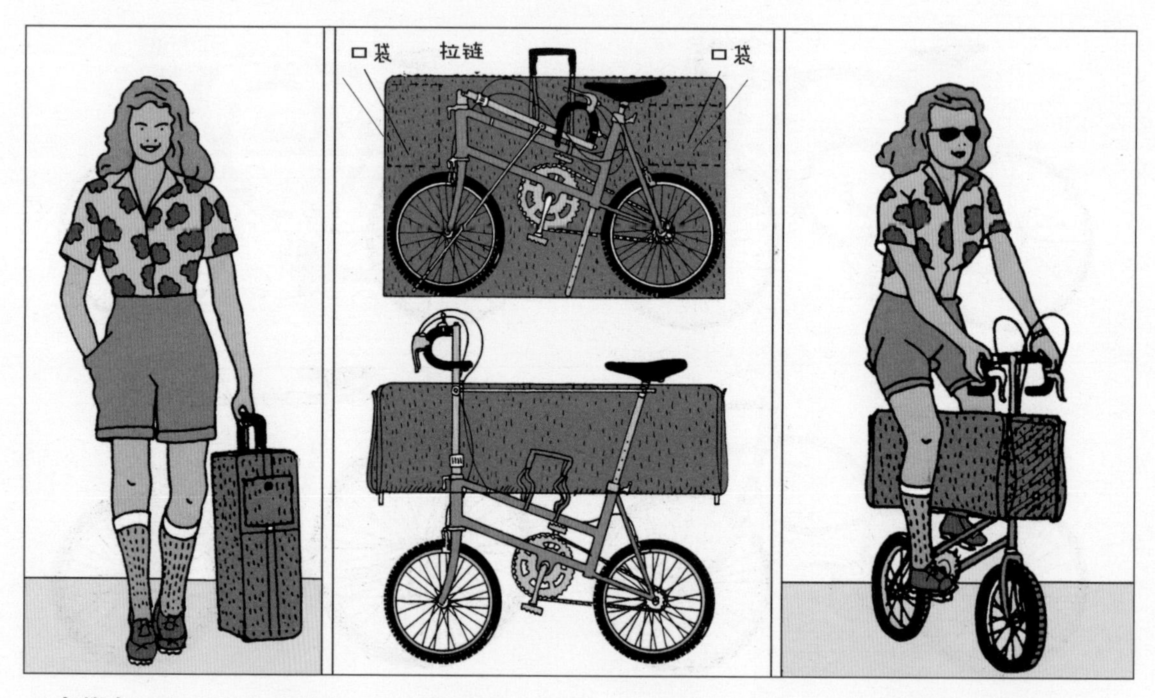

行李箱车：行李箱车隐藏在一个无底的行李箱内。使用者上公交车或走进大楼时可以拎着它。（1984）

新景观自行车：新景观自行车可以发展平衡能力、锻炼新肌肉，使骑手以新的角度欣赏天上和地下的世界。（1984）

蹦床自行车：在长时间的骑行后，骑手可以停下来，在蹦床上跳一跳。不过，这种自行车在强风中可能表现不佳。（1984）

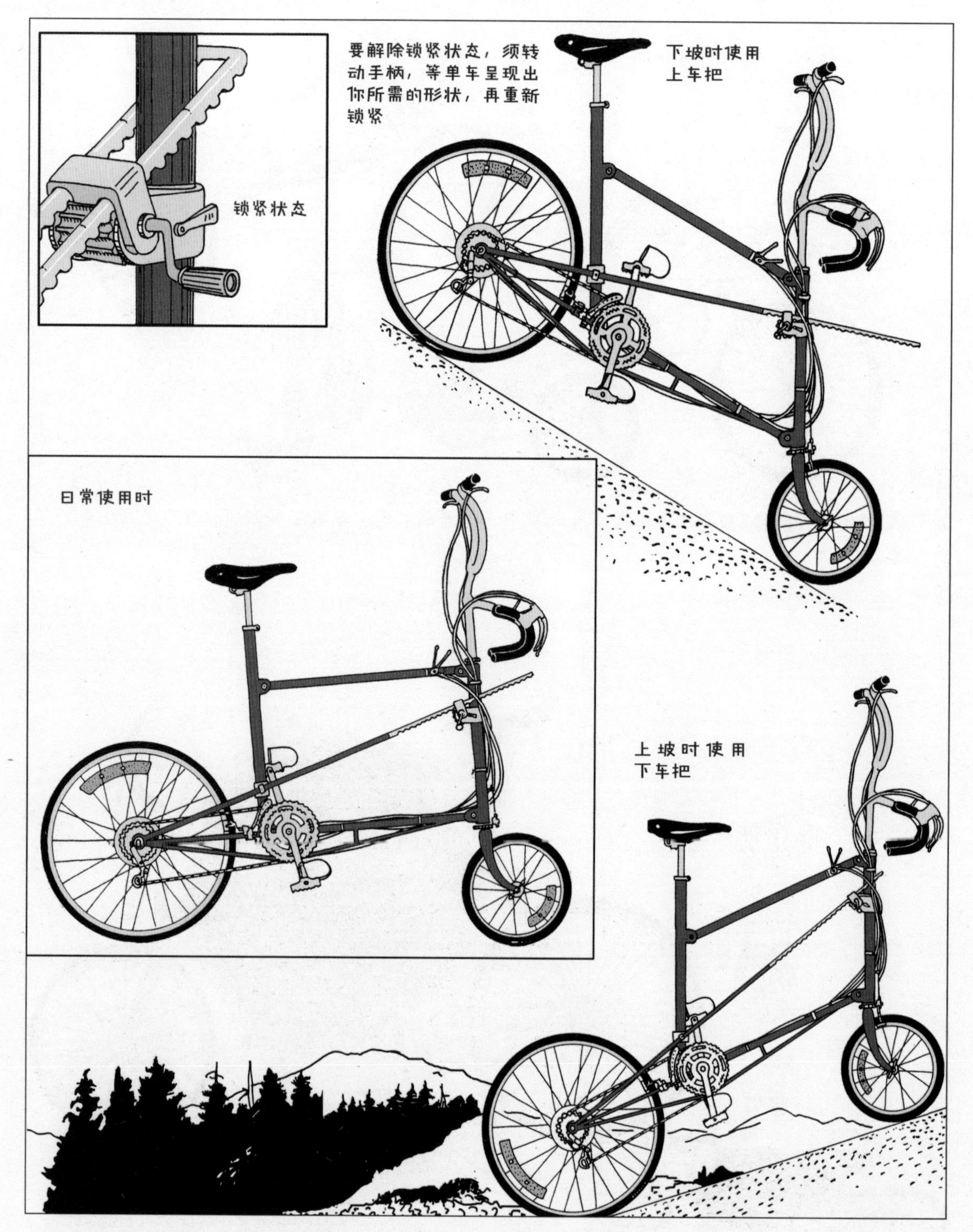

平行四边形自行车：传统的10速或15速自行车是一种折中的设计，旨在适应上下坡时的骑行。平行四边形自行车可以很轻松调整改变形状，在机械性能方面为骑手带来更大的优势。（1984）

上下双模自行车： 躺靠自行车受到一小部分自行车运动纯粹主义者和狂热者的欢迎。它有时是人们用来表明“躺平”的生活态度的一种手段。上下双模自行车为骑行者提供了躺靠和传统骑行姿势两种模式的选择。（1984）

自由表达自行车架： 自由表达自行车架是一帮喜欢单车运动的焊接狂人的作品。他们创造这类自行车架主要是为了找乐子。坚固、轻质的管材被焊接成奇妙的组合，这样的车架又因缺少实用价值的外观而受到推崇。（1973）

花样的交通选择

随着本书的出版，无人驾驶汽车技术不断完善。现在关于意料之外的古怪事故的报告越来越少了！另外，新的交通系统也得以推广，这或许会减少道路上的车辆，从而减轻空气污染。

早期的无人驾驶汽车模型：对乘坐无人驾驶汽车的恐惧是一种新出现的恐惧症，充实了精神病医生的事业。一些公司可提供“保证无COVID-19”的旅程，即每次有人使用汽车后，车内空间都要进行消毒。低信任度的人在进入无人驾驶汽车时可穿上防撞/防暴服，就如图中所展示的那样。（2018）

自动驾驶的午睡和阅读车：如果天花乱坠的广告可信，那人们的的确确可以不必再记着转向或控制汽车，爱读书的人和有午睡习惯的人大概会为此感到高兴。指挥汽车（驾驶）是如此浪费时间。对时间更好的利用应该是读书。（2018）

攀登式乘客传送车：市中心商业区和办公区的乘客传送车采用了过山车的设计和安全标准。每辆传送车可容纳三名乘客，并可自动滑过建筑物表面。（1991）

午夜办公列车：这些通勤列车提供带有Wi-Fi的双层乘客/员工工作站，车内采光良好，设计符合人体工学，还设有独立的研习间，为阅读提供私人空间。此外，人们还可以从藏书丰富的图书馆借阅图书。（2013）

睡眠办公列车：睡眠办公列车系统大胆地将城市交通与城市建筑相结合，提供“从办公室门到家门”的服务，车内配置了豪华卧铺。人们可以在4：30停止工作，等4：35列车在办公室门前一停就爬上床。（1991）

摆渡巴士：摆渡巴士可以以80英里/时（约129千米/时）的速度在高速公路上行驶。尽管它体积庞大，但在车流中却灵活得令人惊讶。乘客很享受车辆转弯时向一边倾斜的感觉。虽说这种车很少出事故，可一旦出事故，场面就很“壮观”。（1974）

摆渡巴士的早期型号：这种车动力十足。大多数乘客都说他们喜欢这种刺激的出行方式，还有许多人喜欢的其实是消声器发出的巨大声音。要想得到上层乘客舱的座位，乘客得支付额外的费用，因为那里视野极佳。（1974）

公共疗愈巴士：在城市里，那些心怀愤懑怨怼、受到排挤或孤独寂寞的人会排队登上公共疗愈巴士。在那里，他们可以向专业的心理学家或治疗师倾诉他们的烦恼。在15分钟的车程中，咨询师会建议他们转诊、请求医疗援助或报警。（1991）

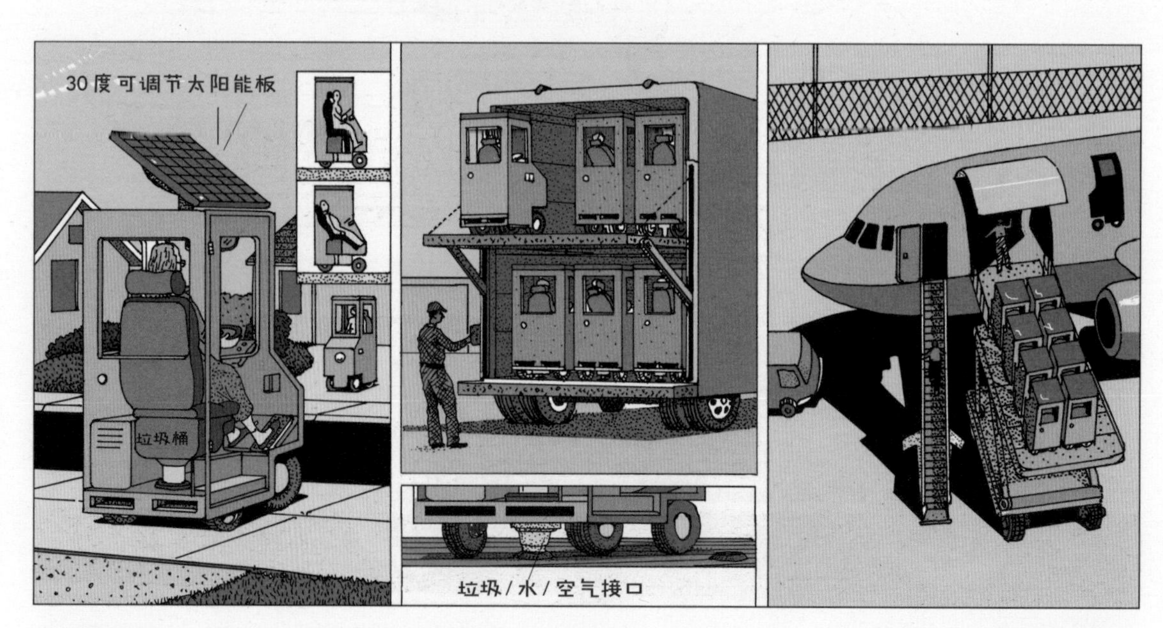

单人旅行舱：该旅行舱适用于所有可容纳下它的卡车、飞机、火车、公共汽车、出租车和游艇。使用者可把它停在房子或公寓前的便道上，出行时叫一辆皮卡将它拉上即可。至于航空旅行，飞机降落后，人们可驾驶单人旅行舱在停机坪上开上一小段儿。用户反馈他们享受这种对个人空间的控制。（2011）

林肯大陆小型公共汽车：在1973年的石油危机使得个人拥有一辆汽车的成本变得过高之后，这辆改装的林肯车应运而生，并于1974年投入使用。公司对车顶采取了大量加固措施并安装了重型减震器。车顶的座椅和扶手均通过了严格的乘客安全测试。（1975）

三十座通勤车：郊区的上班族在通勤车站等车，在这里上车，下班后又在这里下车。这是一款超级旅行轿车，二层的景观座位令每个人为之垂涎。（1975）

十八座翻顶车：当九座车顶被“翻下来”时，该车便可以多载九名乘客！软质的活动折篷可以为车内乘客遮阳避雨。（2020）

拖鞋车：若不是人们发明了混合动力车，拖鞋车将成为完美的高速公路和本地交通两用车。在高速公路上行驶时，电动车（A）与天然气动力车（B）接驳。合而为一的汽车固定好之后，司机和乘客就可以走下小车，爬进前排座位，然后开着二合一的汽车离开。（1991）

十二座面包车：乘客称这种通勤车为“沙丁鱼厢式客车”。这些座位巧妙地让乘客分属两层。下层乘客的车费较少且较难看到乡间景色，因此他们常常选择睡觉。（1984）

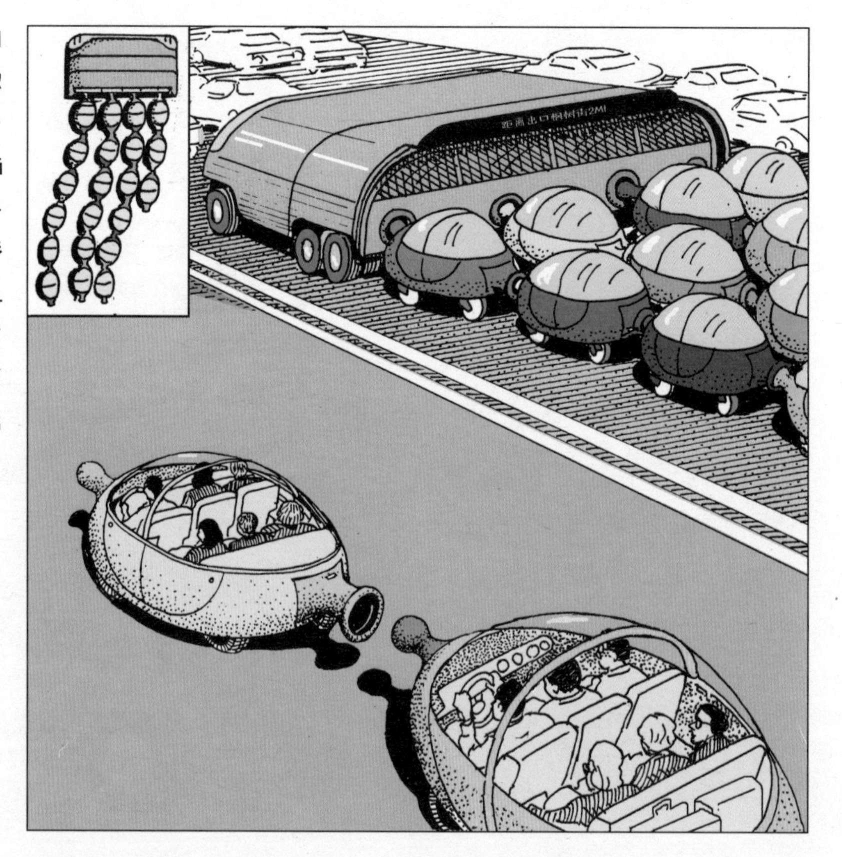

扣合式汽车机体：在拥堵的高速公路上，我们可以像牧羊一样将多辆车赶到一起，以解除司机对各自车辆的控制。扣合式汽车机体将几辆纯电动汽车连起来，形成一个单独连接的“交通机体”，由一辆母车拉动。乘客可以选择坐在母车的餐厅内休息，直到车行驶至“出栏处”。（1991）

最坏的时代：查尔斯·狄更斯在《双城记》中写道：“这是最好的时代，也是最坏的时代。”用这句话来描述生活在美国的个人和家庭当前的经济状况再合适不过了。有时候，我们中最贫穷的那些人需要拉着一辆坐满富人乘客的巴士。（1975）

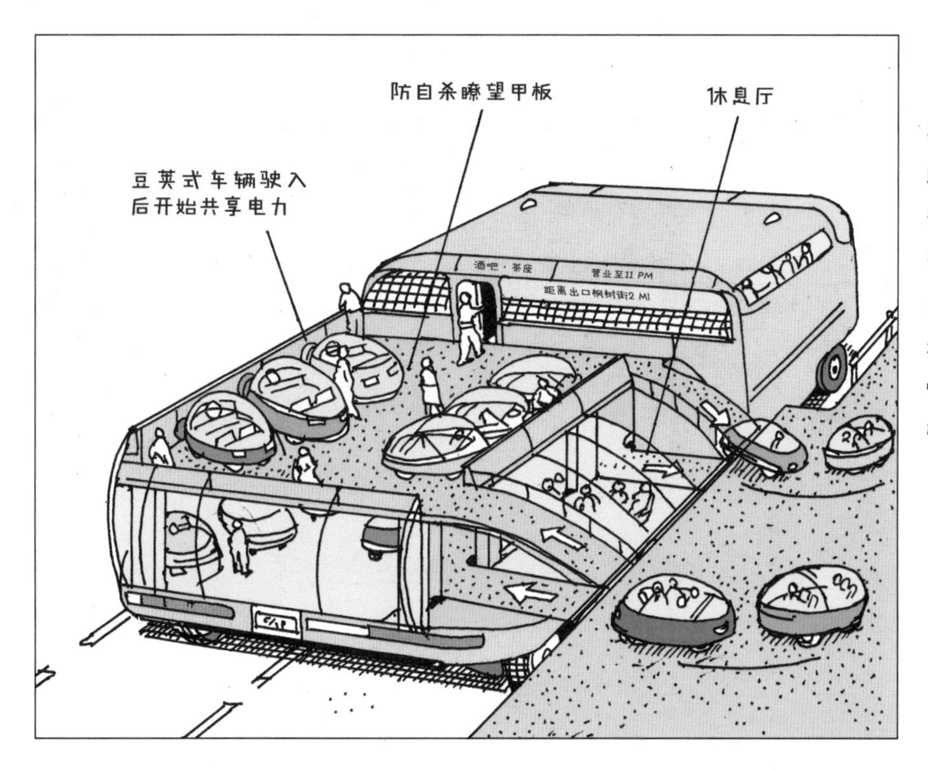

高速公路摆渡车： 只有豆荚式电动车被允许搭乘高速公路摆渡车。这种摆渡车是一座双层移动停车场，占用了高速公路的两条车道。乘客可以在酒吧喝酒，但代驾司机不可以。（2014）

自行托运： 旅客现在可以方便地自行托运，完全不必担心航班安排、联运或挨着令人不悦的邻座乘客。整个系统对所谓“人体行李”内的空气质量、气压和温度有着特殊的规定，关于如何提起和放下“行李”也有着严格的程序。（1991）

脚踏火车：美国郊区有数百辆5英尺（约1.5米）高的踏板辅助电动火车在运行。车上的乘客可通过踩踏板赚取“能量积分”，以减免票价。上车需要有医生和健康评估专家提供的健康证明通行证。车站提供淋浴间、更衣室和有机果汁吧。（1991）

洲际太阳能电动公路：一条超级安静的公路连接着太平洋沿岸和大西洋沿岸。在这条路上，人们只能听到鸟儿的鸣叫声、轮胎的摩擦声，以及纯电动车的呜呜声。该路禁止使用矿石燃料驱动的卡车或汽车通行。充电站和地下暖棚可用于太阳能烹饪和太阳能电池充电。（1991）

娱乐轻轨：在美国，公民无论何时何地都对娱乐有着强烈的需求。看到轻轨通勤服务的乘客量和收入下降，有一个城市将通勤服务转化为迪士尼式的“娱乐轻轨”，车票销量随即上升。不过，随着时间的推移，乘客开始对所谓的娱乐感到麻木了！（2020/1991）

纽约的出租车和公交车

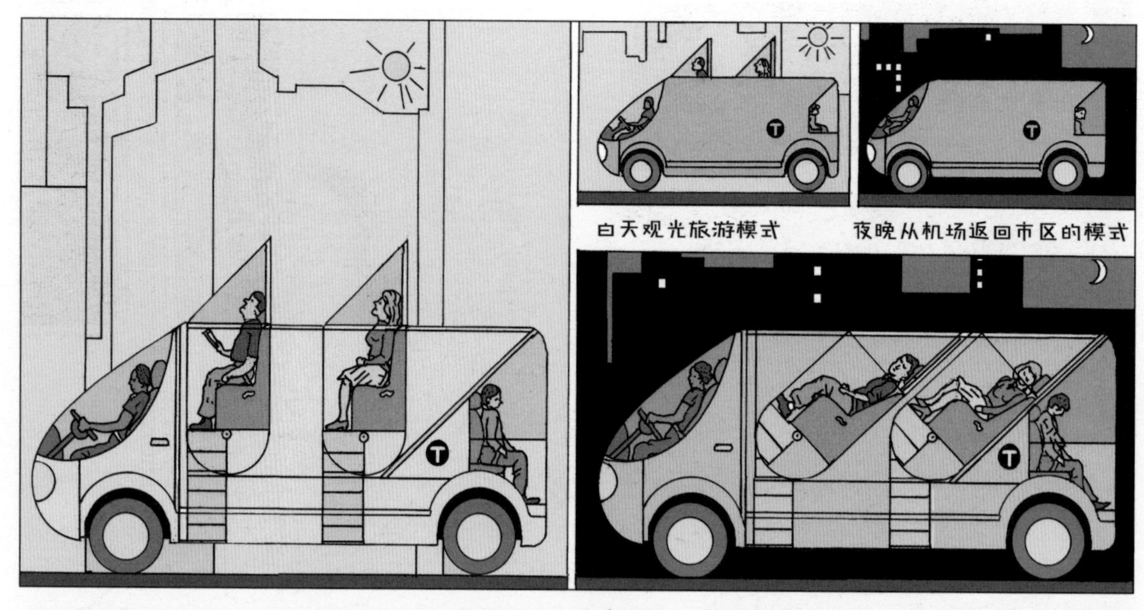

安眠出租（SLAB）：在向前倾斜的乘客舱可以看到高耸入云的摩天大楼——图中展示的是纽约市；然后在晚上开往市区时，乘客舱便向后倾斜，方便乘客睡觉。SLAB可容纳一名司机和九名乘客，前后共三排乘客座。（2020）

袖珍出租车：它时尚、小巧又“高挑”。这种出租车具有智能汽车的特点，而且有后座。后座的乘客坐在司机后方，略低于司机。（2010）

休闲出租车：在大都市，停车位是稀缺资源。休闲出租车可以停在计价器前，充当午休室和移动爱情旅馆使用。（2010）

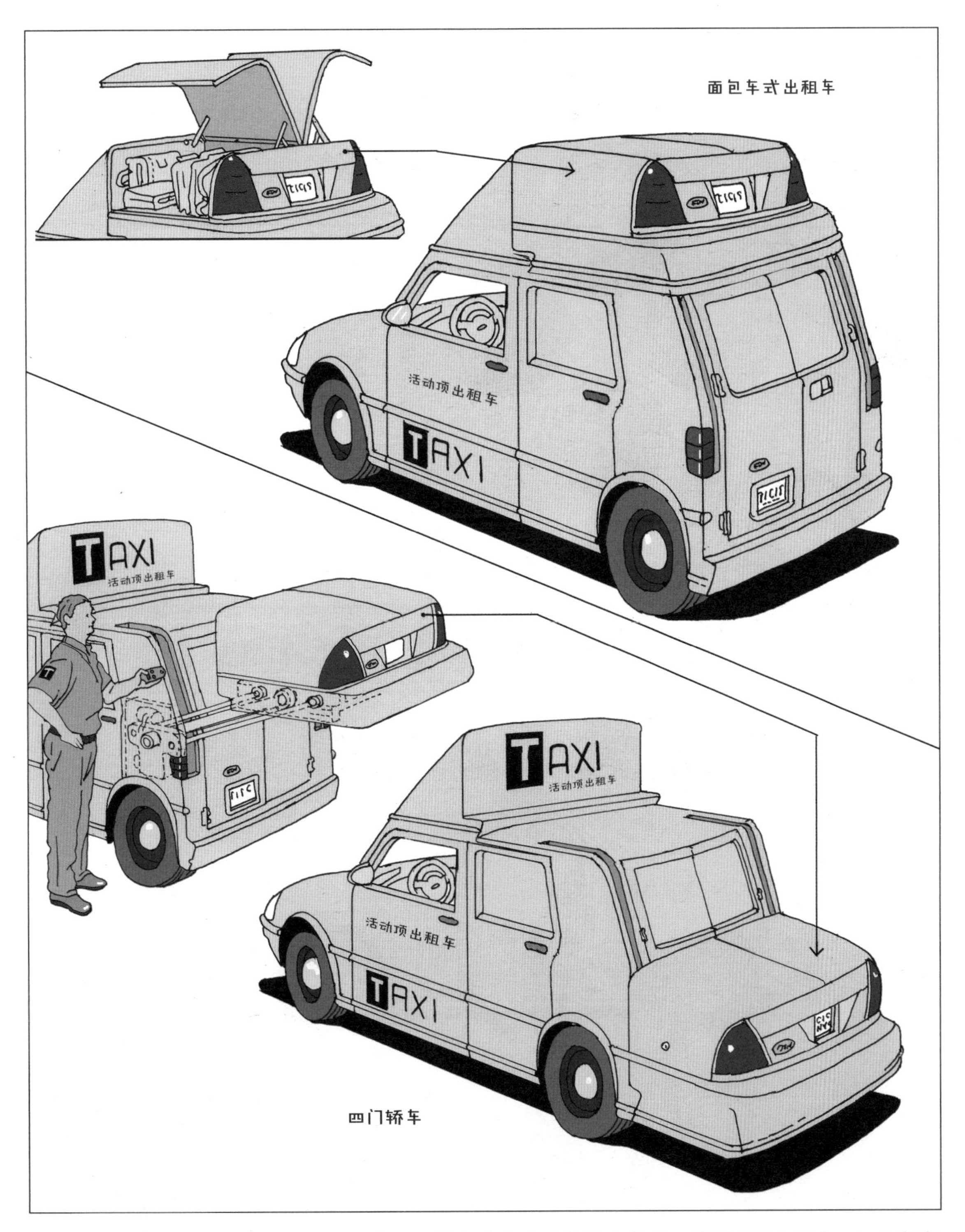

活动顶出租车：这种别具一格的设计将一辆看起来有点像福特维多利亚皇冠的轿车变为一辆面包车式出租车。后备箱能以液压方式升起，让乘客将行李存放在顶层；这样一来，车身更短，也更容易停放。（2010）

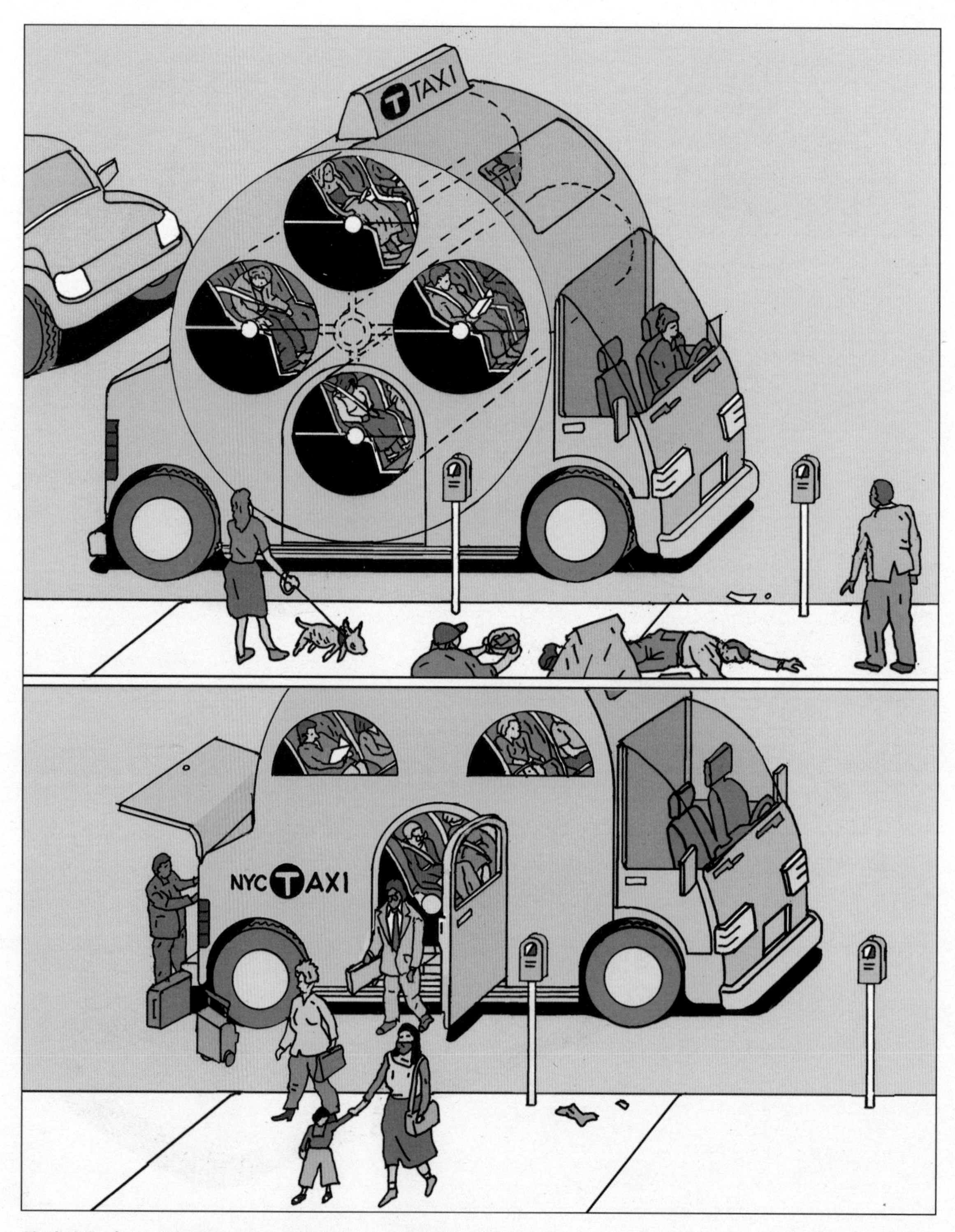

轮转出租车：这种超大的纽约市出租车参考了垃圾车的设计，可容纳16名乘客。在该车行驶过程中，乘客的座位控制台会缓缓轮转，这是游客的一项娱乐。到站时，座位控制台会旋转到合适的位置，让乘客下车。（2020）

摊铺式出租车：它介于出租车、班车和公共汽车之间。摊铺式出租车让车尾靠在路边，方便乘客上下车。乘客可以去车内的售票亭买票。（2010）

隧道出租车：隧道出租车的设计化解了那些对在纽约街道上骑行时难以超过前方巴士的抱怨。不过，当自行车已经骑到“隧道”中，出租车却因为前方有车而停下或者公交车转弯时，新的麻烦就会出现。（2010）

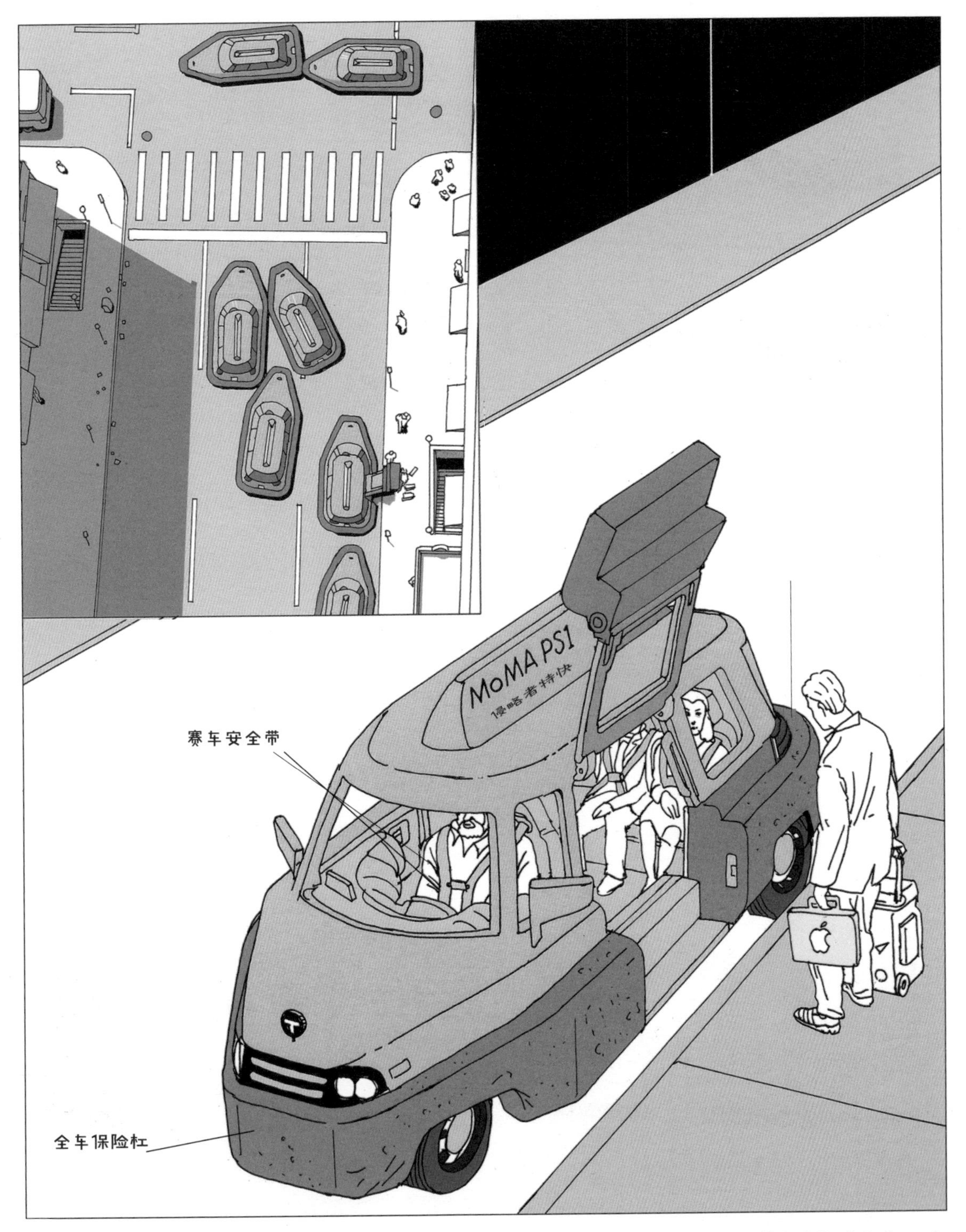

侵略者出租车：为驾驶风格咄咄逼人（而非注重“防守”）的司机而设计的“侵略者”出租车，在交通混乱的城市街道上颇有优势，可以挤推、轻撞其他侵略者风格的出租车。这个驾驶过程对司机来说是一种乐趣和挑战，却让乘客时时神经紧绷。（2010）

豆荚式出租车：豆荚式出租车是由GPS引导的自组织机器碰碰车，通常会"成群结队"地行动，在整个城市的多个固定地点载客。乘客坐进卡座时，可以把行李放在上方，或者把较小的随身物品放在座位下面。(2010)

量入为出公交车：随着贫困人口的增加，私营公共服务机构在量入为出公交车上也提供了免费的衣物、食物和书籍。(2010)

极致安全出租车：最安全出租车故意设计了这种不太友好的外观。乘客买票后即可上车。司机在驾驶室里很安全，不用担心被劫持。(2010)

结语

从漫长的发展历史和背景来看，在相对较短的时间内，机动车辆始终是全世界非凡变革的驱动力。也许在某一刻，或许就在不久后，人们将不再依赖轮式车辆在地球上旅行。车辆将呼啸而过，或者悄无声息地飘浮在陆地上，不需要靠轮胎滚动前进，也不会留下任何类型尾气的痕迹！

海洋景观住宅：在太平洋沿岸，很少有住宅用地能坐拥图中这样的迷人景观！然而，为它找一家保险公司可能会是个问题。（1975）

天涯海角社区：喝醉后离开派对开车回家是不安全的，若你住在天涯海角社区，千万要小心刹车失灵。这条街上的业主都爱吹嘘他们喜欢过“悬崖上走钢丝”的生活。（1975）

向西延伸至太平洋的郊区：道路建设将住宅和私人车辆带到了大陆最远端那片摇摇欲坠的海崖上。所以说，有路的地方就会有汽车。（1975）

编辑问与作者答

Q1：当你把你的这些点子拿给妻子或儿子看时，他们什么反应？有没有过类似“哦，你这个老头儿的脑袋里都装了些什么！”的调侃？

A：我太太和儿子喜欢大声调侃我，问为什么我要如此主动地将自己漏洞百出的思路和想法暴露在世人面前，他们觉得就算是为了搞笑我做得也太过分了。我和我太太1966年结婚，随后便发现我们的幽默感完全不同。她并不觉得我想出来的发明有意思，她把我的副业——想象出各种稀奇古怪的产品——称为我的“爱好”。我的第二本书《公共疗愈巴士》出版20年后，她才第一次翻开我的书看。其实我和她的共同点主要在对印度教的兴趣和研究上。不过，我的儿子亚历克斯和我的幽默感倒是有相似之处，他也画漫画，并且一直很支持我。他们都认为，我之所以能画出这些以发明创造为主题的漫画，是因为我有选择困难症；我为现有产品想出多种版本、为未来想出多种可能的动力就是源于这种心理上的薄弱。亚历克斯还认为，我并非真的对产品设计或发明感兴趣，我只是将它们当成讽刺社会的一个出口。他说对了一半。我其实很享受思考发明的过程。我们一家三口关系非常亲密。儿子喜欢调侃我，就是他给我2013年的TEDx演讲取了“漫无目的地发明”这个标题。我太太觉得我应该是在早年的生活中没有得到足够的关注，所以现在想借此出出风头。

Q2：你有没有过画完一个东西，连自己都忍不住吐槽“这是什么鬼玩意儿”的搞笑时候？

A：没有。不过，我确实在努力让自己的作品引起读者的反应。我想给大家留下这样的印象——我是个愚不可及或者大智若愚的人。那些讲求实用的人看到我的作品偶尔会十分恼火，因为对他们而言，我是在浪费我的才华（如果说我真有才华的话），我在做没有价值的事情。2011年，我高中的一个好友跟我说：“嘿，史蒂文，你为什么不发明点儿实用的东西、挣点儿钱呢？”

Q3：在你所有的发明/创意中，有没有哪个或哪几个让你特别得意？

A：我的大多数作品都给我带来了欢乐。我的首位客户就是我自己。这是我自娱自乐的一个完美途径。我为我很多的创意感到骄傲。我喜欢在一张画中加入细节，让产品看起来像是真实存在一样。“自行车背心”就是一个很好的例子，尽管这个发明傻里傻气的，可也是我精心设计的。我花越多力气让产品看上去很实用，我从中得到乐趣就越多。我的另一个最爱是在1991年画的“全牙洁具”。我构思这个概念的时候，想过是否真的有美国人蠢到为了节约他们每天刷牙的时间而想拥有这种小家电。让我震惊的是，真的有几家公司在2013年制造出了和我画的“全牙洁具”各方面细节都吻合的产品。我不清楚他们之前有没有看过我的画。此外，我还为我画的遥控真空吸尘器感到骄傲。因为我构想出它的时候，它是当时世界上最小的自动真空吸尘器，高度约有6英尺（约1.8米），并且相当沉！我这台电器小到可以在床和椅子底下自如穿梭！11年后，Roomba扫地机器人问世。1991年，我预言学生的书包和外套将会因为校园未来可能发生“屠杀”的危险而采用防弹材料制成。22年后，这类产品也上市了。

Q4：你这些天马行空的创意灵感来自哪儿？有没有哪些是来自某部科幻电影或科幻小说的？

A：我成长过程中对科幻小说或者电影并没有多少兴趣，对实际动手或者在头脑中搞发明创造也兴趣寥寥。我高中时期的大部分精力都用在了改装我的摩托车、参加摩托车赛道赛和越野赛上。在1954年到1956年间，我有过10辆摩托车。我生活的帕洛阿托市，气候温和，独立的家庭车库常常被当成修车行。在我之后那一代人的手里，这些车库又变成了新出现的计算机发明家和企业家的工作室。奇怪的是，在头脑中构思产品的动力和能力是我在20世纪60年代末开始冥想之后才出现的。我尝试着按照约公元前300年帕坦伽利创作的《瑜伽经》中的指导练习，让心安静下来，“……专注力就是在限制思想以诸多的形式出现……”这种尝试阻止习惯性胡思乱想的练习，让我内心涌起一股力量！我发现我可以借助这股力量让头脑凭空产生许多创意。很快，我养成了一个习惯——通过进入一种似醒非醒的精神状态，清空心中的日常琐事，引导自己想出已有产品的新版本和可能的新产品，以此迫使自己接二连三地冒出新点子。我会先把脑海中的影像可视化，再将它们组合、变形成我想象中的未来产品。同时，我会想象文化趋势线，描绘出将伴随或能证明人们对这些产品的需求而出现的变化。我喜欢在手边的纸上匆匆画下我的想法，因为我担心如果没有及时记录下来的话，这些点子会在我“醒来”、回归日常思维后遗失。有一次，我在浴缸里想到了一个产品，之后我出了浴缸就忘了。于是为了寻回这个产品的创意，我不得不再次爬进浴缸！

Q5：你是怎么对待那些关于你作品的不友好评论的？

A：这一直以来都算不上是问题，直到我的作品在2010年初首次被搬到网上。有人将我的发明概念分享到了一个关于新潮流和新产品的热门网站上。有些经常浏览该网站的人通过讽刺揶揄我的创意哗众取宠。这种反馈让我挺受伤的。我感觉上这个网站的人多是教条主义者，而我认为他们恰恰不适合欣赏我的作品。最后我发现，在我可以自主加“好友”的脸书和专门介绍产品和发明的其他网站上，能欣赏我作品的人比较多。

Q6：你对过时的发明怎么看？你是否依然觉得它们值得被记录下来呢？

A：纵观发明的历史，一项发明只有达到足够的标准，可以满足公众的品位或需求、为材料和设计微调吸引到资金，它才算成功。产品的历史和社会趋势息息相关，而其他发明的面世也会让新点子更有用或者更受欢迎。反之亦然，即社会趋势常常是创造发明的结果。我的朋友爱德华·科尼什——1966年世界未来学会的创立者坚称，冰箱的发明会导致美国离婚率升高。市面上有一些关于专利申请图纸的书，有意思得很，里面尽是些愚蠢且可笑的产品设计，它们的发明者自以为才华横溢、超前于时代、不被世人理解。而我则是故意想出一些不合时宜、功能愚蠢的产品！我喜欢设计只有傻瓜才会买的多功能产品，比如“研磨收音机”——转动该产品的手柄既可以磨咖啡豆，也可以上紧发条、收听无线电广播。

Q7：如果你的这些作品没有得到认可或没能出版，你会觉得遗憾吗？

A：我做这件事的目标一直是引起大家的好奇或者带给大家快乐。尽管有朋友建议我可以按照我的设计把产品做出来，赚点儿钱，但我对此一点兴趣都没有。申请专利、测试材料、进行原型设计、和产品设计师一起搞发明，这些事情从来就不在我的兴趣范围内。我的想法很简单，就是借此开开玩笑，这样我就很满足了。我真觉得大家对我的作品过誉了！这对我来说是一个能带来惊喜和满足感的副业，这份惊喜和满足感通常是我赖以生存的工作无法带来的。

Q8：你大概是从1974年（36岁）开始画发明漫画的，到今年你差不多已经画了47年，中间有没有过厌烦、不想再画下去的时刻？

A：我在1995年放弃了创作“发明漫画”。那一年，本田技术研究所聘请我去一个追踪未来主义趋势的部门做一份正经工作。我觉得自己在那个阶段没有时间和精力兼顾不怎么赚钱的漫画副业。当时，一个小型漫画企业负责传播我的作品，该企业每月支付我90美元，为此我每周都要创作一幅漫画，它们主要被发表在大学报纸上。我计算了一下，我就算在咖啡店端咖啡也能挣到这份钱。因此，我中止了与该企业的合作。

Q9：你在57岁时加入了本田公司的一个未来趋势追踪团队。可以讲讲你在那里工作时发生的有意思的事吗？

A：面试时，我知道日本人喜欢漫画，就隔着桌子把我出的漫画版式的《公共疗愈巴士》朝我未来的老板滑了过去。于是他暂停面试，读起了我的书！接着他表示希望我立即入职，可人力资源部的女士提醒他，这只是一次面试，还是应该看看其他候选人再做决定。我在那个部门工作了近十年，在那里我研究未来趋势。我不是作为设计师被聘请的，我关于车辆的种种巧思也没人问过！我仅仅是一个研究员。在美国和加拿大出差时我有一些有趣的时光，在那期间我们曾检查过一辆“飞行汽车”，而且还乘坐过一艘“地面效应”快艇——漂在水面之上的一张气垫。

Q10：你的退休生活比起上班时光更美好吗？

A：我的退休生活从2004年开始，经历了几个阶段。起初，退休生活让我十分沮丧，因为我的工作或意见不再被人需要，我不得不把大部分时间花在为我的妻子和儿子跑腿上！1995年我放弃了画发明漫画的副业，从此没有了释放创造力的出口。但在2009年，《纽约时报》的一位专栏作家发现了我，还写了一篇关于我的文章。作为回应，我建了一个网站，加入了脸书，开始向全世界展示我的能力和个性。2011年底，我听了一位朋友的建议，在旧金山以南的圣马特奥举行的名为“创客嘉年华”的活动中设了一个展位。我为这个展位制作了高质量的大幅印刷品，以展示我的发明漫画。我还自出版了一本名为《愉快搞发明》的书，并在该展位上出售。从那之后直到2019年创客嘉年华停办，每年我都会在活动展位上出售收录了我最新作品的新版图书。2017年和2018年，我甚至在中国的创客嘉年华上售出了我的印刷画和书。2020年初，由于新冠肺炎疫情，所有艺术展会都停办了。之后我的生活就变得有些乏味了。我期待能早日重回艺术和漫画展会的舞台。

Q11：在生活中，你是个特立独行、坚持己见，思考和行动不太容易受外界影响的人吗？

A：我对他人的观点和行为非常敏感。我的社交生活并不活跃，因为我担心他人的需求和欲望会让我从我的思想中抽离出来。我和其他艺术家不常交际。我没有独立的工作室，就在家中卧室的一角搞创作。自始至终我都是个独立思考的人。

Q12：新冠疫情席卷全球，你的生活有受到什么特别让你无法忍受的影响吗？创作是否也受到了影响？

A：对我来说没有什么事情是难以忍受的。然而我的创作有一个目的，那就是给他人带来欢笑和愉悦。我非常怀念在艺术展会上与人们的互动，特别是在创客嘉年华上。就在最近，2021年7月，我又找回了创造新的幽默发明概念的状态。过去，我在我的两辆汽车上装了“绘图板”，让我在高速公路上开车时也能把新点子画出来。我现在正为我最新购置的汽车设计绘图板！我发现开车浪费了我太多的时间。在加州漫长的高速公路上，总有很长的几段路连一辆车都看不到。

Q13：你对人类的未来持乐观态度吗？

A：不，我并不乐观，因为我会想到人为导致的气候变化正在让世界快速变化，而人口还在持续增长。尽管如此，人类的创造力之强总能让我震惊。形式诸多的资本主义往往会让生态系统陷入危机。当亚马孙的树木被砍伐殆尽，热带雨林遭到破坏，永久冻土融化，这些愈演愈烈、不可逆转的负面事件一定会不可避免地影响未来的人类。

Q14：对当下的年轻人，有什么想说的吗？吐槽也完全可以。

A：被他人关注的压力很大，特别是在人类活动被越来越多地搬到网上的情况下。现如今，产品和想法可以在一瞬间分享给全世界的人。因此，寻求个人优势、成为“第一名”，可能会令人疲惫不堪！我知道这个世界的竞争有多激烈，这样的大环境可能会破坏个体的自信。你的创造力可能会得到回报，但同样可能被立即抄袭或剽窃！你不能再简简单单地指望老方法或与子女的感情联结来获得爱与人格的慰藉。我对年轻人的建议是，不要迷失在人群中，要学会关照自己。一个人应该保持坚定的价值观，同时也要有幽默感。我尤其推荐大家学习冥想。

Q15：如果现在让你给30岁的自己一些建议，你想说些什么？

A：在我人生的前30年里，我在保持专注和坚定执行计划方面做得并不好。虽然对创作发明漫画而言，我发散式的思维和兴趣，以及喜欢“跳出框框思考”的这些特点就像一笔财富，但回顾过去，我还是应该同时提高自己保持专注的能力。

答于2021年7月27日

作者介绍

[美] 史蒂文 · M. 约翰逊

1938年出生于加利福尼亚州圣拉斐尔市，童年在伯克利市和帕洛阿托市度过，曾求学于耶鲁大学和加州大学伯克利分校。他天马行空的产品概念在1973年的《塞拉俱乐部通讯》（*The Sierra Club Bulletin*）上首次亮相，之后又发表在众多杂志和线上出版物上。2013年，他发表了题为“漫无目的地发明”（*Inventing Without a Purpose*）的TEDx演讲。2014年，他在佛罗里达州奥兰多市举办的世界未来协会年度大会上发表了主题演讲。2017年，他在中国西安国际创客嘉年华上进行演讲并设立了售书展位。一年后，他又参加了中国深圳创客嘉年华的展览活动。

他的处女作《世界现在需要什么》（*What The World Needs Now*）于1984年面世，2001年再版。1991年，《公共疗愈巴士》（*Public Therapy Buses*）出版。此后，该书的第2版和第3版分别于2013年和2015年出版。2012年，《愉快搞发明》（*Have Fun Inventing*）出版。2015年，彩色图文书《专利未决：交通工具》（*Patent Depending: Vehicles*）出版。2016年，《专利未决：臂伞、沙发淋浴、裤门襟拉链遗忘警报器和其他重要产品》（*Patent Depending: Armbrella, Sofa Shower, Unzipped Fly Alarm and Other Essential Products*）出版。2017年，他出版了《专利未决：早些年》（*Patent Depending: The Early Years*）和《专利未决：合集》（*Patent Depending: A Collection*）。2018年初，《即兴演奏：涂色书》（*Noodlings Coloring Book*）出版。2019年，《想象的交通工具》（*Vehicles of the Imagination*）出版。他的个人网站是www.patentdepending.com。

自1966年起，他和妻子比特阿丽斯就一起生活在加州萨克拉门托市冷清的郊区卡迈克尔。他们的儿子亚历克斯 · S. 约翰逊是一位作家和编辑，也生活在北加州。

致谢

本书中部分插图是新画的，但有些插图的创作时间可以追溯到1974年。我要再次感谢那些鼓励我一路走来的人，那些安排发表我文章的人。大约在1972年，罗摩克里希纳教会的斯瓦米 · 什拉德哈南达选择鼓励我继续保持创造愚蠢发明的习惯。

我第一次创作想象中的产品的契机源于威廉 · K.布朗森和罗杰 · 奥姆斯特德，他们为了在1974年3月的《塞拉俱乐部通讯》上发表的名为“RV-II”的文章邀请我进行创作。1975年，三家合资公司与《旧金山纪事报》的专栏作家亚瑟 · 霍普促使奇异交通工具的插画发表在了《哈珀杂志》和《塞拉杂志》上。1983年，十速出版社的编辑乔治 · 扬帮助我出版了《世界现在需要什么》。另外，在建筑师伦纳德 · 科伦的安排下，我于1991年出版了《公共疗愈巴士》。几年后，也就是2009年，《纽约时报》的专栏作家艾利森 · 阿瑞弗（目前她就职于《新政治家》杂志社）在网络上发表了我的作品。

最近，柏林插画家雅各布 · 欣里希斯选择将我的若干画作在将于2021年德国萨尔布吕肯举办的一场名为“机器的反叛”的画展中展出。